新能源发电工程技术应用与实践

华能国际电力江苏能源开发有限公司
华能国际电力江苏能源开发有限公司清洁能源分公司　编

中国水利水电出版社
www.waterpub.com.cn
·北京·

内 容 提 要

本书收集了近期新能源发电工程技术应用和实践中积累的经验和研究成果，包括电气、控制、施工、运行、机务、管理六个方面，展示了新能源发电工作者各类技术应用和实践经验，为广大新能源发电专业从业人员加强学术交流、拓宽建设与管理思路提供参考，更好地适应当前新能源行业的蓬勃发展。

本书适合于从事新能源发电行业的技术人员和管理人员参考、阅读。

图书在版编目（CIP）数据

新能源发电工程技术应用与实践 / 华能国际电力江苏能源开发有限公司，华能国际电力江苏能源开发有限公司清洁能源分公司编. -- 北京 : 中国水利水电出版社，2021.12

ISBN 978-7-5226-0355-1

Ⅰ. ①新… Ⅱ. ①华… ②华… Ⅲ. ①新能源－发电－文集 Ⅳ. ①TM61-53

中国版本图书馆CIP数据核字(2021)第267072号

书　　名	新能源发电工程技术应用与实践 XIN NENGYUAN FADIAN GONGCHENG JISHU YINGYONG YU SHIJIAN
作　　者	华能国际电力江苏能源开发有限公司 华能国际电力江苏能源开发有限公司清洁能源分公司　编
出版发行	中国水利水电出版社 （北京市海淀区玉渊潭南路1号D座　100038） 网址：www.waterpub.com.cn E-mail：sales@waterpub.com.cn 电话：（010）68367658（营销中心）
经　　售	北京科水图书销售中心（零售） 电话：（010）88383994、63202643、68545874 全国各地新华书店和相关出版物销售网点
排　　版	中国水利水电出版社微机排版中心
印　　刷	天津嘉恒印务有限公司
规　　格	184mm×260mm　16开本　17印张　342千字
版　　次	2021年12月第1版　2021年12月第1次印刷
定　　价	**72.00**元

《新能源发电工程技术应用与实践》

编　委　会

总 顾 问　曹庆伟　齐革军　边　防

主　　编　陈晓路　杭兆峰　钱开荣

副 主 编　姚中原　刘溟江　管春雨　杨立华　牛晨晖　张　宇

编写人员　周国栋　邵斌田　严祺慧　李必辉　袁　辉　张诗雨　彭泳江　刁新忠　周小兵　宋慧慧　单　峻　戴　乐　吴　凯　孙小军　晏伟军　刘立勋　陈佳志　白　亮　王玉斌　张　颖　李　冬　姜　东　施俊佼　孙　捷　胡　皓

前　言

能源是经济和社会发展的重要物质基础。2020年9月22日，习近平总书记指出“中国将提高国家自主贡献力度，采取更加有力的政策和措施，二氧化碳排放力争于2030年前达到峰值，努力争取2060年前实现碳中和”。为实现这一目标，大力发展技术成熟并具备商业化应用价值的可再生能源是实现碳达峰、碳中和目标的重要途径。

风能是目前可再生能源中发展最快、技术最为成熟，具有大规模开发和商业化前景的能源。发展风力发电可促进优化能源结构，保障能源安全，缓解能源利用造成的环境污染，是推动国家能源经济变革的重要选择。我国风能资源丰富，在“十三五”期间，海上风电发展明显提速，从2015—2020年，年平均增长速度达到60%，到2020年年底累计装机容量首次突破1000万千瓦，并网装机容量900万千瓦，提前完成“十三五”规划目标。

为促进风力发电建设更好更快发展，本书编委会结合风电场建设运维实例，从现场施工建设、运维消缺、技术改造中的实际问题入手，总结了电气、控制、施工、运行、机务、管理六个方面的宝贵经验，为广大新能源发电人员加强学术交流、拓宽建设与管理思路提供参考。

本书在编写过程中得到了中国华能集团有限公司资助，中国华能集团有限公司能源研究院、华能国际电力江苏能源开发有限公司的专家对本书给予了大力支持和帮助，华能江苏清洁能源分公司的工程、运维技术人员提供了宝贵的资料，并参加了编写工作，在此一并谨表谢意！

随着新能源发电技术的高速发展进步，本书在编写过程中难免有疏漏和不足之处，敬请读者批评指正。

编委会

2021年11月

目　　录

运 行 篇

机 务 篇

管 理 篇

电 气 篇

风电场无功补偿装置SVG频繁故障的原因探究

赵剑剑　陈宁路　车星玮

（华能盐城大丰新能源发电有限责任公司，江苏　盐城　224100）

【摘　要】 本文主要以华能盐城大丰新能源发电有限责任公司在运的静止型无功补偿装置SVG为例，分析了SVG模块故障，研究了IGBT内部短路的原因，探讨IGBT可能受应力的来源，对SVG故障处理及保障SVG正常运行提供一定的参考价值。

【关键词】 风力发电；SVG；IGBT；应力

由于受到设备、技术等因素的影响，风力发电过程中有着一定的波动性、间歇性，并且在风电并网运行环节中的系统稳定性较差，发电质量得不到有效保障。SVG静止无功发生器采用可关断电力电子器件（IGBT）组成自换相桥式电路，经过电抗器并联在电网上，适当地调节桥式电路交流侧输出电压的幅值和相位，或者直接控制其交流侧电流，即SVG可以迅速吸收或者发出所需的无功功率，实现快速动态调节无功的目的。作为有源型补偿装置，SVG不仅可以跟踪冲击型负载的冲击电流，而且可以对谐波电流也进行跟踪补偿，有效地提高风力发电质量。对此，笔者根据华能大丰海上风电场SVG的故障情况，研究分析了相关的故障处理及隐患预防措施。

1　引言

华能大丰海上风电场位于江苏省盐城市大丰区东侧毛竹沙海域，场区形状呈不规则四边形，中心离岸距离约55km，海域面积约127km^2，海底表层以粉土、粉砂为主，属滨海相沉积地貌单元。风电场配套建设一座220kV陆上开关站和一座220kV海上升压站，陆上开关站位于江苏盐城大丰港区竹港新闸北100m，海上升压站及风电机组位于大丰市海域的毛竹沙。陆上开关站配套有3台思源清能QNSVG-38/35-W型SVG，为直挂35kV型水冷SVG设备，额定补偿容量为38Mvar。华能大丰海上风电场SVG设备如图1所示。

图 1　华能大丰海上风电场 SVG 设备

2　问题描述

华能大丰海上风电场自 2018 年 12 月送电以来，至 2020 年 3 月，＃1SVG 共发生故障 12 次，其中有 10 次是模块链接故障，但每次故障模块不同，严重影响了风电场的安全产生。运维人员为保证设备稳定运行，对＃1SVG 故障进行了全面细致的分析，并开展了多次维修改造。

例如，某次＃1 SVG 302 开关故障后，运维人员到达现场检查后发现确认 302 开关已跳闸，水冷系统停运。＃1 SVG 控制柜显示跳闸首出为“A3 连接故障”，如图 2 和图 3 所示。

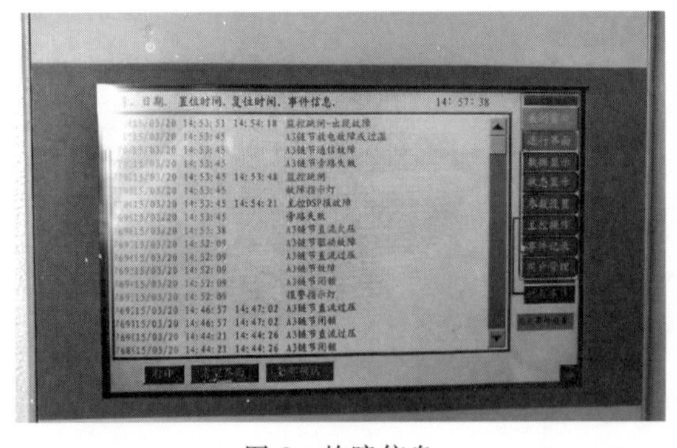

图 2　故障信息

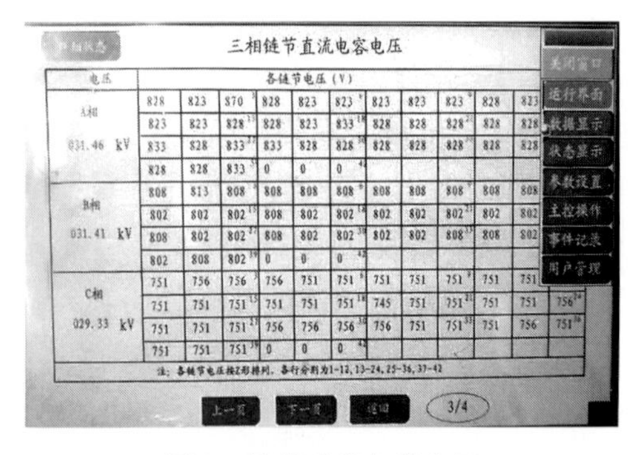

图 3　链节直流电容电压

3　技术分析

针对＃1SVG 出现多次模块链接故障，从模块内部器件、控制柜、通信光纤、冷却系统等各方面综合分析考虑，判断可能有以下两种故障原因。

3.1 模块内部 IGBT 内部短路

对现场的故障模块进行了检测，同时随机抽取两个从未发生过故障的模块，进行检测对比分析。

根据现场的“直流欠压”“直流过压”等故障信息，结合模块内部器件检查结果，初步判定为 IGBT 出现过流短路故障，导致直流电压升高，IGBT 损坏。

运维站对随机抽取的 A15 正常模块进行 IGBT“双脉冲测试”。在测试时发现 A15 模块第二次关断时，门极有一个突变电压，约 5V（正常时应为 3V 左右），如图 4 所示。

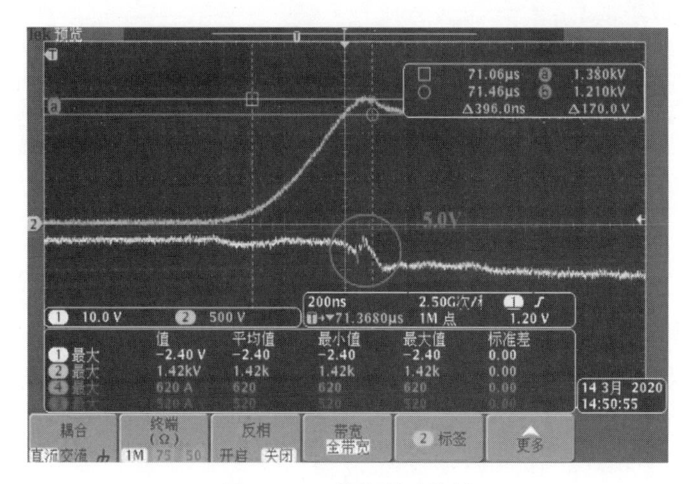

图 4　A15 模块测试结果

发现问题后又对 A15 模块进行了单脉冲测试，出现有源钳位动作，门级振荡，峰值为 30V。判断是门级探头受干扰所致，如图 5 所示。

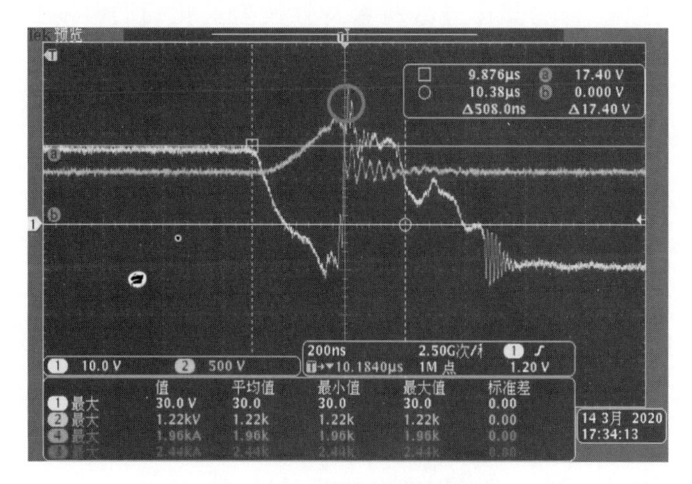

图 5　A15 模块单脉冲测试

拆开A15模块，对内部IGBT进行检查，发现左桥臂IGBT的门级引脚有受应力情况，如图6所示。

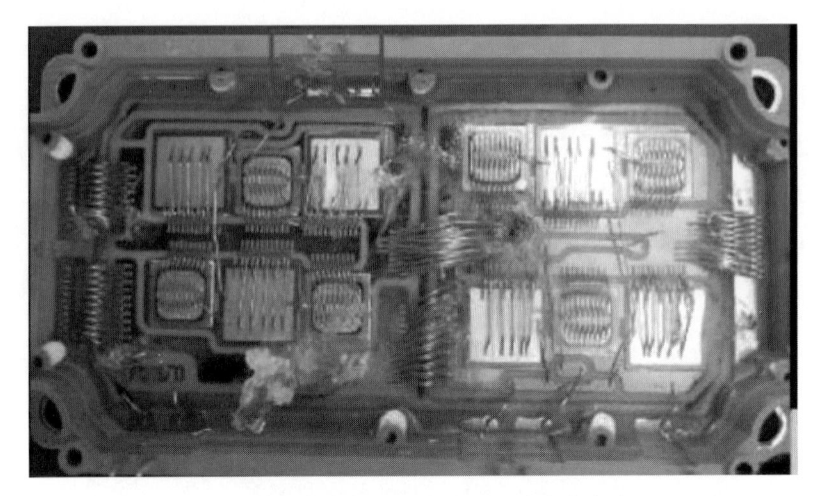

图6　A15模块门级引脚有明显受应力痕迹

更换A15左桥的IGBT后再重新进行测试，未出现门极异常干扰震荡情况。通过A15模块的检测过程，结合故障模块的故障情况，判断模块故障原因是IGBT受应力影响，导致IGBT门极存在异常干扰震荡，脉冲异常引发IGBT内部短路出现过电流，最终烧坏IGBT。

应力会改变硅材料的禁带宽度和迁移率，从而导致硅半导体器件特性的变化，IGBT结构较复杂，应力施加平面栅IGBT结构后的特性变化如图7所示。

如果表面是平整的，硅材料也可视为刚性体，器件某一点受到外力作用，将会传导到器件内部。如果器件结构复杂（如多层材料结构），材料层存在不连续性，则有可能发生应力集中。在应力集中导致材料特性发生变化的同时，器件特性也受到影响，当应力达到一定程度后，输出电流也显著增加，如图8所示。

IGBT的应力来自于芯片工艺、封装工艺、运输过程、模块安装和模块使用等多个环节。芯片工艺和封装工艺过程中产生的应力主要是由于工艺过程中导致的表面形貌不连续以及热膨胀系数的失配所致，封装成模块之后进行的一系列型式试验将检验内部的应力水平，正常情况下几乎不会出现芯片工艺和封装工艺产生的应力问题。

判断最可能发生应力变化的过程为运输、模块安装及使用过程。运输中IGBT放置不合理，IGBT器件的端子受到强外力或振动，就会产生应力，造成门极引脚受应力发生变形或IGBT器件内部电气配线损坏。后期运行过程中的不均匀热胀冷缩可能造成引脚进一步开裂，使得使用中的输出IGBT电流大幅度增加，击穿门极后发生故障。IGBT模块在使用过程中需经历频繁的开关过程，这会造成模块形状随着温度的变化而变化，应力会随着变形而进一步增大，应力大的地方电流密度会更高，从而造成设备费损坏故障。

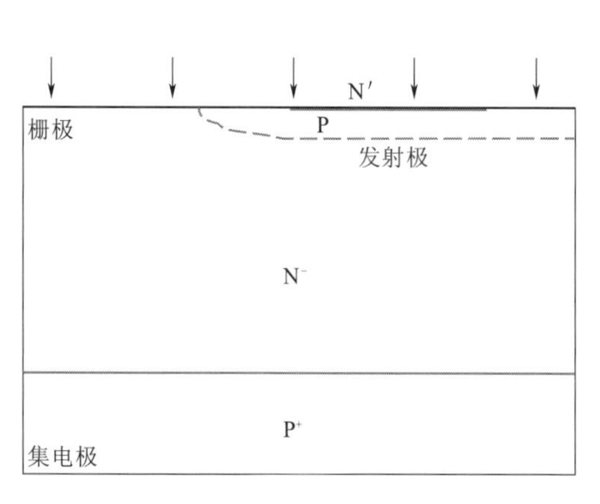

图 7　IGBT 结构以及应力施加

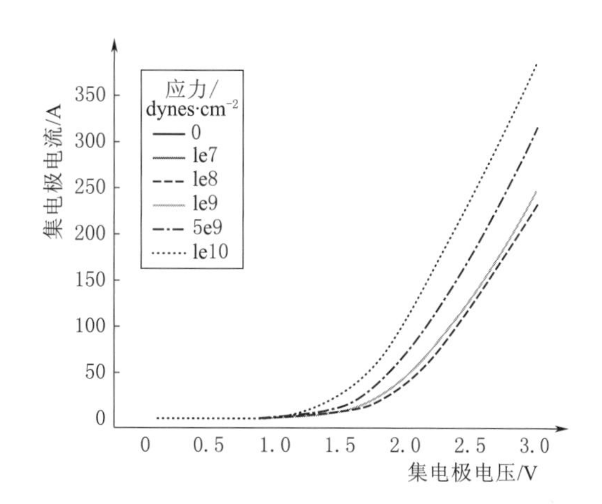

图 8　不同应力下 IGBT 的输出特性

3.2　控制器采样计算存在隐患、控制信号存在干扰或接触不良

SVG 的驱动板主要功能是接收控制屏触发单元的触发信号，对触发信号解码后控制驱动模块驱动相应 IGBT 触发，从而测量直流电容电压，检测驱动板、IGBT、直流电容运行状态，通过光纤传输到控制屏监控单元，接收控制单元的放电命令对直流电容进行放电，控制功率单元电压处于稳定状态，如图 9 所示。驱动板控制器采样计算和脉冲信号触发部分若存在隐患，控制信号及通信部分若存在干扰或接触不良，也会导致模块脉冲信号紊乱，IGBT 直流电压输出异常，导致 IGBT 模块故障。

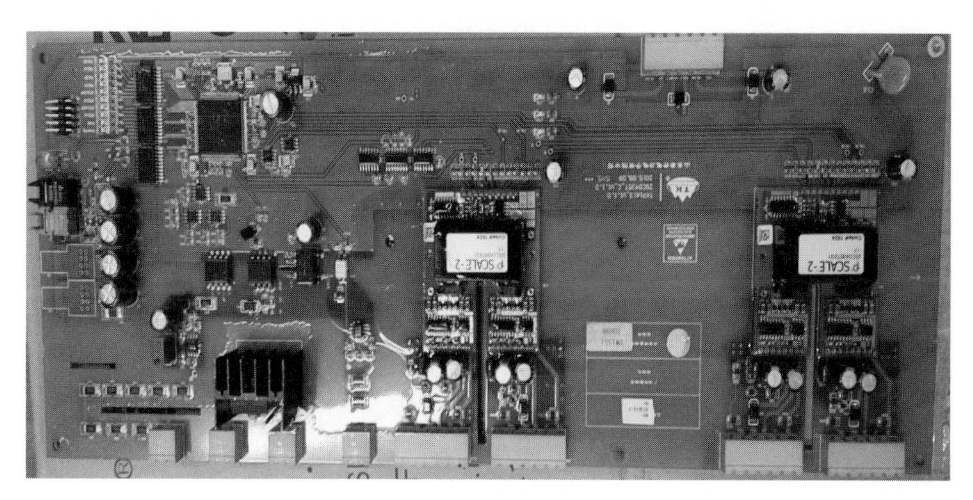

图 9　SVG 驱动板

4 处理意见及预防措施

针对华能大丰海上风电场♯1 SVG 频繁故障后的分析，现场主要的处理方式如下：

（1）下架检测♯1 SVG 所有模块，判断是否仍有 IGBT 受应力影响的情况，并对受影响的 IGBT 进行更换。

（2）更换♯1 SVG 主控制器。

（3）更换♯1 SVG 主控柜至采集盒、主控柜至分相控制柜、分相控制柜至采集盒以及分相控制柜之间的通信光纤。

（4）更换♯1 SVG 分相控制柜至模块黑色光纤 117 对。

（5）为了更好地发挥水冷系统的散热效果，基于历史运行记录、故障情况等，将 SVG 水冷系统散热风扇电机启动温度降低 3℃。

本案例中的 SVG 故障对华能大丰海上风电场的正常运行造成严重的不良影响，SVG 频繁跳闸使无功功率多次失去调节能力，电网调度对该风电场也多次警告要求。故而，在 SVG 该类型的故障上应做好相应的预防措施：①强化 IGBT 芯片制造、封装过程中的工艺要求；②对运输过程中，应将门极驱动用的印刷基板固定；③为防止电气配线用的正负导体间有高低差造成 IGBT 的端子处于不断承受向上拉伸应力的状态，从而导致 IGBT 内部的电气配线断线问题出现，可加入导电性的衬垫使平行导体间的高低差消失。

5 结语

本文对风电场 SVG 模块频繁故障的原因进行了分析，找到了相关的故障根源，探究了应力对 IGBT 本身可能造成的严重损害，给出了处理意见和应对的预防措施，解决了无功补偿装置 SVG 的该种特定问题，为后续新投风电场站提供了技术意见和案例经验。

参 考 文 献

[1] 江冰松 唐龙谷. 应力对 IGBT 电性能的影响及应力来源研究 [J]. 大功率变流技术，2015 (2)：67-70.

[2] 陈明. 高温功率循环下绝缘栅双极型晶体管失效特征及机理分析 [J]. 西安交通大学学报，2014, 48 (4)：119-126.

华能如海风电场北区大孤岛试验总结

宋慧慧

（华能如东八仙角海上风力发电有限责任公司，江苏　南通　226408）

【摘　要】如果海上风电场的海缆出现故障，将在较长一段时间内不能给风电机组供电，很可能会对风电机组内部的环境造成破坏，对电气设备的寿命造成影响。同时，当风电机组倒送电前或停机再启动前的调试阶段，可采用大孤岛柴油发电机送电对风电机组进线调试维护，避免了传统模式下用船电逐台调试启动的麻烦，减少了风电机组调试启动的时间周期，提高了发电效率。

【关键词】大孤岛运行；柴油发电机；零起升压；无功补偿

1　试验背景

如海风电场安装了 50 台单机容量为 4MW 风电机组和 20 台单机容量为 5MW 风电机组，总装机容量为 300MW。风电场配套建设 2 座 110kV 海上升压站及 1 座 220kV 陆上升压站，风电场 70 台风电机组所发电力由 12 条集电线路（35kV 海缆）就近汇集送至南区和北区 110kV 海上升压站 35kV 配电装置，并经海上升压站升压至 110kV 后，北区 110kV 海上升压站经 1 回 110kV 海缆接至南区 110kV 海上升压站，南区 110kV 海上升压站经 2 回 110kV 海缆送至陆上 220kV 升压站，并经陆上升压站升压至 220kV 后送至电网。

因考虑到北区至南区海上升压站只有一回 110kV 海缆连接，可靠性相对较低，如果海缆出现故障将在较长一段时间内不能给风电机组供电，很可能会对风电机组内部的环境造成破坏，对电气设备的寿命造成一定影响。同时当风电机组倒送电前或停机再启动前的调试阶段，可采用大孤岛柴油发电机送电对风电机组进线调试维护，避免了传统模式下用船电逐台调试启动的麻烦，减少了风电机组调试启动的时间周期，提高了发电效率。故采用大孤岛运行模式更为安全和高效。因此，在失电的情况下除了给海上升压站站内设备供电配备的小型柴油发电机（500kW）以外，还给风电场北区 34 台风电机组（6 条集电线路）的加热除湿配备了 800kW 的大型柴油发电机作为供电电源。为节省造价，设计时将北区全部 34 台风电机组分为两到三组分别供电，这样不仅大型柴油发电机的容量可以降低，起无功补偿作用的电抗器容量也能明显降低。

2 试验前准备

2.1 大孤岛负载配置原则

大孤岛模式采用零起升压的方式用柴油发电机升压，之后通过 35kV 母线给风电机组线路送电；柴油发电机在零起升压前，各设备运行状态应全部确定，启动过程中应尽量避免任何状态的调整，由于柴油发电机进相运行能力相对较弱，补偿的感性无功功率略大于线路充电功率为佳需要兼顾考虑到电压建立后的有功及无功功率在柴油发电机的 $P-Q$ 曲线内。

2.2 数据统计

对如海风电场北区 6 条风电机组支路在风电机组手动停机时的充电功率进行统计，并估算其发电的有功功率，以便试验时分组。数据统计整理见表 1。

表 1　　北区 6 条风电机组支路充电功率统计表

	线路	充电功率/kvar	风电机组号	机组数	单机容量/MW	有功估算/kW
一分支Ⅲ段母线	331	270	51～55	5	5	175
	332	610	61、67～70	5	5	175
	333	360	62～66	5	5	175
二分支Ⅳ段母线	341	300	40、56～60	1+5	5	200
	342	220	37～39、41～44	7	4	175
	343	190	45～50	6	4	150

2.3 停机时的准备

为确保大孤岛试验开始后风电机组检测到“网侧电压正常”不进入启机流程，在停电后将海上风电机组遥控操作至维护模式、风电机组遥控操作至手动停机模式（理论上不用操作）。

2.4 试验分组

第一组：线路“332+342+343”，充电功率 1020kvar，有功功率 500kW。线路电气接线图如图 1 所示。

第二组：线路“331＋333＋341”，充电功率930kvar，有功功率550kW。线路电气接线图如图2所示。

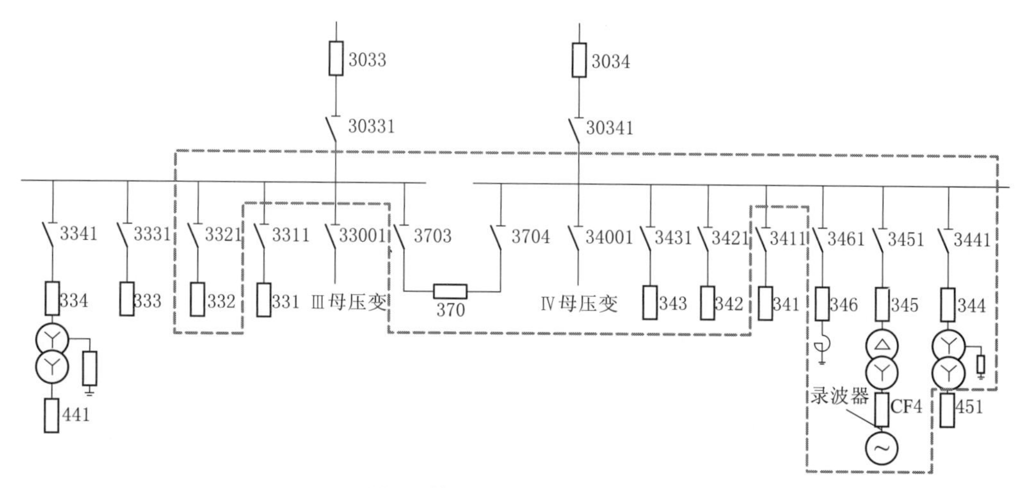

图1　第一组线路电气接线图

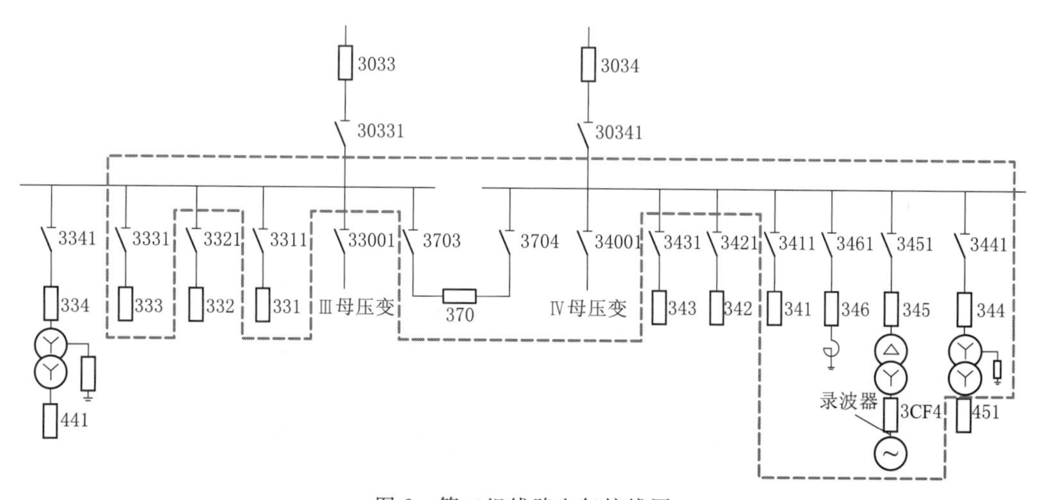

图2　第二组线路电气接线图

补偿的感性无功大小为“电抗器＋柴油发电机出口变压器＋1台接地变压器”，即1100kvar（＋10％档）＋20kvar＋10kvar＝1130kvar。

因统计的线路充电功率可能存在一定的误差，为了确保线路充电功率的总和≠补偿的感性无功总和，且系统呈感性，固将电抗器调整至＋10％档。

第一组配置为：无功110kvar（感性）；有功500kW。

第二组配置为：无功200kvar（感性）；有功550kW。

两组的功率配置均在柴油发电机的 $P-Q$ 曲线内（迟相运行区间），满足零起升压条件。

2.5 保护配置情况

（1）风电机组线路：保持原有保护配置不变。

（2）电抗器：1.65I_n，0.6s。

（3）母线电压：1.2P_u，0.5s。

（4）发电机保护：小于 49.6Hz，3s 或大于 50.4Hz，3s；1.1P_u，3s；0.7I_n，0.6s。

3 试验过程

3.1 柴油发电机不带负载启动

图 3 所示为柴油发电机空载启动的波形，从图中可以看出，前面一段为柴油发电机怠速运行时的感应电压，从怠速到额速建立电压（382V）的时间约为 4s。又经过约 1.6s，电压趋于稳定为 367V。这一期间，柴油发电机建压的过程经历了 3 个爬坡阶段并最终趋于稳定。后在运行状态下经手动调节柴油发电机 AVR，将发电机出口电压调整至 397V（额定电压为 400V）。

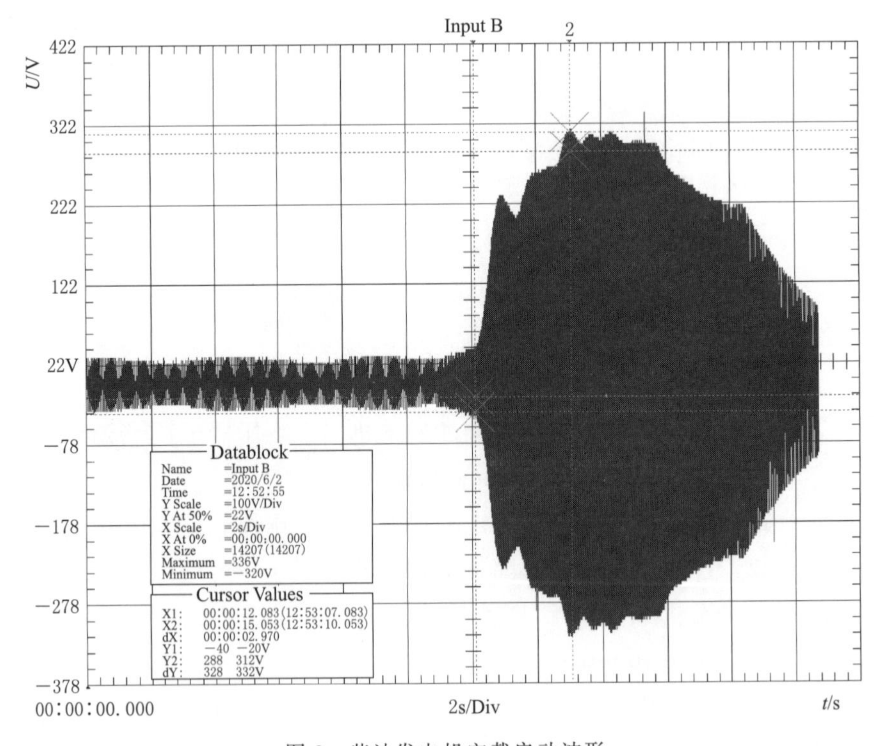

图 3 柴油发电机空载启动波形

3.2　柴油发电机带负载启动

3.2.1　第一次带负载启动

因 332 线路中的 5 台海上风电机组采用超级电容变桨方式，停电后 2～3h 电容能量就基本消耗完毕，带电后会有 2～3min 的充电时间（每台耗能约 55kvar）。为减少柴发启动时的系统充电功率，所以只带一台超级电容参与零起升压。具体操作为将 322 线其余 4 台风电机组至机舱的辅助供电开关 F2 拉开，如图 4 所示。

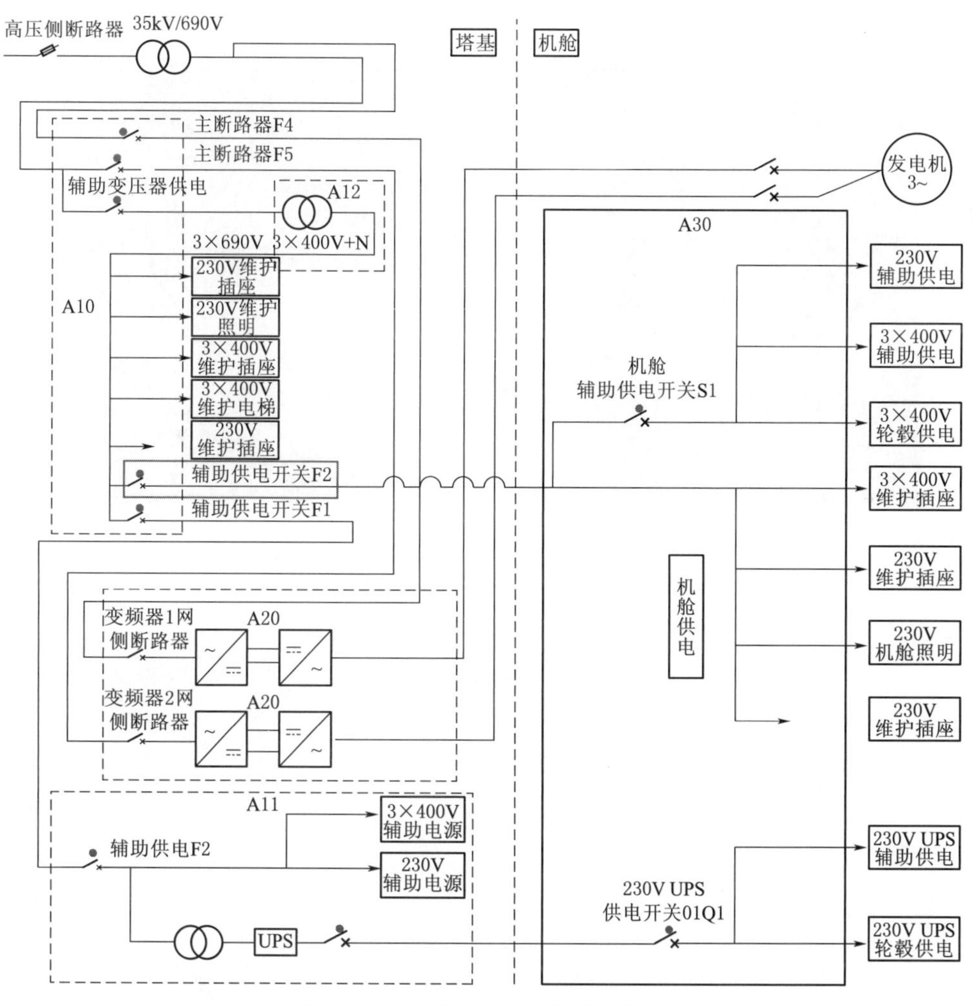

图 4　322 线路风电机组控制示意图

在怠速模式下启动柴油发电机，转速上升到 600rad/smin，百叶窗开始打开，待百叶窗完全打开后，将模式调至额速，柴发转速快速上升至 1500rad/smin，系统电压约在 4.2s 得到建立。当时出于安全考虑，设定的电抗器保护定值为 $1.1I_n$，0.6s，启动后短时间内电抗器电流超过了1.1倍，导致电抗器过流保护动作出口将345开关跳开，随即操作人员手动停下柴油发电机。

图5为电压正处在启动时的爬坡阶段，有一个暂态过电压过程。通过三条风电机组线路、电抗器及柴发支路的电流、有功功率、无功功率及功率因数的显示值推断当时画面显示的值存在一定的误差，这可能由于传感器精度或系统后台显示死区设置所造成。柴油发电机345线路有200kW的有功输出没有反映到风电机组线路的有功消耗上，风电机组332线路没有无功功率显示，把图5中没有显示的数值做一个推算。第一次带载启动线路参数统计表（推算后）见表2。

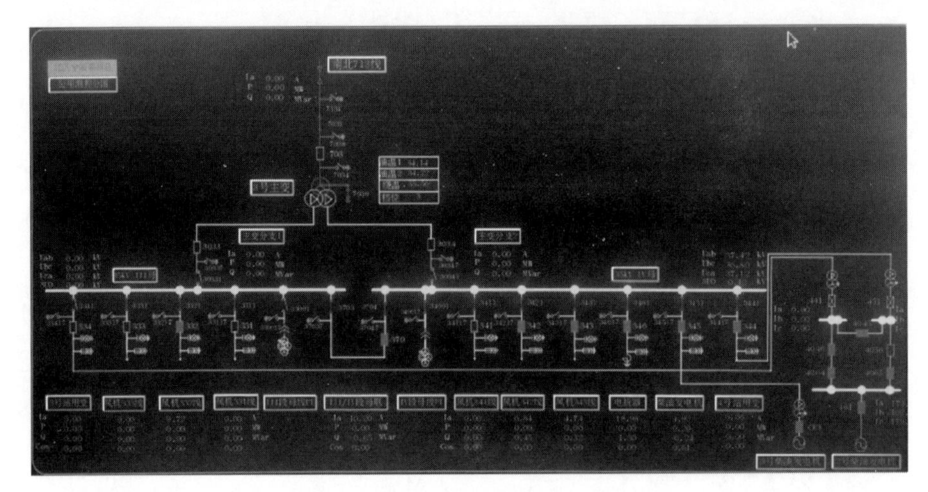

图5　第一次带载启动后台界面

表2　第一次带载启动线路参数统计表（推算后）

支　路	电流/A	有功/kW	无功/kvar	功率因数	电压/kV
风电机组332线路	9.72	60	650	0.09	37.42
风电机组342线路	6.84	70	450	0.15	
风电机组343线路	4.74	70	320	0.21	
电抗器346线路	18.98	0	1300	0	
柴油发电机345线路	4.92	200	240	0.61	

由表2中的数据可以看到，此时3条风电机组线路无功功率总和为1420kvar，超过了电抗器提供的感性无功，系统呈容性，柴油发电机处于进相运行状态。图6为启动柴油发电机零起升压的过程，第一次电压爬升约2s，再用2s完成调整爬升至最高电压，然后又经过约1.8s电压趋于稳定。整个带负载零起升压的过程和柴油发电机空载启动的波形基本吻合。

电压的起伏应看做柴油发电机启动的固有特性，不应视为谐振原因产生的电压波动，且大孤岛试验时所形成的系统可等效为并联谐振电路，因此更应关注其电流的变化情况。柴油发电机带负载零起升压是一个动态过程，可以通过启动时连续的波形图对这一过程进行描述，如图 6～图 10 所示。

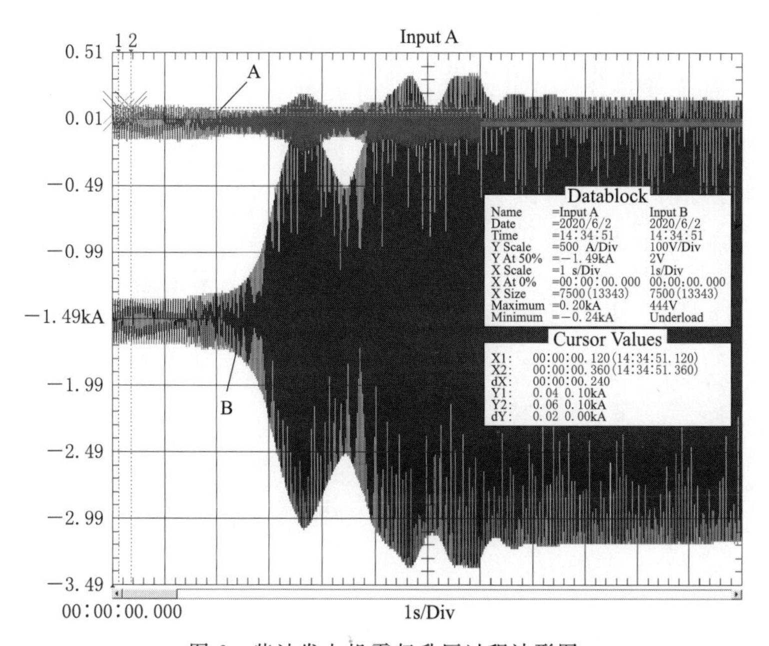

图 6　柴油发电机零起升压过程波形图

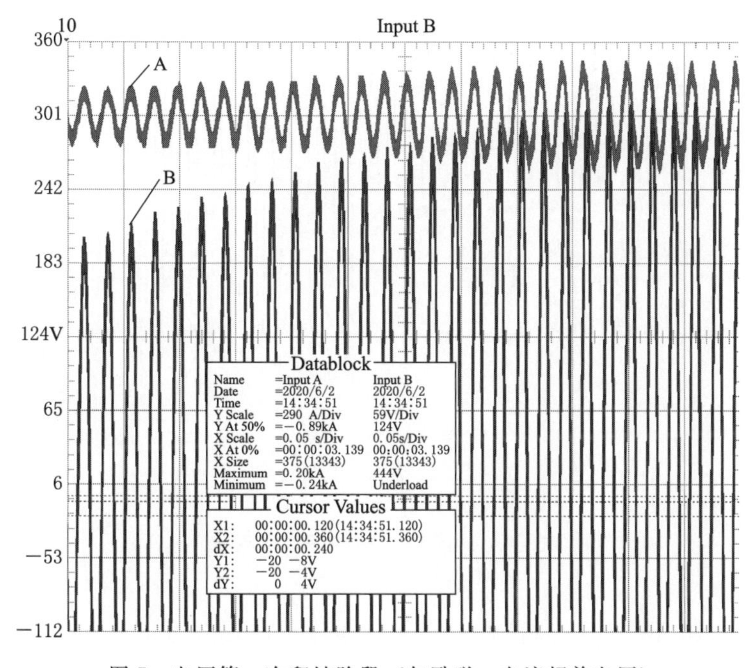

图 7　电压第一次爬坡阶段（欠励磁，电流超前电压）

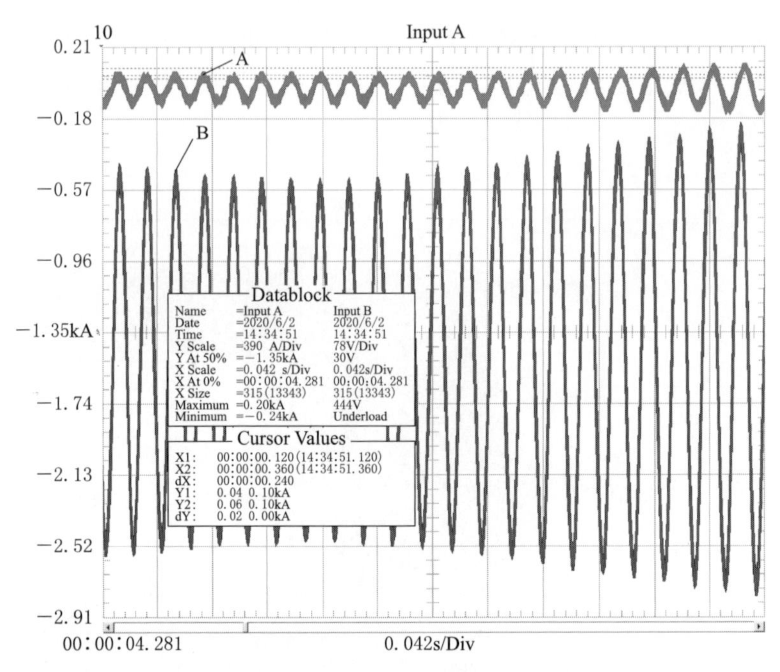

图 8 电压第一次回调（欠励磁到过励磁过程中）

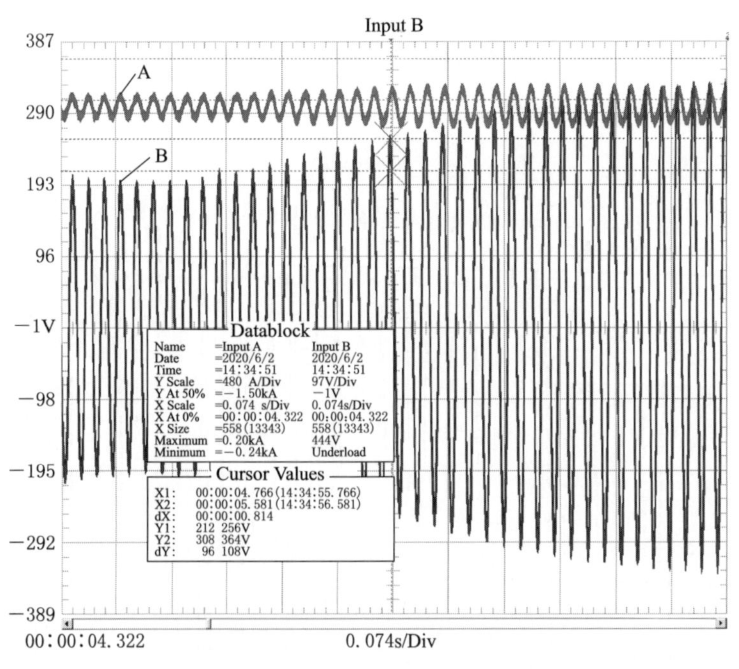

图 9 电压第二次爬坡（过励磁，电流滞后电压）

由图 7～图 10 不同的柴油发电机零起升压过程波形图可以看到，柴油发电机零起升压的启动过程非常符合同步发电机无功功率调节的 V 型曲线特征。

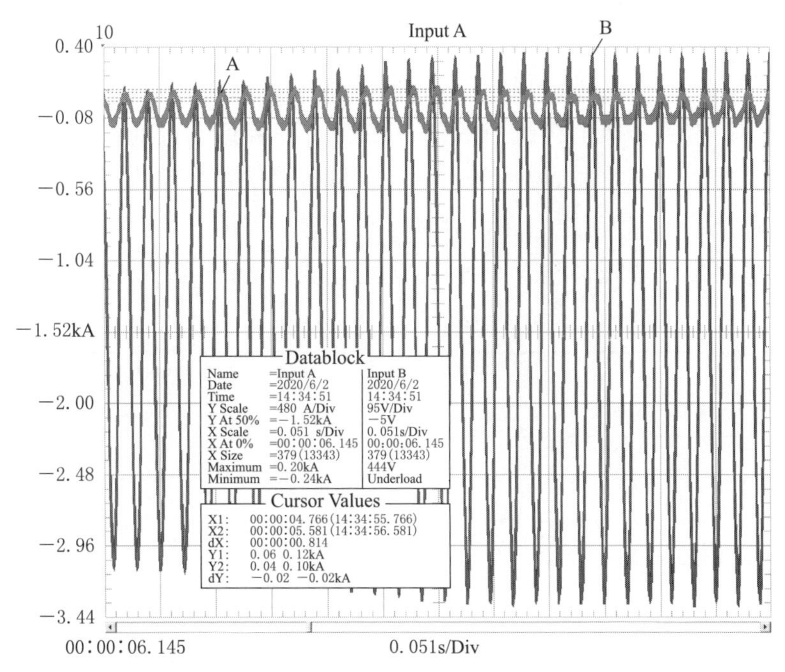

图 10　过励磁到正常励磁的调节过程中（电压二次回调开始）

3.2.2　第二次带负载启动

在第一次启动因电抗器支路过流引起跳闸后，修改了以下内容：

（1）将电抗器过电流保护设定为 $1.65I_n$，0.6s［DL/T 584—2007 规定为（1.5～2）I_n，0.6s］。

（2）将唯一一台带着超级电容的海上风电机组至机舱的辅助供电开关 F2 拉开。

（3）将柴油发电机出口电压调低，等零起升压完成后再进行手动 AVR 调节到额定值。

准备完毕后进行第二次试验。零起升压后柴油发电机出口电压为 378V，此时各支路显示数据见表 3。

表 3　　第二次带载启动线路参数统计表

支　路	332 线路	342 线路	343 线路	电抗器	柴油发电机
Q/kvar	570	370	270	960	−260
P/kW	0	0	0	0	140
I/A	9.9	6.42	4.62	16.62	5.3
U/kV	33.31				
$\cos\varphi$	0	0	0	0	0.49
TA 变比	600∶1	600∶1	600∶1	200∶1	150∶1

由于风电机组支路有功消耗较小，画面显示的 3 条风电机组支路有功功率都为 0。根据柴发的无功功率和功率因素计算，此时的系统有功消耗在 140kW 左右。比试验前估算的数值要小 1/2 以上，这可能跟当时的天气情况（刚停电 7h，气温 25℃，东风、风速 7m/s）有关，风电机组内的部分加热除湿装置没有启动；也可能电压建立时间短，控制系统从建立通信到采集环境信息再到发出指令并执行还没有完成。

此时发电机没有达到额定电压，对发电机本体 AVR 进行人工调节（顺时针电压升高），将发电机出口电压调整至 393V，建立电压 4min 后各支路显示数据见表 4。

表 4　　电压调整后线路参数统计表

支路	332 线路	342 线路	343 线路	电抗器	柴油发电机
Q/kvar	0	250	0	1030	0
P/kW	0	0	0	0	320
I/A	10.26	4.86	3.30	17.38	5.73
U/kV	34				
$\cos\varphi$	0	0	0	0	1

与之前统计数据时相同的原因，有些数值并没有正常显示出来。根据已有的数据进行推算，得出表 5 的数据。

表 5　　电压调整后线路参数统计表（推算后）

支路	332 线路	342 线路	343 线路	电抗器	柴油发电机
Q/kvar	600	250	155	1030	0
P/kW	68	136	116	0	320
I/A	10.26	4.86	3.30	17.38	5.73
U/kV	34				
$\cos\varphi$	0.11	0.48	0.6	0	1

4　结果分析

4.1　大孤岛运行方式现实可行

只要在柴油发电机启动之前将系统充电功率和感性无功平衡好，同时把握住有功功率。使柴油发电机启动时能够准确的运行在 $P-Q$ 曲线稳定区间范围内，柴油发电机的零起升压是可以实现的。

4.2　负载的估算和分配还应做实做细

此次试验时实际有功功率约为 2/3 试验前估算值；实际容性无功与试验前估算值

接近但略高，以至于柴油发电机稳定运行点接近纯阻性状态，系统有产生并联谐振的风险。图 11 中小圆点为试验前预期的点位，大圆点为试验时柴发的实际运行点位（方形为暂态，圆形为稳态）。本次试验数据的取得对以后大孤岛运行时的负载分配具有较强的指导意义。

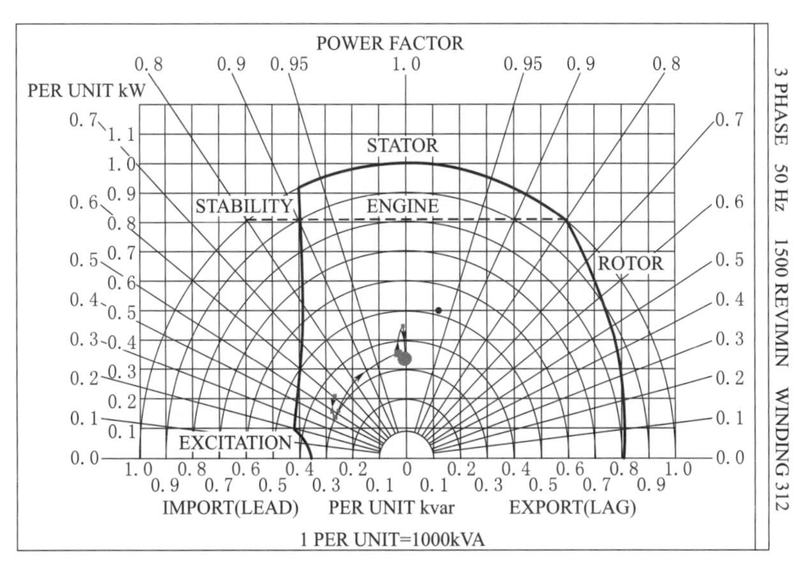

图 11 试验前后柴发运行点位

4.3 关于系统的谐振问题

大孤岛运行时，应将系统等效为并联谐振电路。试验过程中有经过，至少是非常接近并联谐振点的状态，但系统没有发生谐振。在试验时，查看零起升压过程中 35kV 母线电压和电抗器电流的波形如图 12 所示。

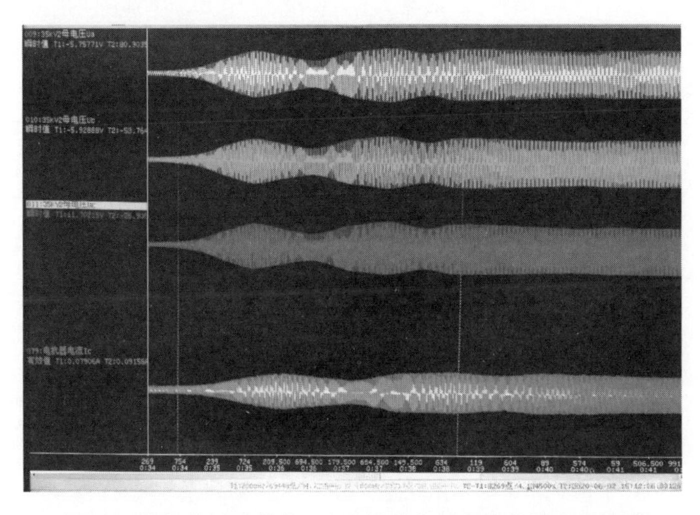

图 12 零起升压过程中 35kV 母线电压和电抗器电流波形

由波形可见电压和电流都没有出现异常的波动情况。因此，在大孤岛运行方式下，最重要的是过流保护的设置。当系统发生并联谐振时，电流会明显增大[3]，要确保能够及时切除设备，以避免造成设备的损坏甚至危及人身安全。

参 考 文 献

[1] 刘洪涛，李建设，黄河，等. 云广直流小功率孤岛试验发现的问题及应对措施 [J]. 南方电网技术，2012，6 (2)：40-42.

[2] 傅士杰. 论 800kW 柴油发电机远距离送电与主变零起升压可行性探讨与实践 [J]. 科学时代，2014 (4)：1-2.

[3] 李东双，罗建生. 机组带线路零起升压过程中电压失控原因分析 [J]. 城市建设理论研究（电子版），2014 (26)：2085-2086.

华能大丰海上风电场风电机组限位开关处理

季　笑

（华能盐城大丰新能源发电有限责任公司，江苏　盐城　224100）

【摘　要】 近年来，海上风电快速发展，海上风电机组限位开关失效对于风电机组有着很大的安全隐患。为了了解这个问题发生的原因，本文对华能大丰海上风电场风电机组限位开关进行深度分析。通过本次分析，确定了限位开关失效的主要原因，通过一些的整改措施可提高风电机组限位开关的可靠性，一定程度上提高了风电机组运行的安全性、经济性。

【关键词】 风电机组；限位开关；失效；海上风电

1　引言

在海上风电机组中，变桨系统限位开关是保证叶片正常运行的重要保护。目前，变桨系统限位开关触发故障多为电气回路误动作导致，限位开关本体机械触发情况较少。由于海上风电机组运维的特殊性，机组故障后不能够及时到达现场进行消缺，导致了发电量的损失，也降低了风电机组运行的安全性。华能大丰海上风电场风电机组在多次大风大雨期间，出现多台限位开关触发的问题，本文对风电机组变桨限位开关误动作原因进行分析并提出相应整改建议，以提高变桨系统的安全性与可靠性。

2　问题描述

2021年2月25日，天气情况为小到中雨，故障时段全场平均风速约18m/s，全场满负荷运行。当天11：22，31号风电机组3号桨叶95°限位触发位置故障；11：40，77号风电机组1号桨叶95°限位触发位置故障；12：11，76号风电机组3号桨叶95°限位触发位置故障；15：18，85号风电机组1号桨叶95°限位触发位置故障。

3 检查情况

现场检查发现＃31、＃77、＃76、＃85 的 4 台风电机组 95°限位开关却有不同程度的生锈情况，且内部有油水的痕迹，故对其进行更换后故障消除。

经检查确认这 4 台风电机组所用的限位开关均为 SSB 厂家的产品。故障消除后联系 SSB 厂家对其进行专项分析。

大丰海上风电场现有远景一期共 2 台（＃31、＃32）风电机组和二期共 23 台（＃68～＃91；二期全部）风电机组，用的是 SSB 厂家的限位开关；另外，一期远景剩余的风电机组用的是 KEB 厂家的限位开关；一期海装（共 20 台）风电机组用的仍是 SSB 厂家的限位开关。例如，＃7、＃77、＃85 风电机组的限位开关内部结构如图 1～图 4 所示。

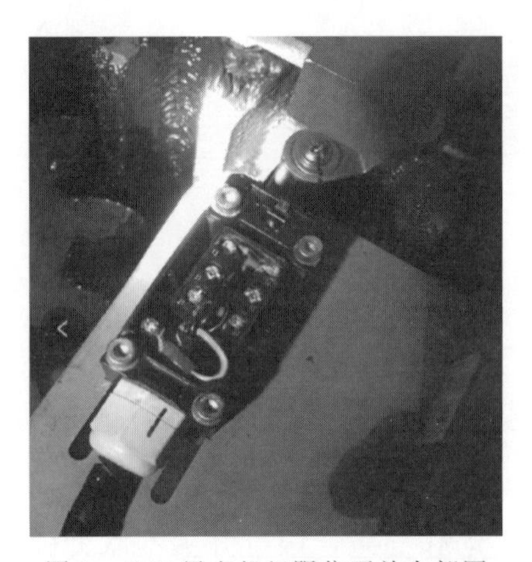

图 1　＃76 风电机组限位开关内部图

图 2　＃77 风电机组限位开关内部图

图 3　＃85 风电机组限位开关内部图（一）

图 4　＃85 风电机组限位开关内部图（二）

4 专项分析

4.1 现场排查

SSB 厂家服务工程师到故障风电场风电机组上进一步排查时，注意到限位开关线缆的防护用缠绕管端部伸入限位开关锁线器内侧。锁线器内缠绕管螺旋间隙增加了外部雨水、冷凝水或水汽通过缠绕管进入限位开关内部的风险。

4.2 原因复现

(1) SSB 厂家对限位开关线缆缠绕管在限位开关外侧及伸入限位开关内进行了 IP 防水等级浸水对比试验。限位开关及线缆组件按以下时间浸入水深 0.5m 后，取出限位开关线缆组件，打开限位开关，检查是否有水进入限位开关内。试验结果见表 1。

表 1　浸水试验对比表

实验环境	浸水 15min	浸水 60min
缠绕管在锁线器外侧	没有水进入限位开关	没有水进入限位开关
缠绕管伸入锁线器内	有水珠进入限位开关	有较多水进入限位开关

(2) SSB 厂家针对缠绕管在限位开关内部和限位开关外部的应用进行了对比防腐实验，实验结果显示 480h 后，缠绕管在限位开关内部的样件出现锈蚀情况，与现场问题表现基本一致。对 SSB 厂家的限位开关实验过程照片，如图 5～图 9 所示。

图 5　试验后的外观照片

4.3 原因分析

经过测试以及结合故障时工况，初步怀疑为安装工艺问题，在安装时将缠绕管压入锁线器，不能保证其 IP54 的性能。在海上盐雾环境中，限位开关腔体内部受到腐蚀，叠加故障的当时全天下雨，环境湿度较高，水汽进入限位开关腔体，导致内部接线端子触点生锈。

图 6　试验后的内部照片

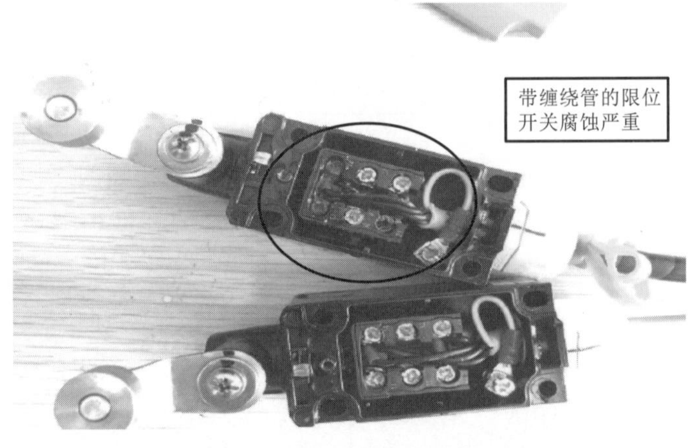

图 7　试验后的内部照片

图 8　带缠绕管的锁线器内部有明显水渍

图 9　无缠绕管的锁线器内部无明显水渍

远景对其他未故障的 SSB 厂家限位开关进行检查，均发现限位开关腔体内部受到腐蚀的情况，且腔体内部有油水痕迹。

5 解决方案

5.1 专项检查

对限位开关进行专项检查，已经通知大丰远景和海装对限位开关进行检查。同时射阳风电机组用的也是 SSB 厂家的限位开关，故及时联系射阳厂家开展限位开关检查。根据检查结果进行深度分析，查找根本原因，对其他风电场也存在这种问题的，根据需要及时整改。

5.2 批量更换

根据检查结果，对大丰远景使用 SSB 厂家的限位开关，进行批量更换限位开关线束，并采取限位开关线缆缠绕管在限位开关外侧不伸入限位开关内的方式。之后，检修人员全程跟踪更换进度，全部安装完毕后对其又进行抽检，确保了安装工艺达标。

5.3 举一反三

排查梳理风电机组内部其他设备有无因安装工艺问题导致腐蚀或者进油进水情况的部件。提前发现，尽早整改，避免故障发生。

6 结语

经过对比分析，海上风电场设备的安装工艺要求比陆上风电的更加严格，需要结合海上设备运行环境的特色制定相应的工艺要求。限位开关线缆缠绕管在限位开关外侧不伸入限位开关内的方式能够有效的防潮、防腐蚀，确保设备在海上特殊环境中更加安全可靠的运行。

参 考 文 献

[1] 张举良，陶学军，任海珍，汪艳艳．大型风力发电机组变桨距系统故障定位［J］．电气制造，2011（9）：40－42.

[2] 张俊妍. 风力检测变桨实训装置的研究与探索［J］．装备制造技术，2010（8）：171－172.

[3] 张举良，陶学军，马仪成．兆瓦级风电变桨距自动控制系统故障诊断［J］．河南科技，2010（3）：59－60.

海缆接头制作研究

吴昶剑

（华能如东八仙角海上风力发电有限责任公司，江苏　南通　226408）

【摘　要】步入华能如东300MW八仙角海上项目部以来，亲眼见证一台台风电机组树立，一根根海缆连接。笔者负责海缆敷设与接头制作工作的监督管理，从中受益颇多，其中对海缆接头制作与施工人员讨论后做出相应的技术改良，使其稳定性、可靠性、使用寿命得到提高，故就现场运行实际对海缆接头制作的过程及关键工艺进行浅析。

【关键词】海缆；接头制作

1　35kV海缆接头制作

1.1　35kV海缆KP接头制作过程

（1）海缆切断：海缆切断点在35kV开关柜的仓底往上返200mm。

（2）电缆开剥：严格按厂家提供的图纸尺寸剥掉外护套及铅护套。

（3）电缆绝缘处理：首先剥掉外半导体屏蔽层，期间可能需要喷灯、热风枪等设备辅助加热，然后用细砂纸仔细打磨绝缘，做好标记线。注意，绝缘前段倒角并用砂纸打磨。

图1　35kV海缆KP接头安装完成图

（4）组合零件：把铜编织的接地线环绕铅护套一周后用恒力弹簧将其固定，将绝缘表面及应力锥内涂抹硅脂，再套上金属连接件，压钳压紧。

（5）电缆进仓：清洁仓内及应力锥表面并涂抹硅脂，电缆进仓，进仓后，确定缆头到达标记线尺寸及为合格，如图1所示。

（6）接地：把接地线挂在接地排上且确保有良好的接地。

1.2 35kV 海缆 KP 接头制作注意事项

（1）铅护套必须用砂纸打磨使接地线与铅护套良好接触。

（2）在打磨绝缘时，确保绝缘表面光滑无划痕和凹坑。

（3）用硅脂涂抹应力锥及绝缘表面时，需用 95%～97%的乙醇溶液擦拭清洗绝缘表面，确认应力锥内外均无灰尘和杂物，如有灰尘杂物则再次清洗。

2 110kV 海缆接头制作

相对于 35kV 海缆接头制作，110kV 海缆接头制作要求工艺更加严格和复杂，由于体积庞大，人工不易弯曲，需要加热校直。110kV 海缆 KP 接头安装完成图，如图 2 所示。

2.1 110kV 海缆 KP 接头（KP 插拔头）制作过程

（1）确认插拔头与 GIS 仓对接点。

（2）截断时留出余量 200mm。

（3）剥去海缆第一层外护套，如果是铅护套，需要注意要剥去第二层铅护套。

（4）装好加热设备开始加热，观察海缆线芯温度达 60℃。

（5）冷却电缆，静置 7～8h 后校直（图 3），与室外温度一致。

（6）严格按图纸安装工艺进行操作，制作接地线，热缩管，开播半导电层（图 4）。

（7）打磨绝缘层，必须达到光滑无缺陷，然后切断余量。

（8）用专用工具切出电缆线芯图纸尺寸。

（9）按厂家图纸在绝缘层与半导电层涂好半导电漆，必须涂满无空隙且静置 10min。

（10）需在电缆绝缘层与应力锥涂抹硅脂后、安装应力锥（图 5）；安装触头，用专用工具压紧，等待实验（图 6）。

图 2 110kV 海缆 KP 接头安装完成图

图 3　电缆校直

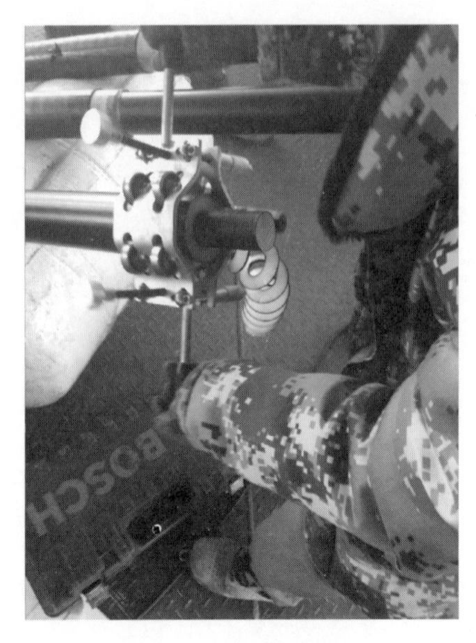

图 4　剥离前段绝缘

图 5　施工师傅在安装应力锥

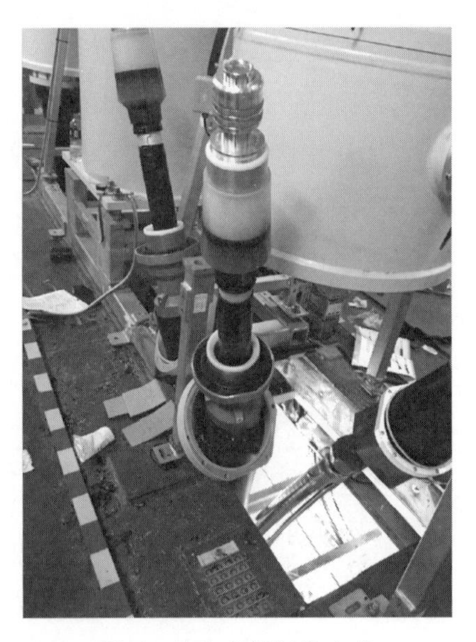

图 6　接头内部制作完成

2.2　110kV（KP 中间接头）制作过程

（1）确认相序，排好两侧电缆，定好尺寸截断（不少于两方确认）。

（2）截断时留出两侧余量 100cm。

（3）开剥铝护套与铅护套（按厂家图纸尺寸正负不超过 5mm）。

（4）装好加热设备开始加热，85℃加热 4h；当线芯温度达 60℃时，停止加热 1h，校直并冷却 7～8h。

（5）剥出半导电层打磨处理，同时检查中间接头附件是否跟现场电缆型号一致，如不一致，须进行处理。

（6）安装好附件进行压解，检查是否有遗漏。

（7）按厂家图纸装好应力锥尺寸绕好带材，组装外壳，进行浇筑密封。

（8）安装接地线、热缩外壳。注意，必须在热缩管两侧绕一条防水胶条进行热缩。

（9）等待实验。

2.3 110kV 海缆 KP 接头制作注意事项

（1）工作现场必须清洁，非施工人员不得直接接触处理好的电缆。

（2）制作时，当空气湿度 80%以上时不得施工。

（3）制作好以后，非实验人员勿触碰插拔头。

（4）制作过程中必须确认中间接头的地线接地方式。

3 电缆接头制作与安装过程中的关键点

在制作和安装接头时，经常出现这些问题：剥切痕迹过深，端口不整齐；绝缘表面杂质过多，存在凹痕或突起；接地线连接不牢固；附件密封性差；接线端子和连接管压接不实，密封不严；屏蔽层连接不良。

这些问题的产生，与制作者的技术水平高低密切相关。要想彻底解决问题，在电缆的制作与安装过程中要十分关注以下关键点：

（1）锯割钢铠。锯割钢铠时若断口不齐，有毛刺遗留，容易造成运行过程中尖端放电以及扎破保护层。同时，在锯割时要注意深度，不要割透下层钢铠，出现毛刺要用锉刀打磨或用工具敲齐、剪平。

（2）连接接地线。金属屏蔽与接地系统相连可以消除表面电晕，屏蔽电磁场对临近通信设备的电磁干扰。运行状态下与接地系统相连的金属屏蔽处于零电位，当电缆发生故障之后，它具有在极短的时间内传导短路电流的能力。接地线与钢铠、金属屏蔽层连接不牢固，不耐振动，会导致附件发热烧损。因此，接地线应可靠焊接或固定，两端电缆本体上的金属屏蔽及铠装带牢固连接，终端头的接地应牢固不松动。要将接地线用弹簧钢带固定在钢铠和金属屏蔽层上，或者焊接牢靠，焊接时不能烤焦或者虚焊。

（3）做接地线防潮段。做接地线防潮段时如果没用密封胶上下裹缠严密，中间焊锡填充不严，水分会从缝隙中渗透进去，导致电缆绝缘水树老化短路甚至爆炸。因此，制作时应先将接地线中部用焊锡填充密实，在电缆外护套上缠一层密封胶，再将接地线压到胶带上，之后再缠一层密封胶。最后用护套管密封。

（4）剥切金属屏蔽层、外屏蔽层与绝缘层。剥切时下刀容易过深，切伤下一层材料，导致局部电场场强增大，发生局部放电，击穿绝缘。因此，在剥切时要掌握下刀深度，不要切透，用 PVC 胶带裹缠后沿边撕下。尽量采用专用剥切刀具进行剥切。

（5）打磨及清洁绝缘层。如果打磨时贪图省事，容易将屏蔽层中的导电颗粒带到绝缘层中，或者绝缘层表面的突起没有完全清除干净，这些可导致局部放电，击穿绝缘。因此，要使用由粗到细不同目数的砂纸仔细打磨，现在附件箱里一般都只提供一张砂纸，可以用正面打磨后用背面再打磨一遍。使用清洁巾擦拭时要从绝缘层到屏蔽层，决不能反复擦拭，将黑色导电颗粒留在绝缘层上。

（6）热缩附件里的应力管。应力管没有和金属屏蔽层、绝缘屏蔽层良好搭接，不能使电应力均匀分布，会引发电缆绝缘击穿短路。这一环节在附件安装中非常重要，经常有电缆由于应力管搭接不良而烧损，制作时一定要给以足够重视。

（7）接线端子及连接管导体的连接。导体连接的基本要求是低且稳定的电阻，足够的机械强度，耐电化腐蚀，耐振动，连接处不能出现毛刺。10kV 及以下的中低压电缆导体常用压接法进行连接。操作要点为：

1）剥除足够长度的绝缘后要清除导体表面的污物及氧化膜，涂抹导电膏后再充分插人连接管内。

2）压接时围压的成型边或坑压的压坑中心线应各自在同一平面或直线上。每次压模合拢后要停留 10～15s，以使压接部位金属塑性变形达到基本稳定。

3）连接点的电阻值不应大于相同截面、相同长度导体电阻的 1.2 倍，固定敷设的电缆连接点抗拉强度不低于导体本身抗拉强度的 60%。

4）压接后连接管、线芯导体上的尖角、毛边等，用锉刀或砂纸打磨光滑。

5）用半导电胶带填充压接缝隙，与导体屏蔽层连接；要清楚各种带材的使用场所及使用要求；按规定进行绕包。

（8）内半导电屏蔽层处理。具有内屏蔽层的电缆本体，在制作中间接头时必须恢复压接管导体部分的接头内屏蔽层。电缆的内半导电屏蔽均要留出一部分，以便使连接管上的连接头内屏蔽能够相互连通，确保内半导电层的连续性，从而使接头连接管处的电场场强均匀分布。

（9）外半导电屏蔽层的处理。外半导电屏蔽层是附加在电缆绝缘外部起均匀电场作用的半导电材料，同内半导电屏蔽层一样，在电缆及接头中起到十分重要的作用。外半导电层端口必须整齐均匀，与绝缘平滑过渡，可以将台阶磨成斜坡平或者用半导电胶带将台阶填成斜坡。做中间接头时要在接头增绕半导体带，与电缆本体外半导体屏蔽搭接连通。

(10) 电缆应力锥的处理，如图 7 所示。施工时形状、尺寸准确无误的应力锥，在整个锥面上电位分布相等，可以有效改善线芯开断处的电场分布。由于标准复对数曲线面不容易削制，所以常采用将绝缘层端部削制成铅笔头的办法，将曲面变成锥面。在制作交联电缆应力锥时，一般采用专用切削工具削制，或者采用刀具或玻璃刮削，基本成型后，再用厚 2mm 玻璃修刮，最后用砂纸由粗至细进行打磨，直至光滑为止。

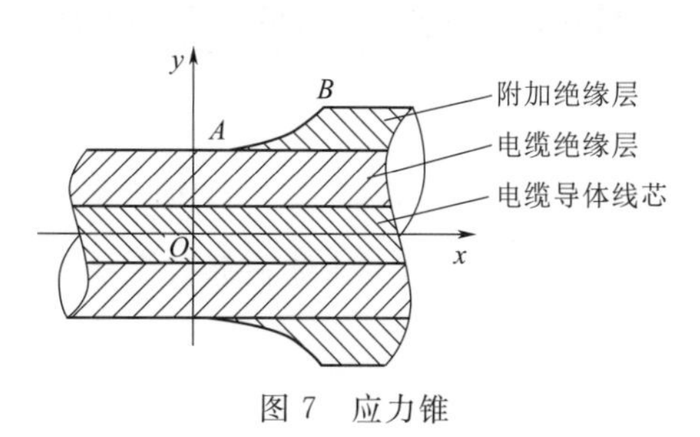

图 7　应力锥

(11) 接头的密封和机械保护。接头的密封和机械保护是接头安全可靠运行的保障。应防止接头内渗入水分和潮气，将接头用密封胶包裹平滑后再套入密封管进行封堵。在接头位置应设置接头保护槽或装设保护盒等装置。

(12) 在雨、雪、雾、大风天气施工。在极端环境下施工时要进行施工现场温度、湿度、灰尘控制。施工时空气湿度不应大于 70%，北方环境温度不应低于 0℃。大风天气灰尘过大，落在绝缘层上会引发局部放电从而导致绝缘击穿。应对的办法是将电缆附件放在密闭的帐篷内，控制好温度、湿度后进行制作安装。

以上分析的这些问题都属于隐蔽项目，在施工验收时无法检查出来，只有在投入运行一段时间后才会由于接头故障而暴露。

4　接头制作工艺与改良总结

(1) 升级砂纸型号，使绝缘打磨更加精细，使其使用性能更加稳定。

(2) 热缩管内外都加有防水带（原先工艺要求仅内部需要防水带），使其防水性能更加完备，增加接头使用寿命。

(3) 充分搅拌中间接头的 AB 混合胶（搅动 4min），使其快速凝固性能更好，增加设备稳定性。

参　考　文　献

应伟国．架空送电线路状态检修实用技术［M］．北京：中国电力出版社，2004.

箱式变压器远程操作改造方案研究与实践

张　宇　赵剑剑　周峰峰

（华能国际电力江苏能源开发有限公司清洁能源分公司，江苏　南京　210015）

【摘　要】近几年，箱式变压器的就地操作有着很大的安全隐患。为了解决这个问题，本文提出了箱式变压器远程操作改造方案。远程操作具备很强的安全性。同时，有助于后期集控统一管理，以及送电效率提升。

【关键词】箱式变压器；远操；通信；改造；模块

1　引言

根据风电场实际需要，且考虑到后期运行集控的要求，对如东风电场箱式变压器远程操作问题进行了综合性评估，并提出改造方案。

箱式变压器通信均借用风电机组环网光纤通道，因此实现箱式变压器远程操作只需保证光纤环网交换机持续供电即可。

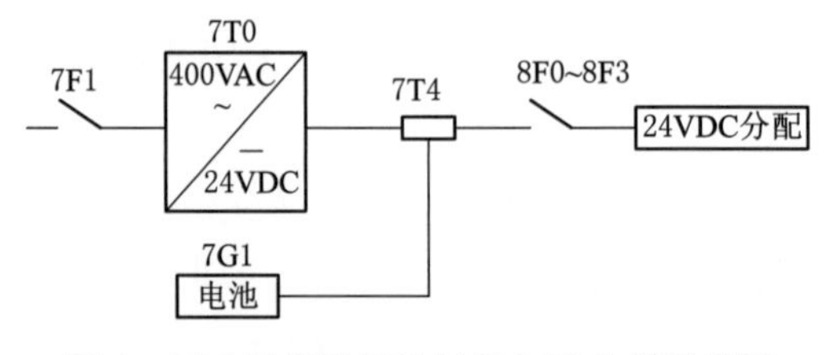

图 1　风电机组塔基控制柜 24V 电源示意图

如图 1 所示，风电机组环网交换机为 7T4 负载。现场由于海装更换过环网交换机接线混乱，按厂家图纸要求应接为 8F3 开关下负载。

2　试验

2.1　方案 1

方法：在停机状态下断开风电机组辅助变压器高低压侧开关，进行箱式变压器分合闸试验。

结论：在只断开风电机组辅助变压器高低压侧开关时，风电机组电源模块所携带的蓄电池 7G1 仅提供了 15s 供电时间，无法进行箱变远操作业。

2.2 方案 2

方法：在停机状态下先拉开 24V 分路开关 8F1～8F3，只留下 8F0 闭合（现场接线接为 8F0，图纸标示为 8F3），后将辅助变压器高低压侧开关断开，进行箱式变压器分合闸试验。

结论：在该方法上进行箱式变压器分合闸试验时，主控后台遥控箱式变压器高低压侧开关分闸均成功，用秒表计时，在 2min 之后，通信模块丢电，无法进行箱式变压器合闸操作。

2.3 存在问题

（1）由于该风电机组原通信模块接口满足不了箱式变压器上传数据的要求，后由厂家提供接口更多的通信模块，且由海装现场维护人员更换，现查出现场该模块接线混乱。

（2）该风电机组的电池容量为 7Ah，24V 电源分配器提供电能时间由拨码设定。

3 基本数据

基于不同风电机组可能出现不同电气运行特性考量，选择＃8、＃9 风电机组作为参考，用钳形电流表进行测量，实际测量数据结果见表 1。塔基控制柜 7T4 基本数据见表 2。

表 1　　实际测量数据结果

风电机组	塔基 24V 电源模块		交换机电流/A	变频器 U10 模块电流/A	变频器 U10 额定电流/A
＃8 风电机组	总电流	1.53A	0.13	2.08	5
	8F0	0.02A			
	8F1	0.75A			
	8F2	0.23A			
	8F3	0.47A			
＃9 风电机组	总电流	1.54A	0.15	2.15	5
	8F0	0.03A			
	8F1	0.77A			
	8F2	0.25A			
	8F3	0.5A			

表 2　　塔基控制柜 7T4 基本数据

输入量名称	输入参数	输出量名称	输出参数
额定输入电压	24V DC	额定输出直流电压	V_{A1}=24V DC
运行电压范围	22～29V DC	额定输出直流电流	I_{A1}=15A DC
24V 时电池充电中的最大输入电流	16.0A DC	输出电流范围	I_{A1}=0～15A DC
24V 时电池已充满的最大输入电流	15.1A DC	充电终止电压	V_{A2}=26.3～29.3V DC
浮空运行状态下的电池电流	15.1A DC	充电电流	I_{A2}=0.35 或 0.7A DC
电池最大静态电流消耗	约为 0.3mA		
24V 时电池充电中的功耗	约为 16.0W		
24V 时电池已充满的功耗	约为 14.0W		
浮空运行状态下的功耗	约为 15.0W		

4　方案 1

4.1　风电机组塔基控制柜 7T4 模块简介

图 2（a）为风电机组塔基控制柜所使用的塔基控制柜 7T4 模块实物，图 2（b）为各 DIP 开关（拨码）意义。

(a) 模块实物

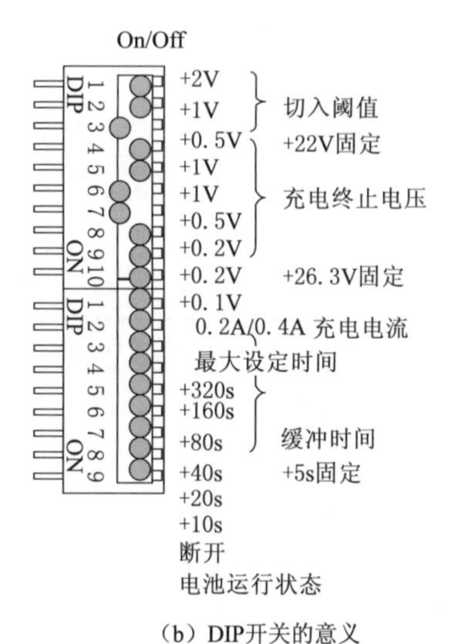

(b) DIP开关的意义

图 2　风电机组塔基控制柜 7T4 模块

该 DC-UPS 模块 15 为西门子 SITOP 电源产品系列设备，DC-UPS 模块上的输入“Input L+”必须连接至 24V 直流电源单元的输出 L+，输入“Input M”则连接至电源单元的输出 M。电池模块连接至端子+Bat 和-Bat。输入电压经由 DC-UPS

模块的输出“Output L+”和“Output M”对被缓冲的负载进行供电。若24V DC电源发生故障或下降到小于设定的切入阈值，由于电池模块已在连续供电模式下保持在充满状态，则此时仍可继续对负载进行供电。

4.2 缓冲时间的设定

在预设周期到达或电池的过度放电阈值（最大缓冲时间）到达之后，可选择浮空运行是否终止。缓冲时间由6个DIP开关进行设定，以10s为步长，从5s至635s（出厂状态为无限）。若将DIP开关的“t”拨至“0”，缓冲时间即为最大时间，直至电池电压下降至过度放电阈值“19V”时，UPS模块才会关闭并保持在储能状态，同时断开负载与电池的连接。（过度放电保护）

4.3 基本思路

（1）不可将DC-UPS所携带的蓄电池分路给交换机独立供电，因DC-UPS带有极性接反保护、过流和短路保护、过度放电保护，同时所带负载下有重要负载PLC，若网侧突然丢电，电池一旦有问题，PLC将立即失电。

（2）电池必须持续给DC-UPS供电，一旦电池被断开，将无法通过改变开关设置来重新启动浮空运行。仅当输入电压恢复时浮空运行方可恢复。

4.4 线路改造

（1）如图1所示，将8F3下负载（液晶屏）引线改接至8F0开关下端口。

（2）将光纤环网交换机电源引线接至8F4下端口，此时，8F4下负载只有光纤环网交换机。

4.5 使用方法

在需长时间停用箱式变压器时，通过切换7T4模块上的DIP开关即可，具体步骤如下：

（1）执行正常停机步骤。

（2）将7T4模块上的DIP开关“t”拨至“0”。

（3）断开24V分路电源开关8F0～8F2（仅留下8F3闭合）。

（4）断开塔基24V电源供电开关7F1。

（5）断开风电机组塔基塔基控制柜内各小开关以及辅助变压器高低压侧开关。

（6）执行箱式变压器停电操作。

注意：箱式变压器送电之后，需将7T4的DIP开关“t”拨回“1”，恢复其原始状态。

4.6 优缺点

方案 1 的优点是改造简单，不产生改造费。

方案 1 的缺点包括：该用法为 DC－UPS 的非常规用法，频繁使用电池将影响电池的寿命；该用法需对 DIP 开关进行操作，DIP 开关拨码微小，易损坏；若箱式变压器停电时间超过几个小时甚至达到一天或几天，此方法将无法实现箱变远操。

5 方案 2

接线图如图 3 所示。

5.1 基本思路

（1）通过变频器 UPS 给交换机持续供电。

（2）变频器 U10 单元为 UPS 下 230VAC/24VDC 电源模块。

（3）U10 电源模块的工作与否决定于 K8 继电器能否吸合。

（4）K8 继电器闭合需满足的条件有控制柜温度以及网侧模块 U1、基侧模块 U11.1、U11.2 的温度大于 10℃，控制电源开关 F11、加热回路电源开关 F12、总开关 F170 为闭合状态。

（5）K8 继电器为自保持继电器。

（6）停电时只要不断开 UPS 本体电源开关，U10 模块将持续工作。

（7）送电时，若之前 UPS 本体电源已经关闭，此时 K8 继电器无法吸合，U10 无法工作，则无法提供 24V 电源。则可通过盘路开关线将 U10 短时间接通电源。

5.2 线路改造

（1）将控制电源开关 F11 与 U10 模块之间加装一 230V 交流电源开关（临时命名为 F13），达到与 K8 继电器并联的目的。

（2）在 U10 出口与原 24V 负载之间加装直流电源开关（临时命名为 F14）。此开关加装的目的是为了保证变频器各模块在温度未达到 10°时不工作。

（3）将 U10 出口加装引线至塔基控制柜 24V 分路电源开关 8F3。

（4）将原 8F3 开关的负载接至 8F0 开关。

（5）将交换机引线接至 8F3 开关。

（6）将 8F3 独立出来，解除 8F3 上的短接排。

5.3 使用方法

执行完风电机组停机操作以后无需将 UPS 电源本体电源关闭，此时通信一直未中断，可以进行箱式变压器远程操作。

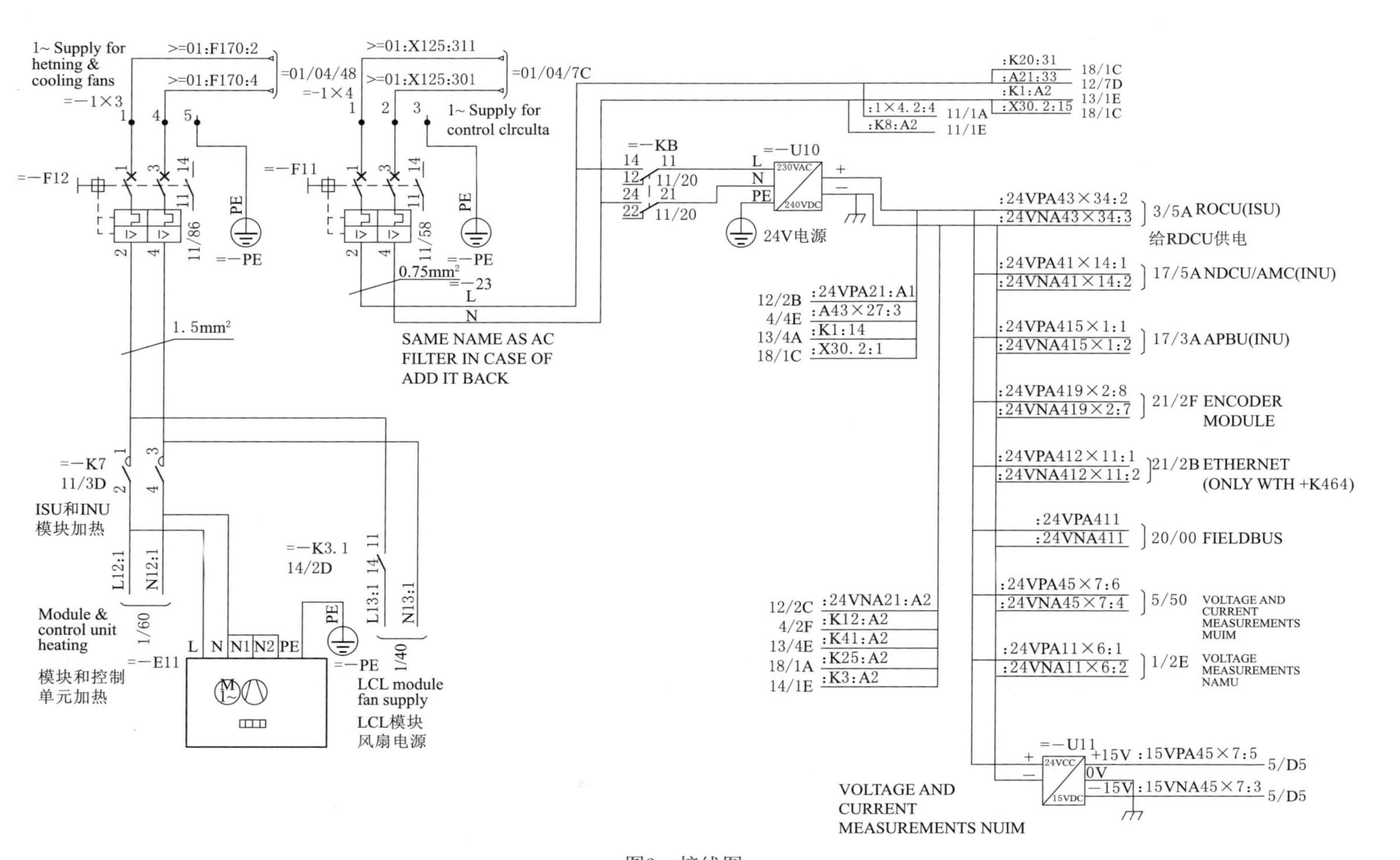
1~ Supply for hetning & cooling fans
>=01:F170:2
>=01:F170:4
=01/04/48
=−1×3
=-1×4
>=01:X125:311
>=01:X125:301
=01/04/7C
1~ Supply for control clrculta
=−F12
=−F11
11/86
11/58
=−PE
0.75mm²
=−23
L
N
1. 5mm²
SAME NAME AS AC FILTER IN CASE OF ADD IT BACK
=−KB
11/20
=−U10
230VAC
240VDC
24V电源
:K20:31
:A21:33
:K1:A2
:X30. 2:15
18/1C
12/7D
13/1E
18/1C
:1×4. 2:4
:K8:A2
11/1A
11/1E
:24VPA43×34:2
:24VNA43×34:3
3/5A ROCU(ISU)
给RDCU供电
:24VPA41×14:1
:24VNA41×14:2
17/5A NDCU/AMC(INU)
12/2B :24VPA21:A1
4/4E :A43×27:3
13/4A :K1:14
18/1C :X30. 2:1
:24VPA415×1:1
:24VNA415×1:2
17/3A APBU(INU)
:24VPA419×2:8
:24VNA419×2:7
21/2F ENCODER MODULE
:24VPA412×11:1
:24VNA412×11:2
21/2B ETHERNET (ONLY WTH +K464)
:24VPA411
:24VNA411
20/00 FIELDBUS
=−K7
11/3D
ISU和INU
模块加热
=−K3. 1
14/2D
L12:1
N12:1
L13:1
N13:1
Module & control unit heating
模块和控制单元加热
1/60
=−E11
1/40
LCL module fan supply
LCL模块风扇电源
12/2C :24VNA21:A2
4/2F :K12:A2
13/4E :K41:A2
18/1A :K25:A2
14/1E :K3:A2
:24VPA45×7:6
:24VNA45×7:4
5/50 VOLTAGE AND CURRENT MEASUREMENTS MUIM
:24VPA11×6:1
:24VNA11×6:2
1/2E VOLTAGE MEASUREMENTS NAMU
=−U11
24VCC
15VDC
+15V :15VPA45×7:5
0V
−15V :15VNA45×7:3
5/D5
VOLTAGE AND CURRENT MEASUREMENTS NUIM

图3　接线图

当箱式变压器需长时间停电，关闭 UPS 本体电源，同时关闭上文提到的加装直流电源开关 F14。

送电步骤如下：

（1）确认 F14 开关在分位。

（2）合上变频器 UPS 本体电源开关。

（3）合上加装的交流电源开关 F13。

（4）合上塔基控制柜内 24V 分路开关 8F3。

（5）箱式变压器送电（具体步骤省略）。

（6）分开加装的交流开关 F13。

（7）合上加装的直流开关 F14。

（8）进行风电机组送电工作。

注意：由于加装了一个交流旁路开关，所以在风电机组变频器检修时，一定要注意该开关的状态，应为分。或者直接断开 UPS 本体电源。

5.4 优缺点

方案 2 的优点：取电灵活，及时箱式变压器停电几天也不影响箱式变压器远程操作工作；变频器 UPS 电池容量较大，在负载只有 0.15A 时，使用时间长，就算箱式变压器长时间检修，也可以开着 UPS 保持风电机组、箱式变压器通信畅通，此时仅需断开加装开关 F14 即可。

方案 2 的缺点：将产生改造费用；停电检修时，多了安全隐患点。

6 方案 3

6.1 基本思路

（1）通过箱式变压器 UPS 给交换机持续供电。

（2）箱式变压器 UPS 出口有备用控制开关。

6.2 改造方法

（1）塔基控制柜内加装一 AC220V～DC24V 模块，并在模块前加装 AC220V 开关和模块后加装 B6 开关。

（2）将交换机电源进线单独接至 B6 开关上。

6.3 优缺点

方案 3 的优点：箱式变压器 UPS 有外接蓄电池，供电时间更长。不切断 UPS 电源，可长期监控箱式变压器以及风电机组数据，保证现场不失控；箱式变压器远程操作工作基本得到保证。

方案 3 的缺点：改造工作量大，箱式变压器至风电机组的预留孔洞已塌陷，若要改造需重新开挖；改造费用高，需加装电源变换模块；改造周期长，难点多。

7 方案比较选择

经比较，现选择方案 2 较为合适，主要原因如下：

（1）方案 2 使用 UPS 供电，供电时间相对较长。

（2）使用 UPS 供电，可通过 UPS 本体开关及时切断电源，其可控性更高。

（3）方案 1 中，需通过开关拨码实现，而拨码开关属于易损件，频繁使用开关拨码，将导致不必要的损失。

（4）方案 3 改造周期长、费用高、工作量大。

根据实际情况，综合考量，现选择方案 2 进行改造。具体的工作原理图，如图 4 所示。

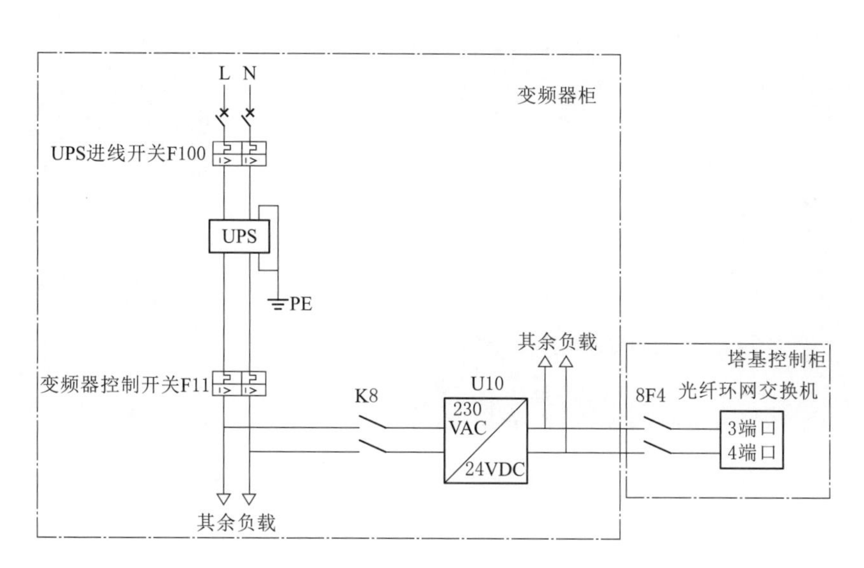

图 4　电路原理图

8 具体实施

8.1 施工条件

（1）现场具备施工条件，开具工作票，做好安全保护措施。

（2）施工天气以晴天为宜。

（3）准备施工工器具：电动工器具组、长距离拖线板一只、组合工具一套、剥线钳一只、220V 验电笔一只、10m 电缆（型号：KVVRP 2×1.5 电缆）24 组、B6 开关 24 只、电缆套管 1 只（外径约 4cm）、扎带若干、线鼻子若干。

（4）专业施工人员宜 2～3 名。

8.2　施工准备

（1）使用剥线钳将电缆线带入施工现场前均剥线完毕（以保证风机清洁）。

（2）将电缆套管制成 24 小份，一节长度约 3cm，每根电缆套一节套管。

（3）将风电机组打到维护状态，拉开变频器控制柜中变频器控制开关 F11（K8 为自保持继电器，此时 K8 应为失电状态）、F12，如图 5 和图 6 所示。关闭 UPS 本体开关，拉开 UPS 进线开关 F100。变频器 UPS 如图 7 所示。

（4）拉开塔基控制柜内变频器进线开关 224F1，如图 8 所示。

（5）拉开塔基 400V 供电开关 7F1。

图 5　变频器控制开关 F11、F12

图 6　自保持继电器 K8

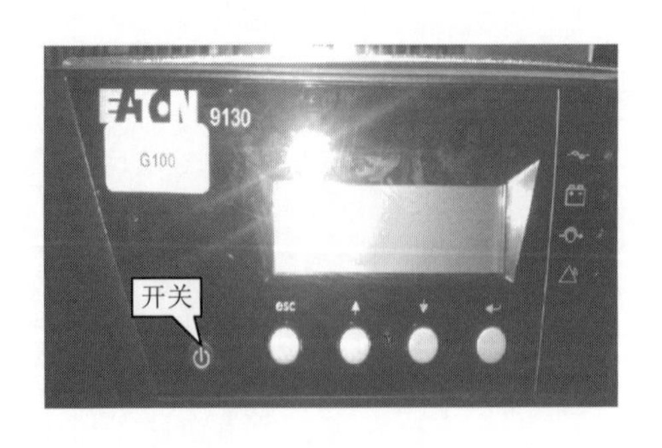

图 7　变频器 UPS

图 8　变频器进线开关 224F1

8.3 施工步骤

（1）检查继电器 K8 处于失电状态，K8 继电器上绿灯灭。检查 sitop 电源 7T0 处于失电状态。

（2）使用电动工器具从塔基底部分别对变频器柜底部木质板打孔（孔直径比电缆略粗即可）以及塔基控制柜底部钢制板打孔，如图 9 和图 10 所示。

图 9　变频器柜底部打孔处示意图

图 10　塔基控制柜底部打孔处示意图

（3）将预备的电缆两头穿过所打的孔眼（有套管一处为塔基控制柜处，且使电缆通过套管穿过孔眼）。

（4）将电缆的红色线接入端口 5、蓝色线接入端口 6，如图 11 和图 12 所示。

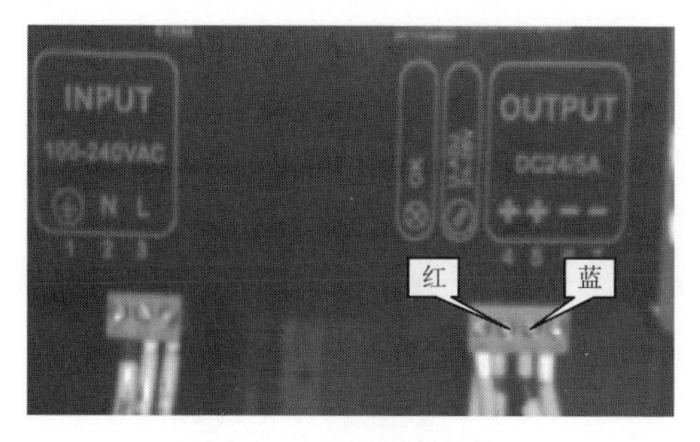

图 11　U11 电源转换模块

图 12　U11 模块接线处局部图

（5）将 B6 开关装设于 8F0 左侧，命名为 8F4，如图 13 所示。

（6）将塔基控制柜下端穿出的电缆接至 8F4 上端口。

（7）拆下 7T0 上的正端接线（图 14）并接于 8F4 下端口，取下 7T0 上的负端口与网络交换机的连接线（负端口上仍应有一接线，为其余负载使用）。

（8）将电缆的蓝色线与网络交换机 4 端口相连，如图 15 和图 16 所示。

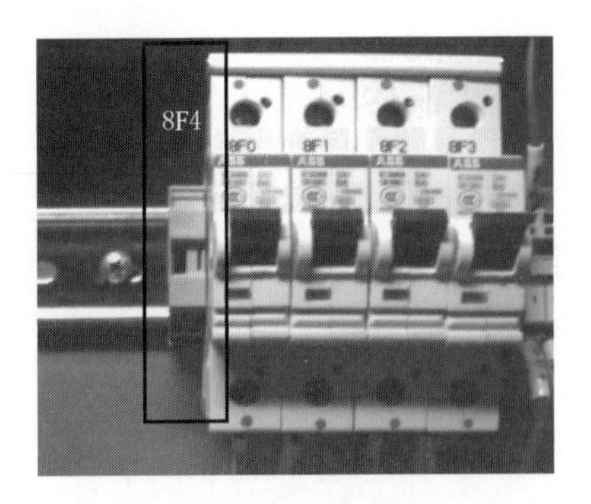

图 13　B6 开关装设处 8F4

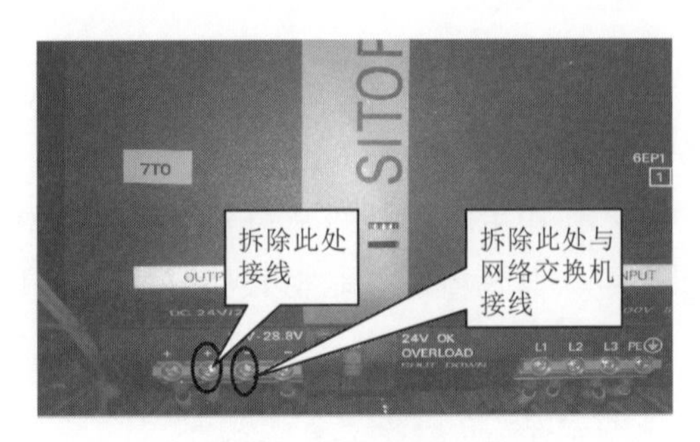

图 14　7T0 改造方法

图 15　网络交换机

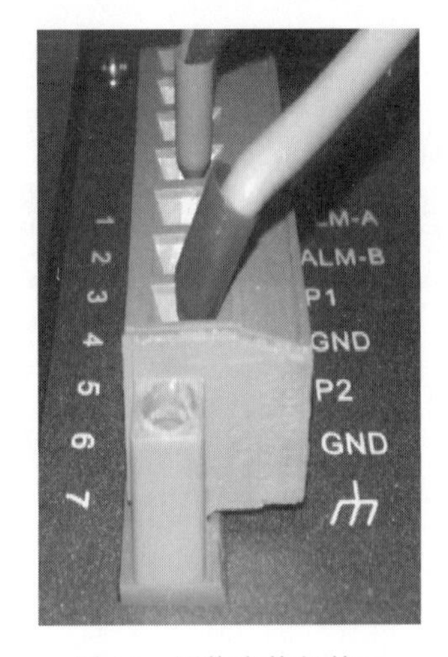

图 16　网络交换机接口

8.4　注意事项

（1）从塔底穿孔时，在上方需有人监护，以防止电动工器具将原电缆刮破。

（2）风电机组的 SITOP 电源模块有蓄电池供电，需等待约 2min 才能完全失电。

（3）断开塔基 400V 供电开关 7F1 时后台将会网络中断（携带对讲机，跟控制室保持联系）。

（4）现场网络交换机的接线混乱，但普遍如图 16 中接线所示。

8.5　送电步骤

（1）合上塔基 400V 供电开关 7F1。

（2）合上塔基控制柜内变频器进线开关 224F1。

（3）合上 UPS 进线开关 F100。

（4）合上 UPS 本体电源开关。

（5）合上变频器控制电源开关 F11、F12。

（6）合上加装的开关 8F4。

参　考　文　献

邹鹏辉，罗榕，陈庆协，曹宇鑫，杨东露，洪伟斌．变压器分接开关远程控制［J］．电子测试，2019（20）：18－19.

风电场35kV母线电压互感器柜B相高压熔断器异常故障处理分析

李鑫鑫

（华能国际电力江苏能源开发有限公司清洁能源分公司，江苏　南京　210015）

【摘　要】本文针对风电场35kV母线电压互感器柜B相高压熔断器熔断，结合现场实际情况笔者从故障发生的事故象征、检查过程、分析过程、处理过程等方面进行论述。同时针对事故检查处理过程中存在的问题，笔者也进行了罗列并制定出相应改进措施。

【关键词】35kV母线；电压互感器；高压熔断器；故障处理

1　故障概况

（1）发生时间：2015年2月3日18：11。

（2）当时工况：全场负荷在4000kW左右，220kV系统华港4H46线、龙华2H99线运行正常，1号主变压器运行正常，35kV系统各支路运行正常，400V系统运行正常，24台风电机组箱式变压器系统运行正常。

（3）故障过程：此时35kV母线电压在33.78kV，35kV母线压变U_{ab}：33.79kV、U_{bc}：31.57kV、U_{ca}：35.44kV、$3U_0$：2.29kV。南瑞监控后台有报警存在：35kV母线电压U_{ab}、U_{bc}一值处于越下限报警（低于34kV），同时风电机组Ⅰ311线在2015年2月3日18：13：27：076时刻后台报出“零序电压动作报警”、风电机组Ⅱ312线在2015年2月3日18：13：52：313时刻后台报出“零序电压动作报警”、风电机组Ⅲ313线在2015年2月3日18：11：46：051时刻后台报出“零序电压动作报警”、＃1SVG315线在2015年2月3日18：13：28：265时刻后台报出“零序电压动作报警”。

现场运行人员在17：40左右监盘以及进行站内巡检观察到后台35kV母线电压偏低，U_{ab}、U_{bc}电压一次值相比U_{ca}电压一次值较低，35kV开关室测控装置上显示的二次电压值也相对较低，不过此时后台并未有“零序过压动作报警”报出。

2 处理过程

2.1 报警出现后的检查过程

观察220kV系统电压（U_{ab}：231.90kV、U_{bc}：232.00kV、U_{ca}：231.49kV、$3U_0$：0.36kV）、华港4H46线、龙华2H99线、1号主变压器运行状态以及运行参数均正常，同时35kV母线所带的5条线路开关均在正常工作状态，24台风电机组、箱式变压器电压等参数均正常、400V系统电压等参数均正常。此时查35kV母线电压偏低，电压值处于越下限状态，35kV开关室内风电机组Ⅰ311线、风电机组Ⅱ312线、风电机组Ⅲ313线、1号SVG线进线开关柜综保装置上均有“零序过压动作”报警，线路开关位置指示均在正常状态。查看故障录波装置电压波形变化情况，如图1所示。

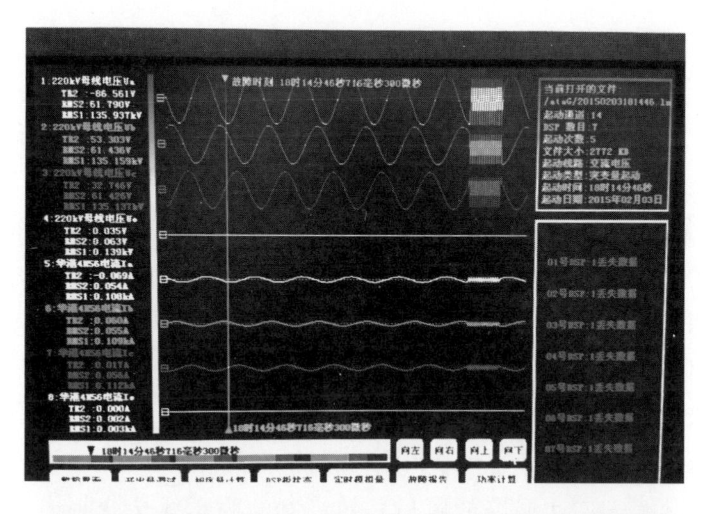

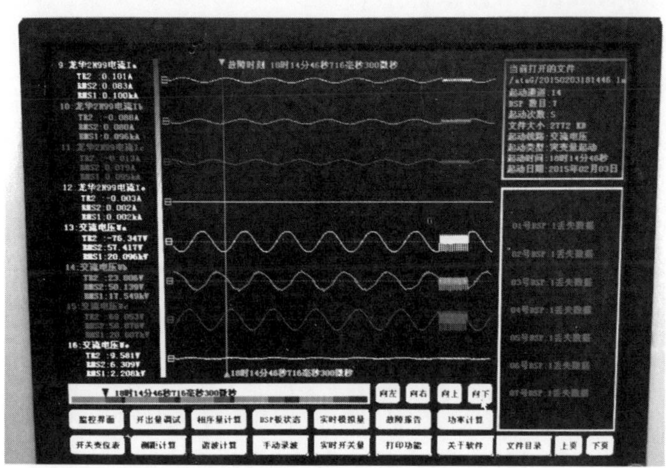

图1 故障录波装置母线电压波形变化情况

在 18：14：46 时刻，交流电压突变量启动，查看 220kV 母线电压 U_a、U_b、U_c、U_0 电压一次值及二次值均正常，而交流电压部分：一次值：U_a＝20.096kV、U_b＝17.549kV、U_c＝20.607kV、U_0＝2.208kV；二次值：U_a＝57.417V、U_b＝50.139V、U_c＝58.876V，U_0＝6.309V。此时交流电压部分一次、二次电压已出现三相电压不平衡，U_0 零序电压相对较高。

查看继保室 35kV 母线保护柜在 2015 年 2 月 3 日 18：57：42：811 时刻有“母线电压闭锁开放、母线 TV 断线”报警存在。而此时南瑞后台 35kV 母线电压仍在逐步降低，U_{ab}、U_{bc}电压降低明显，U_{ca}电压保持稳定。

35kV 系统出现电压异常的原因有：①高压熔断器熔断；②单相接地；③谐振；④低压熔断器熔断；⑤二次电压回路异常；⑥消弧线圈档位不适当；⑦线路断相[1]。

2.2 报警出现后的处理过程

首先将出现的异常情况汇报风电场领导。

检查 220kV 系统电压正常（U_{ab}＝230.37kV、U_{bc}＝230.53kV、U_{ca}＝230.20kV、$3U_0$＝0.01kV）左右、华港 4H46 线、龙华 2H99 线、1 号主变运行状态以及运行参数均正常，400V 系统电压等参数均正常（U_a＝231.2V、U_b＝231.3V、U_c＝232.1V），24 台箱式变压器低压测三相电压均在 690V 左右，电压正常。而此时 35kV 母线电压仍在逐步降低。

若发生单相接地故障时，接地相电压接近于 0，其余两相相电压升高为线电压，而此情况并未出现，可以排除接地故障；若二次电压回路异常，出现原因为二次小线烧断、回路接错、表计异常等，观察母线压变柜上电压表，电压显示在 20.5kV 左右，测控装置上电压值均有显示，这些原因也可排除。

在排除接地故障、二次回路故障后，初步判断为母线压变柜内高压熔断器有异常，结合 35kV 母线 U_{ab}、U_{bc}、U_{ca}电压一次、二次值，与 b 相有关的电压均较低，同时结合 35kV 母线保护“母线电压闭锁开放、母线 TV 断线”报警，初步判断为 b 相高压熔断器有异常（高压熔断器可能已经熔断或者内部熔丝已经断路）。

现场将 35kV 正母线停电，对母线压变柜内高压熔断器进行检查。当日 22：00 准备完相应的停电工作票，当日 22：30 将现场运行人员和主机厂家人员进行分组，对 3 条线路风电机组箱式变压器进行停电操作，23：30 左右 24 台风电机组、箱式变压器停电操作结束；23：50 对风电机组Ⅰ311 线、风电机组Ⅱ312 线、风电机组Ⅲ313 线开关进行停电操作，次日 00：25 3 条风电机组线路组开关停电结束；次日 00：40 进行场用电切换操作（改为 10kV 外来备用电源供电），次日 00：52 场用电切换操作结束；次日 01：00 对 35kV 母线进行停电操作，次日 01：15 35kV 母线停电操作结束。将 35kV 母线压变小车拉出仓外进行检修。

开风电场电气检修工作票，工作内容：35kV 母线压变小车检修。后用万用表对 3 组高压熔断器进行电阻测量，测量高压熔断器电阻 A 相为 17.6Ω、B 相为 0、C 相为 18.2Ω，判断为 B 相高压熔断器内部熔断，如图 2 所示。

原 3 组高压熔断器的型号参数为：XRNP2 40.5kV/0.5A/50kA。

现场高压熔断器备件虽然型号相同，但是中间绝缘体直径尺寸较原装熔断器直径尺寸粗，现场无法正常安装。

同时对母线压变小车（图 3）上的高压套管内部进行检查，内部弹簧机构弹力正常，套管内部无焦蚀痕迹，在柜内拉开负荷侧/母线侧舱门，检查舱内行程机构也均无异常状况。

图 2　故障相高压熔断器

图 3　母线压变小车

分析高压熔断器断路的原因可能是谐波引起谐振。在低负荷工况下，容易出现高次谐波分量，特别是很小的谐波电压能够引起很大的谐波电流，使得设备出现损坏。厂家给出在其他风电场由于谐振的原因也出现过相同类型故障，引起高压熔断器出现异常。同时，由于风电场 SVG 未投入运行，无法正常滤除高次谐波、无法抑制三相电压不平衡。

次日上午，从临近风电场借用 3 组新高压熔断器（厂家：辽宁抚顺电瓷电器高压熔断器厂、型号：XRNP－40.5kV/0.5A/50kA），对新高压熔断器外观进行检查无异常，同时使用直阻仪对三组高压熔断器进行测量，阻值如下：a 相为 32.44Ω、b 相为 32.77Ω、c 相为 30.52Ω。取出原装的 3 组高压熔断器，更换新的 3 组高压熔断器，之后组织安排送电操作。

2 月 4 日 14：00 恢复送电，14：33 开始将 35kV 母线压变小车置“运行”位置，进行 35kV 母线送电操作，15：02 35kV 母线送电操作完毕，此时 35kV 母线电压：U_{ab}=35.27kV、U_{bc}=35.24kV、U_{ca}=35.25kV、$3U_0$=0.60kV，母线电压恢复正常；15：20 进行场用电切换操作（改为 1 号接地场用变压器供电），15：31 场用电切换操作结束；15：35 开始对风电机组Ⅰ311 线、风电机组Ⅱ312 线、风电机组Ⅲ313 线开关进行送电操作，15：55 3 条风电机组线路送电操作结束；16：00 后安排运行人员和主机厂家人员分组进行送电操作，首台 09 号风电机组 16：27 并网发电，19：50 全场 24 风电机组箱式变压器送电操作结束。

3 暴露问题

（1）在发生设备异常后，现场运行人员判断分析处理能力还比较欠缺，思维有一定局限性。

（2）现场在电气、机械检修技术力量上比较薄弱，相应的检修工器具也比较欠缺。

（3）由于备品备件尺寸不一致原因，无法尽快更换新的高压熔断器，导致停电时间延长。

（4）设备厂家在相应设备发生异常状况时，响应度不够，也未及时给予相应的技术支持。

4 改进措施

（1）加强现场运行人员在故障处理分析判断技能方面的培训，定期开展反事故演练。

（2）组织运行人员学习和了解检修知识，掌握检修工艺，提升现场的检修技能水平。

（3）在停送电操作中，严格遵守“两票”规定。

（4）现场对各厂家的备品备件（型号、规格等）进行逐一梳理，整理备品备件台账。

参 考 文 献

李亚峰，杨文选，王文珍. 35kV 系统电压异常分析及处理 [J]. 山西电力，2007 (4)：59 - 60，63.

变速风电机组并网对系统电压稳定性的影响

周峰峰　何才炯　阮克俭

（华能国际电力江苏能源开发有限公司清洁能源分公司，江苏　南京　210015）

【摘　要】 由基本风、阵风、渐变风以及随机风构成的组合风速模型直接影响了风电机组的发电及稳定性。本文结合南通地区风能多样性特点，利用仿真软件 Matlab/Simulink 建立电力系统仿真模型，对双馈变速风电机组有恒功率因数和恒电压控制两种运行方式进行分析，特别是在电网发生故障时采用无功功率控制和电压控制下风电机组输出特性，在故障情况下分析、比较无功功率控制和电压控制两种控制方式对系统电压稳定性的影响并由此提出一些建议。

【关键词】 仿真；风电机组；电压稳定性

1　引言

随着我国新能源发电的飞速发展，其中风力发电作为目前世界上可再生能源开发利用中技术最成熟、最具规模开发和商业化发展前景的发电方式之一，它在减轻环境污染、调整能源结构、解决偏远地区居民用电问题等具有较强有优势。但由于风力发电主要集中于电网末端的偏远地区，地区电压控制手段匮乏，导致了风电汇集区无功控制不佳的情况。

得益于电力电子技术的发展，双馈变速风电机组具备了一定的无功-电压调控能力[1-2]，可参与系统的无功调整，从而确保了大规模风电安全、稳定地并网。与其他类型风电机组相比，双馈变速风电机组兼有功率控制灵活、成本较低等优点，已成为当前研仿真究的热点。双馈变速风电机组有恒功率因数和恒电压控制两种运行方式，其本质区别是无功调度和电压控制策略来控制风电机组的输出，因而对双馈变速风电机组运行方式的研究对提高系统电压稳定性具有重要意义。

本文利用仿真软件 Matlab/Simulink 建立电力系统仿真模型，分析、研究电网发生故障时采用无功功率控制和电压控制下风电机组输出特性，特别是在故障情况下比较两种控制方式对系统电压稳定性的影响并由此提出一些建议。

2 变速风电机组的系统仿真模型

2.1 实际作用在风轮上的组合风速仿真模型

实际作用在风轮上的组合风速仿真模型由基本风、阵风、渐变风以及随机风构成，如图1所示。

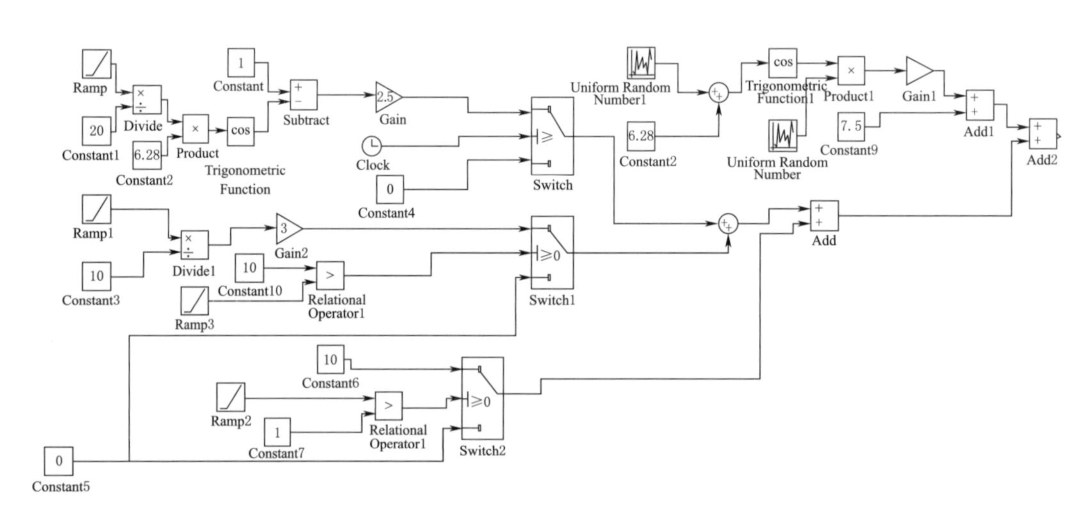

图1 组合风速的仿真模型

2.2 电力系统仿真模型

电力系统仿真模型设定电网在0.5s时刻发生三相短路故障，到0.6s时故障消失，同时设仿真时间为2s，来研究电网发生故障时风电机组输出的电压、有功功率和无功功率，在故障消失后，风电机组恢复过程中对电力系统电压稳定性的影响。电力系统的仿真模型，如图2所示。

3 电网故障时风电机组输出特性仿真

3.1 双馈变速风电机组采用无功功率控制方式

通过电力系统仿真模型对双馈变速风电机组采用无功功率控制方式进行仿真，其中：无功功率控制方式下风电机组输入风速模型，如图3所示；无功功率控制方式下风电机组输出的机端电压，如图4所示；无功功率控制方式下风电机组输出的有功功

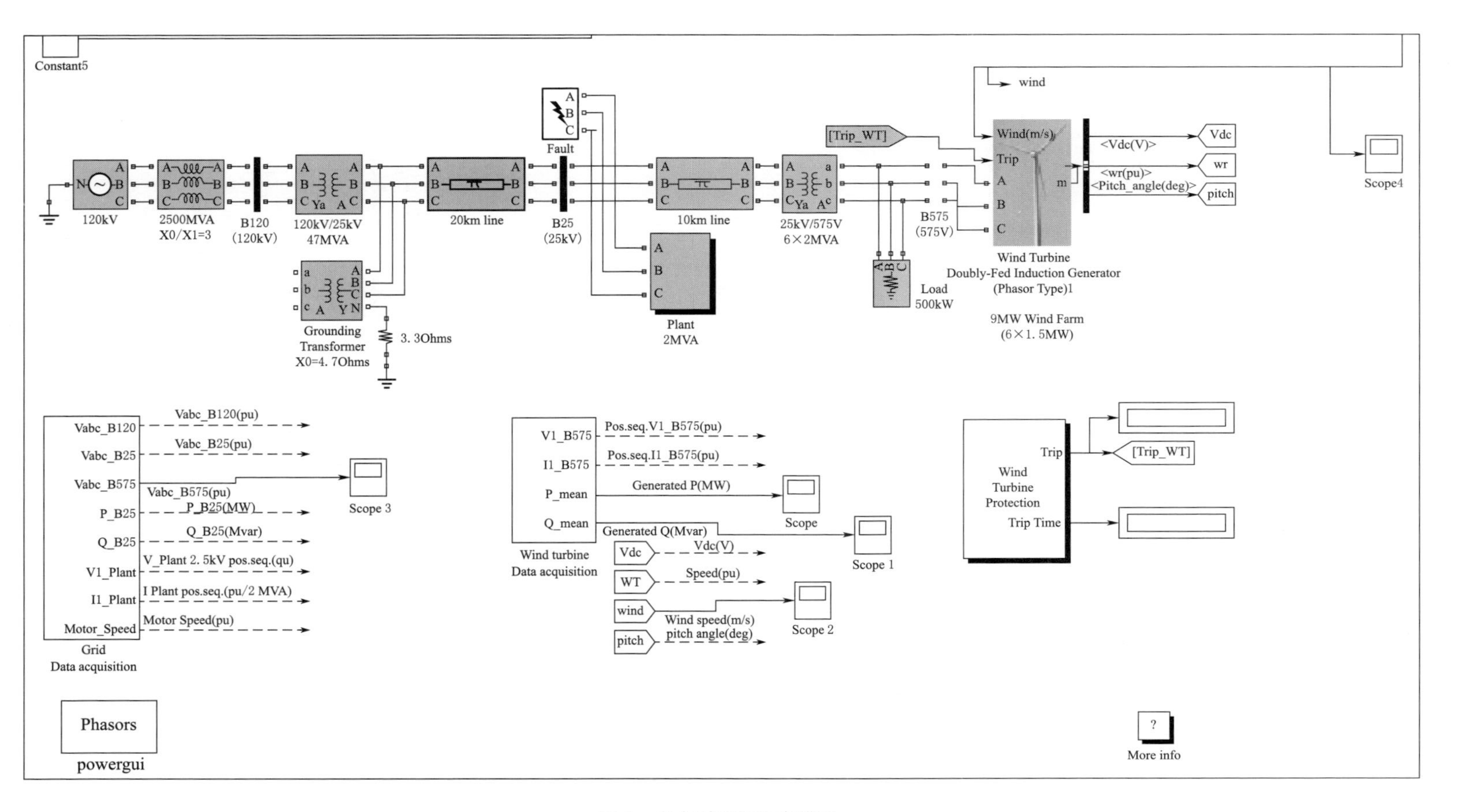

图 2　电力系统的仿真模型

率，如图 5 所示；无功功率控制方式下风电机组输出的无功功率，如图 6 所示。

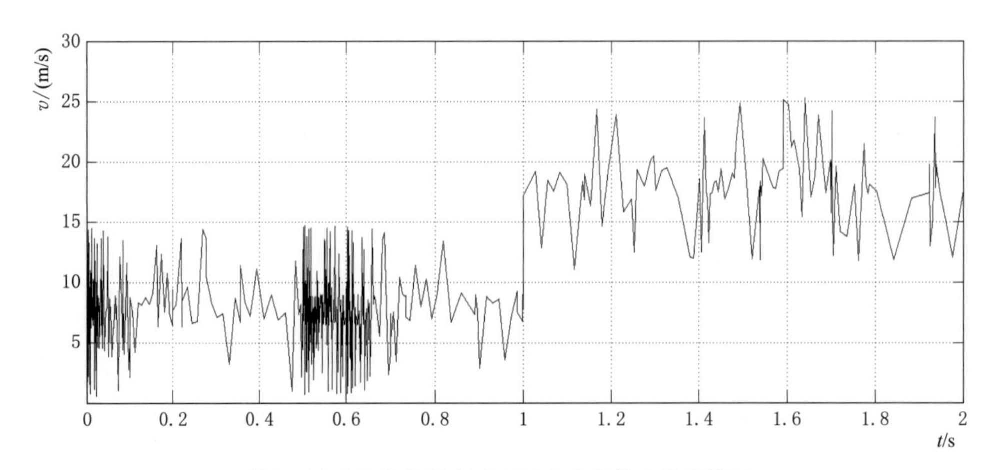

图 3　无功功率控制方式下风电机组输入风速模型

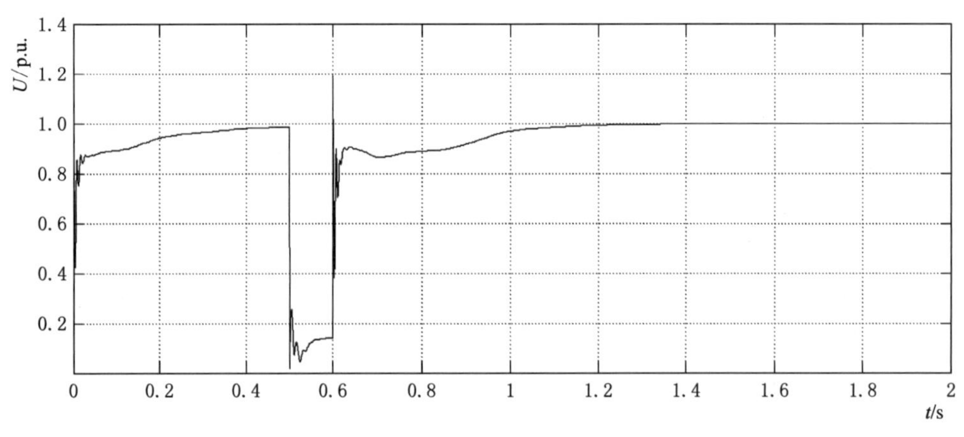

图 4　无功功率控制方式下风电机组输出的机端电压

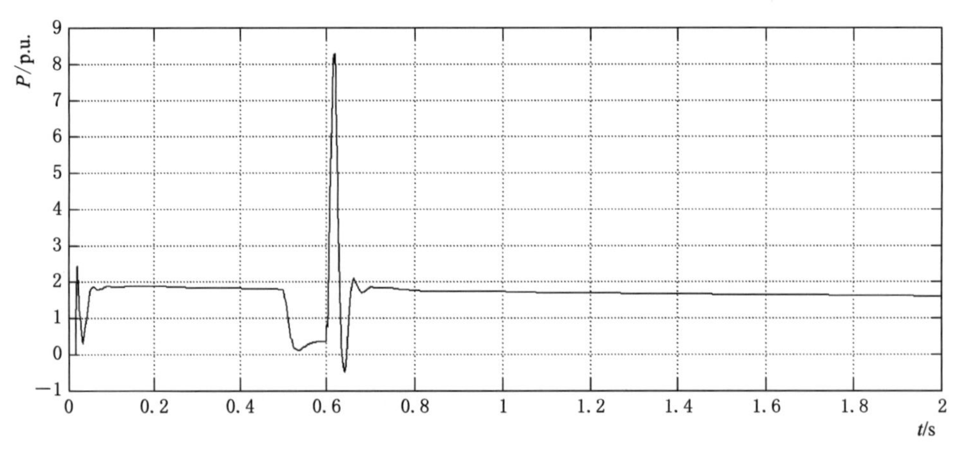

图 5　无功功率控制方式下风电机组输出的有功功率

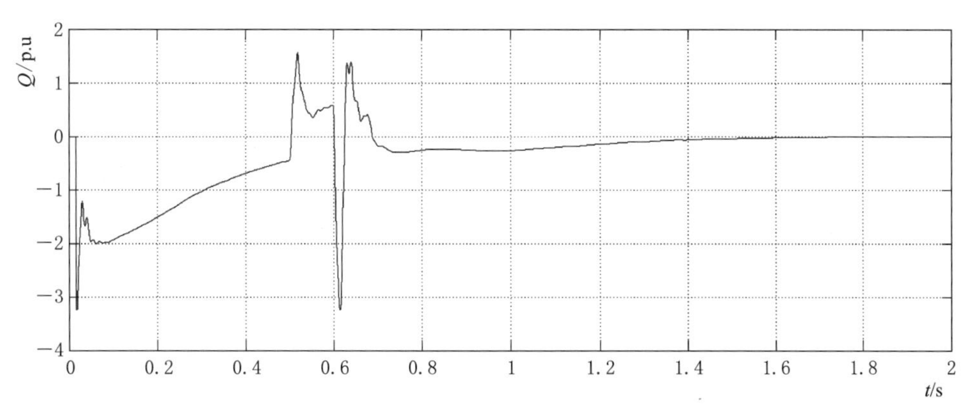

图 6　无功功率控制方式下风电机组输出的无功功率

可以从图 3～图 6 的仿真结果中看出：电网发生故障时，风电机组的出口电压降低，风电机组向电网提供无功功率；故障清除后，风电机组通过控制减少了风电机组与电网之间的无功交换，但是使得风电机组的机端电压恢复的较慢。

3.2　双馈变速风电机组采用电压控制方式

双馈变速风电机组采用电压控制方式时，通过电力系统仿真模型进行仿真，其中：电压控制方式下风电机组输入的风速波形，如图 7 所示；电压控制方式下风电机组输出的机端电压，如图 8 所示；电压控制方式下风电机组输出的有功功率，如图 9 所示；电压控制方式下风电机组输出的无功功率，如图 10 所示。

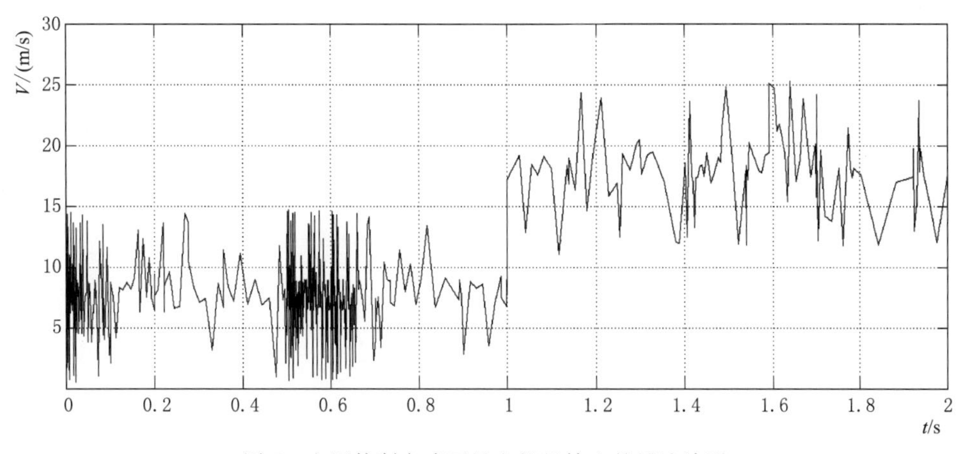

图 7　电压控制方式下风电机组输入的风速波形

可以从图 7～图 10 的仿真结果中看出：电网发生故障时，风电机组的出口电压降低，向电网提供无功功率；故障清除后，风电机组需要和电网进行无功功率交换，使风电机组端电压恢复到给定值。

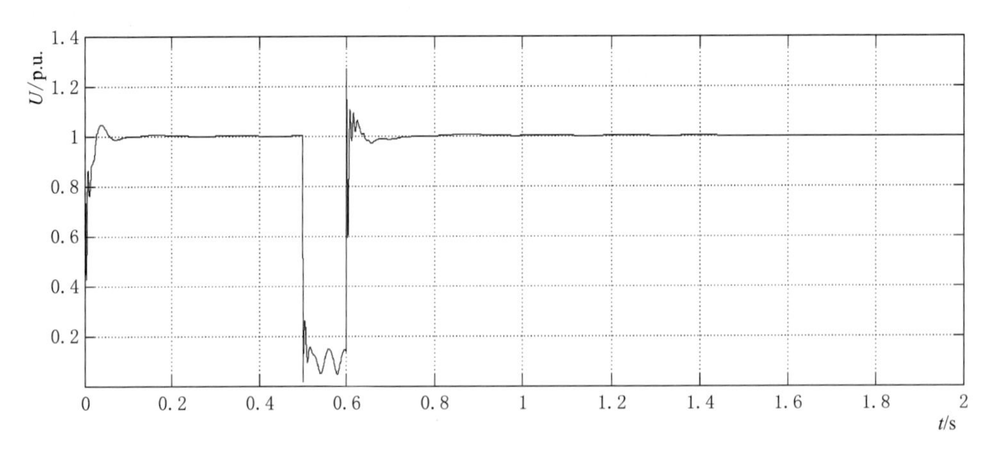

图 8　电压控制方式下风电机组输出的机端电压

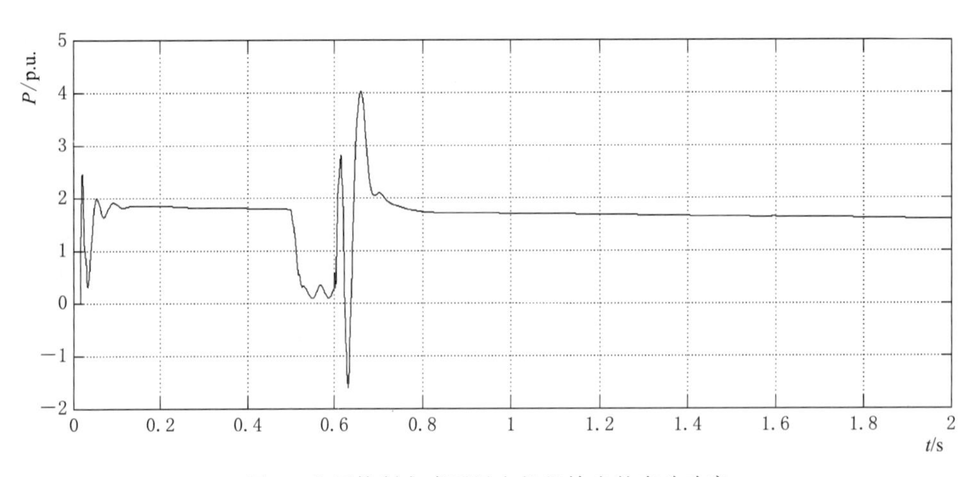

图 9　电压控制方式下风电机组输出的有功功率

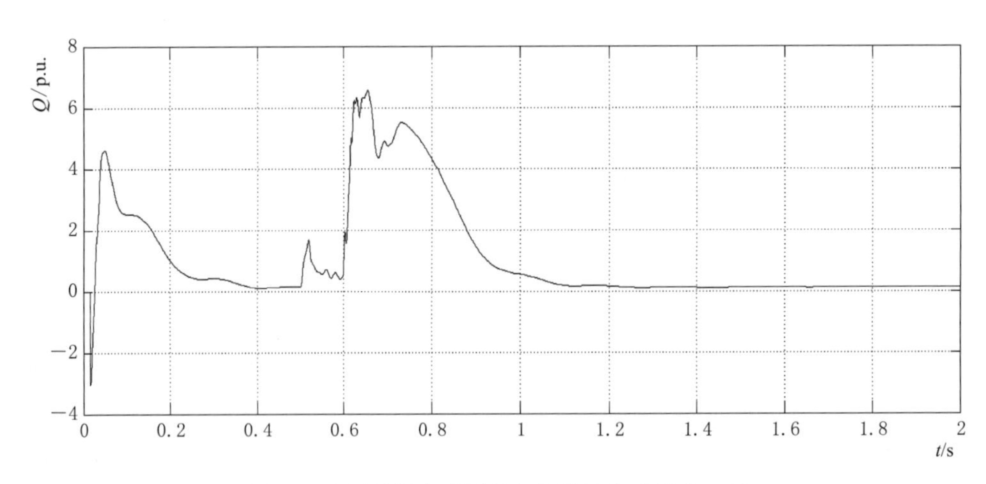

图 10　电压控制方式下风电机组输出的无功功率

4 风电机组在电网故障时两种控制方式的比较

对比采用恒功率因数和恒电压控制这两种模型的双馈变速风电机组的特性仿真，可以得到这样的结论：无论是电压控制的变换器还是无功功率控制的变换器，在电网发生故障时都会向电网提供无功功率；当故障消除后，无功功率控制的变换器不会与电网进行大量的无功交换，电压恢复较慢；而电压控制的变换器的双馈变速风电机组会与电网进行大量的无功交换，可能会向刚刚恢复的电网吸收无功功率，从而使风电机组端电压快速恢复到额定值。

为了进一步确认试验结果，利用仿真模型中的三相故障模块设置电网在 0.5s 时刻发生三相短路故障，到 0.8s 时故障消失，即延长故障时间，且设实际仿真时间为 1s。仅观察风电机组的输出机端电压。

从图 11 中可以看出，双馈变速风电机组在无功功率控制模式下，故障切除后，由于无功调节能力有限，无功不足，导致风电机组机端电压偏离原初始值电压，有可能随着时间的推移，会发生大量风电机组脱网现象。

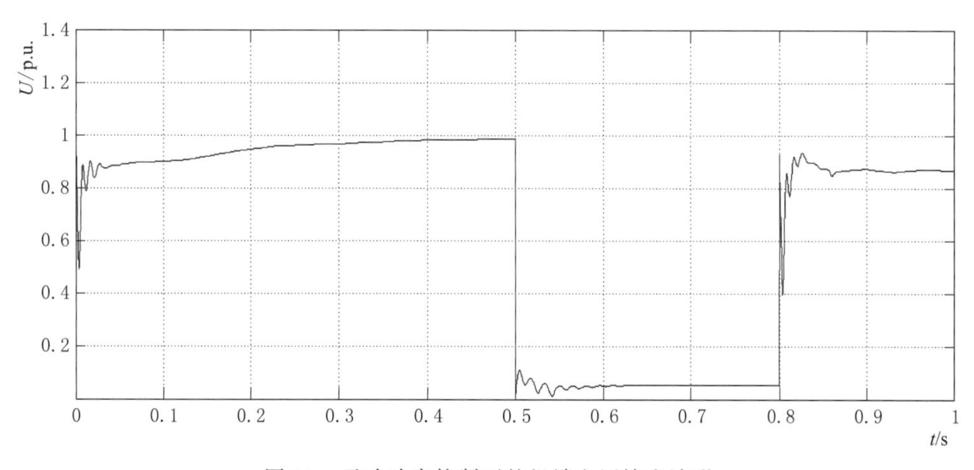

图 11　无功功率控制下的机端电压输出波形

从图 12 中可以看出，双馈变速风电机组在恒电压控制模式下，故障切除后，风电机组机端电压波动后恢复至初始电压，电压曲线波动逐渐趋于稳定，风电机组可以正常运行。

5 结语

本文利用仿真软件 Matlab/Simulink 建立电力系统仿真模型，建立了恒功率因数和恒电压控制运行方式下无功功率和电压控制策略。仿真结果表明：无论是电压控制的还是无功功率控制的变换器，在电网发生故障时都会向电网提供无功功率；但采用恒电压控制模式的双馈变速机组，在系统扰动后，电网电压可控制在较合理安全的范围内，相较于恒功率因数控制有着较大的优势。

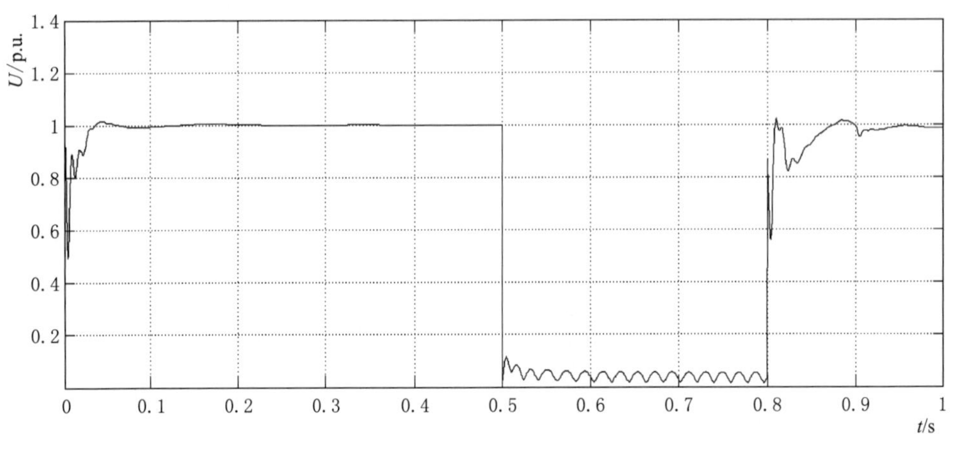

图 12　电压控制下的机端电压输出波形

参　考　文　献

[1] 秦涛，吕跃刚，徐大平. 采用双馈机组的风电场无功功率控制技术 [J]. 电网技术，2009，33 (2)：105-110.

[2] 曹娜，赵海翔，戴慧珠. 常用风电机组并网运行时的无功与电压分析 [J]. 电网技术，2006，30 (22)：91-94.

控 制 篇

风电机组参数优化统计分析

沈明强　贺艳红

（华能启东风力发电有限公司，江苏　南通　226200）

【摘　要】 为提高风电场设备利用率与安全性能，提高发电量，我场对风电机组的各项运行参数进行了统计分析，对风电机组变频器参数、风电机组切入风速、发电机转速等部分参数进行了优化调整，并在参数修改后再次对各项运行参数分析研究。

【关键词】 风电机组参数；运行参数统计；优化

1　引言

风的特性是随机的，风向、风速大小都是随时随机在变化，因此风力发电有别于传统的化石燃料发电。但是，我风电场出现多台风电机组的发电量比相似风资源下的相邻风电场风电机组的发电量低，功率曲线与标准功率曲线差距较大，机组频繁启停的情况。为改善这批风电机组功率品质、提高运行效率、延长机组寿命，我场与厂家技术人员根据风机自身结构和运行特点，对风电机组变频器参数、切入风速、发电机转速等方面进行了参数优化与调整，并在参数调整后对各项数据进行统计分析。

2　变频器参数及程序的优化与调整

2.1　变频器参数优化前的状况

通过对我风电场 61 台风电机组发电量及功率曲线的分析，发现多台风电机组的发电量比相似风资源下相邻风电机组的发电量低，其功率曲线与标准功率曲线差距较大。经研究发现，导致发电量低的直接原因是这些风电机组存在提前变桨问题，即在 8m/s 的风速下就会出现变桨现象（正常情况下，风电机组应该在风速超过 11m/s 的情况下才会变桨），于是会同 ABB 变频器厂家技术人员进行分析查找原因，客观是由 MITA 主控制器系统与变频器系统的数据通信所致，MITA 主控制器转矩环的计算时间与变频器转矩环的计算时间不匹配。由于 MITA 主控制器属于国外原装产品，内部转矩环的计算时间集成在底层程序上无法修改，只有通过调整变频器转矩环的计算时间来适应 MITA 主控制器转矩环的计算时间。

2.2 变频器参数和程序的具体调整以＃21 和＃41 风电机组举例分析

变频器参数和程序的具体调整，将变频器 RDCU 通信控制板的通信程序 13.07 组参数（AI2 的滤波时间）从 1000ms 改为 2ms。

2.3 风电机组参数优化前后发电量及功率曲线对比

2.3.1 参数优化前后发电量对比

各风电机组参数优化前后发电量对比，见表 1。

表 1 风电机组参数优化前后的发电量对比

风电机组号	参数优化前 3 日发电量		参数优化后 3 日发电量	
	发电量/(万 kW·h)	发电量排名	发电量/(万 kW·h)	发电量排名
01	27.11	56	40.02	55
02	27.19	55	39.96	56
03	25.76	59	37.46	59
04	27.85	52	39.43	58
05	27.61	53	39.44	57
06	28.28	48	40.65	52
07	28.75	44	40.75	51
08	28.23	49	40.36	54
09	26.25	57	35.24	60
10	15.05	61	41.56	48
11	29.81	33	41.16	49
12	30.41	29	43.19	38
13	30.30	30	43.39	37
14	29.41	38	40.97	50
15	27.44	54	41.99	46
16	29.43	37	43.03	41
17	28.91	42	40.64	53
18	31.01	26	44.62	27
19	30.54	28	42.54	42
20	28.46	46	42.11	45
21	21.80	60	43.42	36
22	29.70	35	43.04	40

续表

风电机组号	参数优化前3日发电量		参数优化后3日发电量	
	发电量/(万kW·h)	发电量排名	发电量/(万kW·h)	发电量排名
23	29.88	32	43.96	32
24	28.06	50	43.92	33
25	29.77	34	43.98	31
26	31.32	23	47.95	12
27	32.67	16	44.59	28
28	33.60	10	44.70	26
29	28.81	43	43.69	35
30	28.59	45	43.71	34
31	28.37	47	41.68	47
32	29.17	41	42.27	43
33	28.01	51	42.12	44
34	29.39	39	44.72	25
35	29.30	40	43.08	39
36	31.35	22	45.01	24
37	30.08	31	44.30	30
38	31.94	19	45.67	23
39	31.56	21	44.55	29
40	32.37	18	46.32	20
41	29.53	36	47.00	15
42	32.83	14	46.22	21
43	26.14	58	45.83	22
44	33.22	12	47.09	14
45	32.81	15	46.33	19
46	33.47	11	47.73	13
47	32.61	17	46.89	16
48	33.10	13	34.60	61
49	31.21	24	46.60	18
50	30.93	27	46.85	17
51	31.05	25	49.70	7
52	31.90	20	50.88	6
53	34.24	7	48.26	11
54	35.40	3	49.66	8
55	35.33	4	51.18	5
56	35.71	1	53.06	3

续表

风电机组号	参数优化前3日发电量		参数优化后3日发电量	
	发电量/(万kW·h)	发电量排名	发电量/(万kW·h)	发电量排名
57	34.64	6	51.32	4
58	33.85	9	49.36	9
59	35.45	2	53.13	2
60	33.97	8	48.80	10
61	35.11	5	54.11	1

从风电场61台风电机组发电量排名来看，经过参数优化后，♯21风电机组的发电量排名提升了24名，♯41风电机组的发电量排名提升了21名。这两台风电机组的发电能力要比在相似的风资源下相邻风电场风电机组的发电能力较强，可见参数优化起到了相当明显的作用。

2.3.2 参数优化前后功率曲线对比

从MITA系统中采集♯21、♯41风电机组的风速与功率对应值，利用这些数据制作出风电机组参数优化前后的功率曲线，并将标准功率曲线加入比较，形成的曲线图如图1和图2所示。

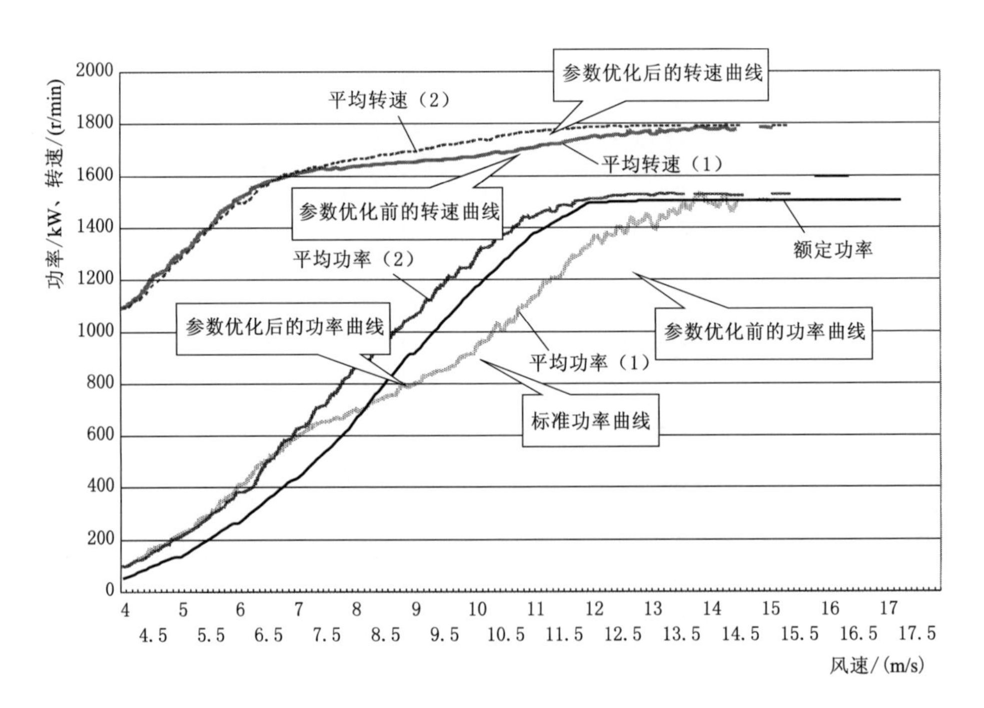

图1 ♯21风电机组平均功率及平均转速对比图

平均功率（1）—参数优化之前的功率曲线；平均转速（1）—参数优化之前的转速曲线；

平均功率（2）—参数优化之后的功率曲线；平均转速（2）—参数优化之后的转速曲线

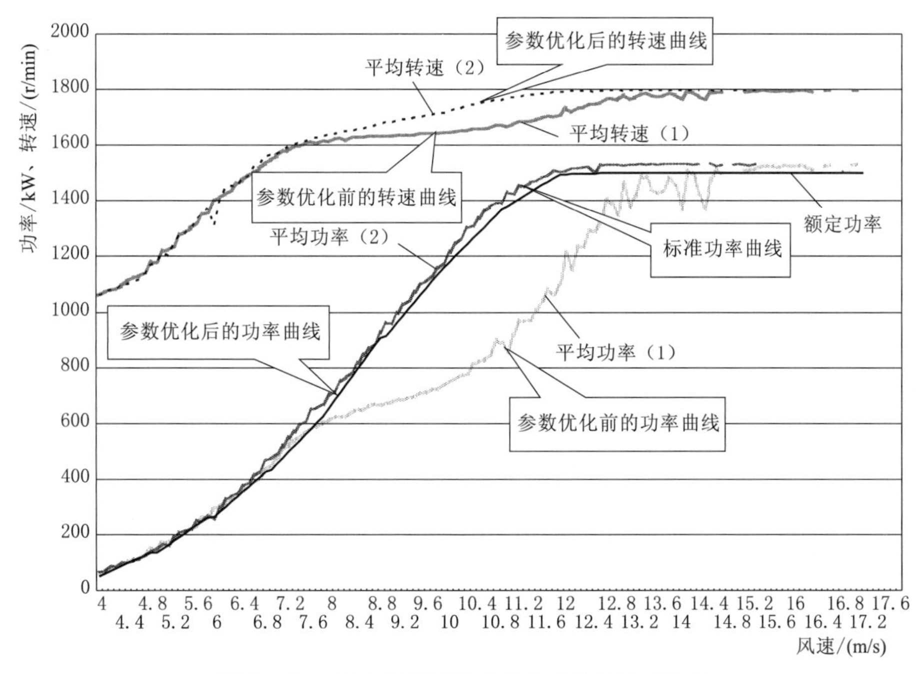

图2 ＃41风电机组平均功率及平均转速对比图

平均功率（1）—参数优化之前的功率曲线；平均转速（1）—参数优化之前的转速曲线；
平均功率（2）—参数优化之后的功率曲线；平均转速（2）—参数优化之后的转速曲线

通过对参数优化前后的功率曲线对比发现，当风速在6.7～14m/s之间风电机组的功率及转速有明显提高，并且在11m/s风速以上功率曲线表现得更加平稳，功率上升幅度比以前大。优化后的功率曲线整体变化趋势与标准功率曲线基本吻合，并达到了额定风速（12.5m/s）下满发的要求，而参数优化之前的功率曲线则达不到。

2.4 参数优化后的经济效益

2.4.1 提高了发电量

参数优化后，给风电场带来的最直接的收益就是发电量的提高。经过计算，在参数优化之后＃21、＃41风电机组发电量分别占61台风电机组总发电量的1.63%、1.76%，而在参数优化前根据2009年和2010年1—2月的情况分析只有1.42%、1.43%，详见表2。

表2 ＃21和＃41风电机组的发电量比重变化

风电机组号	参数优化前发电量比重	参数优化后发电量比重	差值
21	1.42%	1.63%	0.21%
41	1.43%	1.76%	0.33%

若按照＃21、＃41风电机组现有的发电能力推算2009年的理想发电量，＃21和＃41风电机组的发电量将分别会增加30.6万kW·h、28.71万kW·h。

2.4.2 提高了设备的使用寿命

此外，经过参数的优化，频繁变桨问题得到解决，使得变桨控制系统受到的冲击减小，提高了变桨系统的使用寿命。参数优化后，功率曲线的变化更加平稳，这样就使得发电机和齿轮箱的运行更加平稳，延长了发电机和齿轮箱的使用寿命。

3 切入风速的优化与调整

为减少风电机组频繁启停及并网后逆功率运行，风电场根据季节气候特点，对切入风速及逆功率定值有计划的进行调整，切入风速由3.0m/s调整为3.5m/s或4.0m/s，逆功率保护定值由－40kW/30s调整为－20kW/30s，偏航风速也随之调整。调整前后数据详见表3。

表3 网购电量和启机次数的对比

2009年				2010年				同比值	
月份	发电量	网购电量/(万kW·h)	启机次数	月份	发电量	网购电量/(万kW·h)	启机次数	网购电量/(万kW·h)	启机次数
1	1450.94	3.45	5140	1	1946.93	2.37	3414	－1.08	－1726
2	1340.66	4.27	5170	2	2019.70	1.92	4172	－2.35	－998
3	1699.44	3.30	6208	3	2975.80	1.11	3242	－2.19	－2966
4	1656.51	2.84	5049	4	1849.16	2.94	4616	0.1	－433
5	1306.24	3.13	6252	5	1647.26	2.37	3456	0.76	－2796
累计	7453.79	16.99	27819	累计	10438.85	10.71	18900	－6.28	－8919

由此可以看出，2021年前5个月累计网购电量同比降低6.28万kW·h，以外购电量电价0.783元/(kW·h)计算，仅仅5个月就为公司节约4.92万元费用。启机次数同比下降8919次，无形中大大提高了设备的使用寿命。

4 发电机转速的优化与调整

对于变桨距风电机组，风速超过额定风速且在上升时，主控制器会给变桨系统一个变桨调节指令，桨叶角度回桨，减少风轮的捕风能力，同时稳定住发电机的转速，以便达到调节功率的目的。通常桨距角的调节范围在－3°～92.5°。

风电场在运行初期发电机转速限定值为1790r/min，经过大风时段的运行工况发现，部分风机在额定风速下，不能满功率运行，负荷率为98%左右。将发电机转速限定值扩大到1799r/min后，桨叶角度延后回桨，负荷率能达到为101%左右，因此风电机组能够在最佳速比、最大功率点运行，提高了运行效率和发电量。

5 结语

2021年，风电场以提高能源利用率为核心，通过技术改进，对风电机组多项运行参数进行优化调整。通过对变频器参数的优化和风机桨叶角度的调整，在以风电机组安全运行为前提下优化运行参数，明显提高了发电量；通过对风电机组切入风速和逆功率切出等参数的修改减少了网购电量，减少了风电机组待风停机次数，并提高了设备的可利用率；通过对发电机最大转速的调整，提高了风电机组的运行效率；此外还对风电机组风向标进行调整，解决了风电机组偏航不准的问题，提高了风能利用率。

参考文献

[1] 刘万琨，张志英，李银凤，赵萍，等．风能与风力发电技术[M]．北京：化学工业出版社，2006.

[2] 宫靖远，贺得馨，等．风电场工程技术手册[M]．北京：机械工业出版社，2004.

关于丘陵地带风电机组切入切出及偏航次数过多问题的分析与优化

赵剑剑 吴 凯 林秀腾 孔 超 张旭光 刘网海 许 杰

（华能徐州铜山风力发电有限公司，江苏 徐州 221136）

【摘 要】本文主要以华能徐州铜山风力发电有限公司投运的2MW双馈异步风电机组为例，针对山地丘陵地带风电机组的特性进行探讨。山地丘陵地带风能资源非常丰富，是风电场建设的重要选址之一，但山地丘陵地带地形十分复杂，风速风向变化幅度频次剧烈，风电机组的运行工况与沿海平原地带工况有极大的区别，风电机组可能会出现切入切出与偏航动作次数异常的问题，本文章就该问题进行探讨和分析。

【关键词】山地丘陵；风电机组；运行工况

现阶段我国风电场主要分布在沿海、海上、平原、丘陵等地形区域，其中丘陵地带地形极为复杂，风能资源情况与其他区域有很大的区别。收集沿海区域风电场与丘陵区域风电场的实际测风数据，结合风电机组发电运行情况进行分析评估，根据华能徐州铜山风电场2MW风电机组控制参数的优化需求，研究分析如何有效提高丘陵地带风电机组运行可靠性。

1 引言

华能徐州铜山风电场位于江苏省徐州市铜山区柳泉镇工业园区内，风电机组分布于微山湖畔各山坡丘陵，在地貌单元上属低山丘陵地貌，山体坡度较缓，局部山体较陡。山体多呈北北东至北东向延伸，海拔多在50.00～200.00m，坡度为15°～35°，如图1和图2所示。由于环境特殊，该区域风况变化频繁，使得该风电场的风电机组在低风速段频繁切入切出及偏航，对风电机组风能利用率与设备寿命造成了极大的影响。

2 频繁切入问题

首先对风电场2016年3月的＃1～＃10风电机组切入切出次数等进行了统计整

理，见表1。

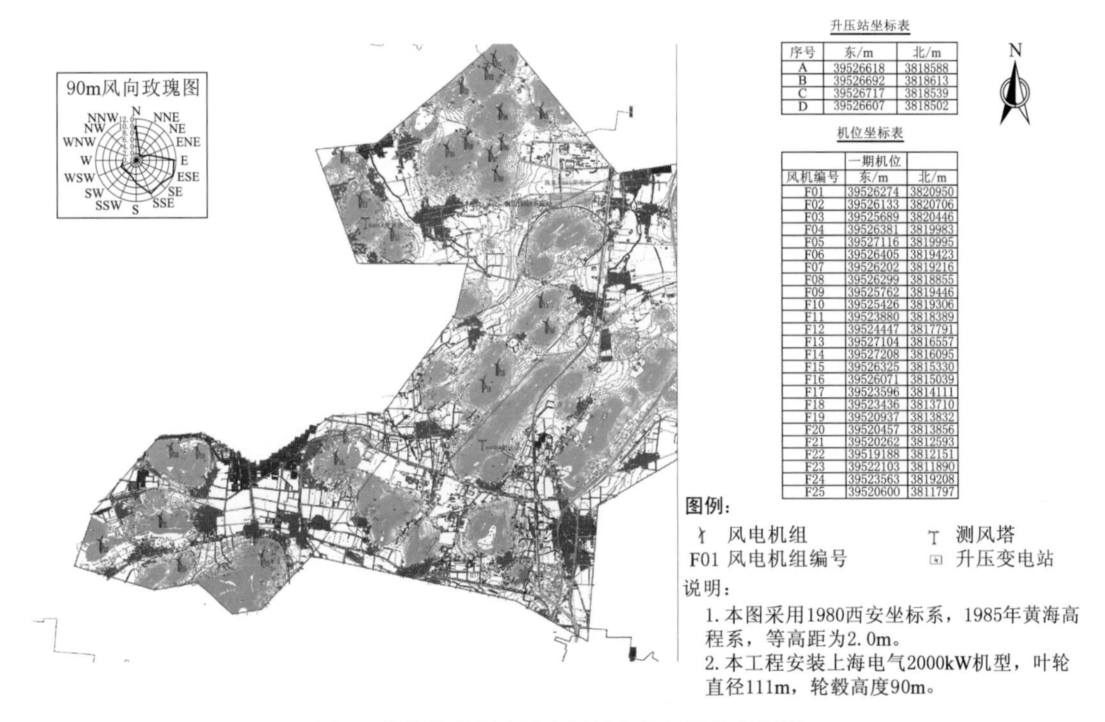

图1　华能徐州铜山风电场风电机组机位布置图

表1　铜山风电场♯1～♯10风电机组2016年3月切入及偏航次数统计表

风电机组编号	平均风速/（m/s）	发电量/（kW·h）	切入次数
1	5.49	134735	275
2	6.68	172442	204
3	5.41	381545	543
4	5.73	473518	739
5	4.99	367021	1140
6	4.87	319833	668
7	5.24	387827	583
8	5.64	434101	845
9	5.73	20080	52
10	5.75	504935	853

同时统计了沿海地区风电场风电机组的2016年3月风电机组切入次数等，见表2。

表 2　沿海风电场♯1～♯10 风电机组 2016 年 3 月风电机组切入及偏航次数统计表

风电机组编号	平均风速/(m/s)	发电量/(kW・h)	切入次数
1	6.74	350510	85
2	6.9	468153	108
3	7.14	431136	95
4	6.88	471515	126
5	6.41	461368	158
6	6.68	468357	108
7	6.75	463749	121
8	7	460407	137
9	6.69	457467	145
10	6.59	453664	150

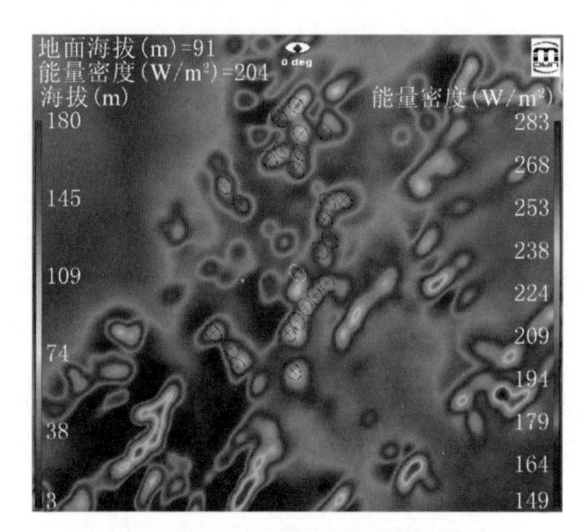

图 2　华能徐州风电场海拔 90.00m 高度年平均风功率密度分布图

从表 1 和表 2 中可以看出，铜山场部分风电机组在 2016 年 3 月内的切入次数达到 500 次以上，甚至♯5 风电机组的切入次数已超过 1000 次，而沿海地区对应该时段的风电机组切入次数不会超过 200 次。切入次数过多，造成并网开关频繁动作，加大设备损耗，减少设备寿命，同时也造成一定程度上的弃风。因此，选取铜山风电场♯4、♯5 风电机组 2016 年 3 月 10min 平均风速趋势变化图如图 3 所示。

图中可以看到，风电机组在 2～4m/s 风速区间内频次较多，由于风电机组启动风速设定值为 3.5m/s，刚好在 2～4m/s 风速区间内，于是选取了♯4、♯5、♯8、♯10 四台风电机组，进行了以下方面的参数优化：

(1) 启动风速优化：调整启动风速，从各风电机组的风况历史数据来看，风速在 3～5m/s 变化较为频繁，适当调整启动风速到 4m/s 左右。

(2) 风电机组并网优化：调整启动延时时间，现场风速在风电机组启动风速附近波动时，现有工况下，当 30s 平均风速高于设定值时转为待机模式，倒计时 120s 进入空转模式，发电机转速达到设定值后就切入并网。优化后增加智能控制，对 6m/s 以下的低风速段待机倒计时改为 300s。大于 9m/s 时，倒计时改为 60s。

进行该优化后，对铜山风电场♯1～♯10 风电机组 2016 年 5 月切入次数进行了统计，见表 3。

2016年

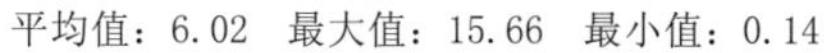

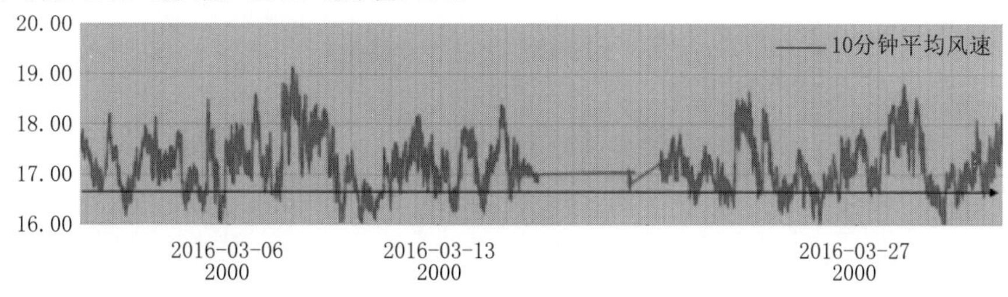

（a）#4水电机组

平均值：5.28 最大值：13.38 最小值：0.02

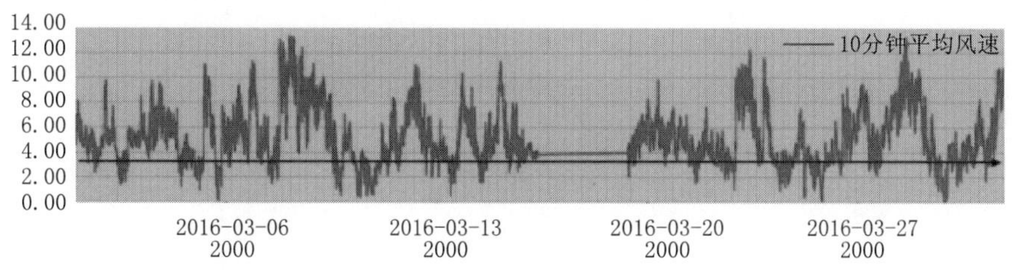

（b）#5水电机组

图 3 铜山风电场♯4、♯5 风电机组 2016 年 3 月 10min 平均风速趋势变化图

表 3 铜山风电场♯1～♯10 风电机组 2016 年 5 月切入及偏航次数统计表

风电机组编号	平均风速/(m/s)	发电量/(kW・h)	切入次数
1	6.14	432811	661
2	6.01	423116	566
3	5.36	392241	389
4	5.91	458197	394
5	5.23	324656	344
6	5.15	321522	414
7	5.33	371544	469
8	5.72	413077	747
9	5.69	400154	545
10	5.79	423393	569

从表 3 中可以看出切入次数整月数据已有所下降，但修改的四台风电机组（♯4、♯5、♯8、♯10）风电机组 2016 年 5 月的平均风速大于 2016 年 3 月的，无法直接得出优化效果的结论。统计这四台风电机组 2016 年 5 月单日的切入次数，见表 4，从中发现在小风天气切入次数仍居高不下，故认为该优化方案效果不佳。

表 4　铜山风电场♯4、♯5、♯8、♯10 风电机组 2016 年 5 月切入次数统计表

日期/（年-月-日）	切入次数				平均风速/（m/s）
	♯4	♯5	♯8	♯10	
2016-05-01	6	12	12	6	6.83
2016-05-02	23	7	26	17	7.08
2016-05-03	0	9	0	1	9.19
2016-05-04	3	12	8	5	7.87
2016-05-05	18	10	16	14	5.19
2016-05-06	11	10	34	5	6.7
2016-05-07	5	25	22	16	5.72
2016-05-08	30	12	35	44	3.93
2016-05-09	4	7	10	4	2.85
2016-05-10	0	15	13	0	3.36
2016-05-11	6	4	23	35	7.22
2016-05-12	4	8	4	4	9.47
2016-05-13	0	3	0	1	7.65
2016-05-14	9	4	11	5	5.9
2016-05-15	7	15	27	7	6.4
2016-05-16	13	26	17	26	6.83
2016-05-17	20	12	13	6	6.78
2016-05-18	4	10	13	6	7.03
2016-05-19	7	10	7	23	7.3
2016-05-20	5	4	2	13	7.5
2016-05-21	25	24	16	33	6.1
2016-05-22	20	20	49	41	5.31
2016-05-23	56	8	12	66	3.84
2016-05-24	1	6	5	2	4.87
2016-05-25	8	8	22	7	4.93
2016-05-26	35	25	120	52	4.64
2016-05-27	18	4	41	23	4.53
2016-05-28	3	1	22	4	2.62
2016-05-29	5	4	36	38	2.43
2016-05-30	25	13	64	31	4.39
2016-05-31	23	16	67	34	5.25

由图 4 看出在风速在 3～6m/s 区间内♯4 切入次数很频繁，直接提高切入风速并不能使切入次数有效下降，反倒会使该区段风能流失，风电机组发电量减少。但是，

调整并网延时确实能规避部分无效瞬时风，但效果并不明显，于是从脱网程序入手再次寻找更为有效的优化方式。

风电机组的运行逻辑程序可以对以下模式进行相应优化：

(1) 待机模式。当 60s 平均风速大于 3.5m/s 时，启动倒计时。之前的主控程序设定倒计时时间为 120s，之前提到的并网优化为：风速小于 6m/s 时倒计时为 300s；风速在 6～9m/s 之间倒计时为 120s；风速大于 9m/s 时倒计时为 20s。

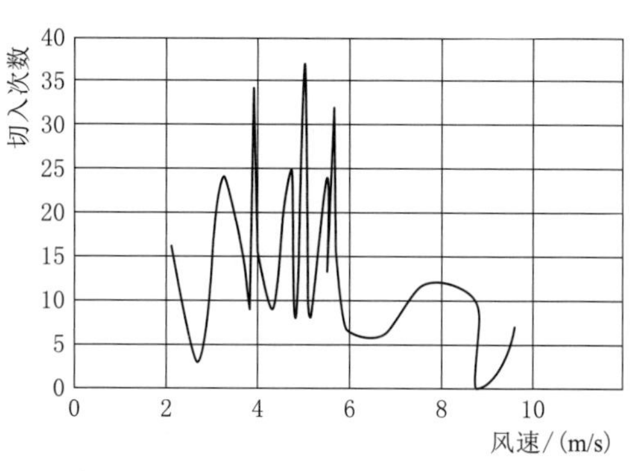

图 4　铜山风电场＃4 风电机组切入次数与风速图

(2) 自检测模式。在自检测程序模式下，控制器将分别对变桨系统、液压系统、高速轴刹车进行测试。用户可以选择跳过该模式，如果已进入自检测模式，检查过程将不能中途退出。

(3) 空转模式。空转模式下，风电机组对外不输出功率，当风轮转速大于 1.7r/min 持续 8s，而且 60s 偏航角度大于 45°持续 8s，则进入启动模式。

(4) 启动模式。提升风轮转速至并网转速 10r/min；当风轮转速大于并网转速 10～0.5r/min，而且变流器测得发电机转速在并网范围内时，进入切入模式。

(5) 切入模式。控制风轮转速运行在并网转速点 10r/min，当风轮转速运行在 (10±0.5) r/min 范围内并持续 20s，主控制器向变流器发出励磁指令，变流器收到励磁指令后对发电机进行励磁，并且检查主断路器或接触器两端的电压和频率，确认符合并网条件后进行并网，将并网信号反馈给主控制器。主控制器收到变流器发出的并网确认信号后，确认该信号并且进入发电模式。

(6) 发电模式。在发电模式下，主控制器根据转矩表向变流器输出转矩要求和功率因素，风电机组向电网输出功率。如果风轮转速低于 8.5r/min 或者风速低于 2.5m/s 并持续 60s 时，则退出发电模式，回到空转模式。

对空转模式进行参数的优化，将“当风轮转速大于 1.7r/min 并持续 8s，而且 60s 偏航角度大于 45°持续 8s，则进入启动模式”改为“当风轮转速大于 1.7r/min 并持续 20s，而且 60s 偏航角度大于 45°持续 8s，进入启动模式”。该修改也仅作用于风电机组并网前过滤无效风速，实际效果并不能有效将切入次数控制在正常范围内。

于是对脱网转速进行参数调整，即对发电模式的转速进行了相应的调整以使其延时退出发电模式。导致发电机转速增加的有两种情况：①此时的风速突然增加；②变频器的励磁及发电机转矩的改变，导致发电机转速增加。由于风速对转速的影响具有滞后性，因此风速仅供参考。

从图 5 和图 6 中的 30s 平均风速可以看出，13：33 之前风速有下降趋势，桨距角有提高的趋势，在 13：33 时桨距角达到最大值，桨距角为 4.0°。在 13：34～13：36 时风速下降，桨距角有所提升，在 13：36 时桨距角达到最大值，桨距角为 3.99°，因此风速导致发电机转速提高的可能性较低。

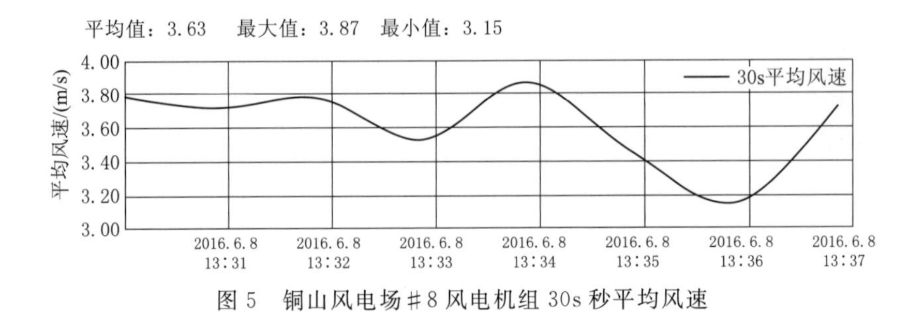

图 5　铜山风电场♯8 风电机组 30s 秒平均风速

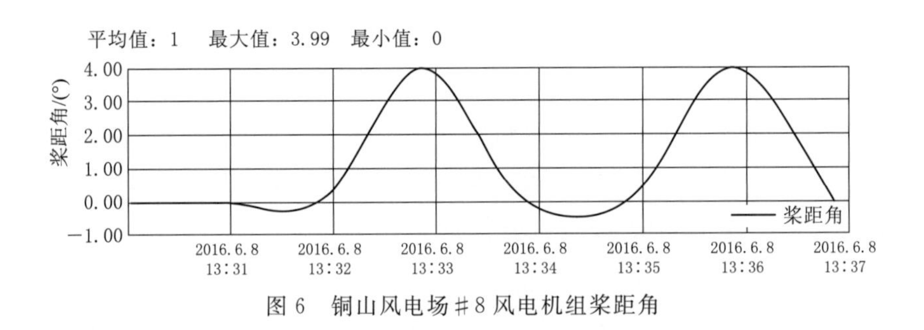

图 6　铜山风电场♯8 风电机组桨距角

考虑对风电机组脱网转速进行设定，风电机组额定并网转速为 1200r/min，风电机组额定脱网转速为 980r/min，30s 内转速由 1200r/min 跌落至 980r/min 以下又回升至 1200r/min 以上，则风电机组控制程序会将转速挂在 1050r/min 不执行风电机组脱网；大于等于 30s 转速由 1200r/min 跌落至 980r/min 以下并未能回升至 1200r/min 以上时，风电机组将执行脱网。通过这样的风电机组程序控制，减少风电机组在低风速下，脱网以后再切入的次数。

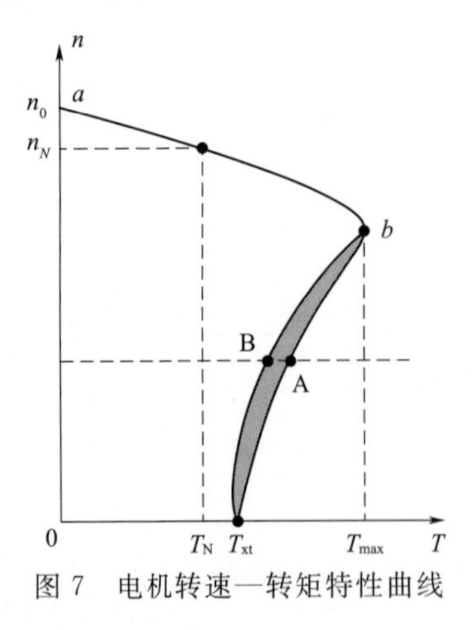

图 7　电机转速—转矩特性曲线

在运行期间，风电机组的机械功率与发电机的电磁功率处于平衡状态，因此转矩变化也反映了发电机功率变化。根据电机功率、转速、转矩间的关系

$$T = 9550\,\frac{P}{n}$$

若要维持转速不变，转矩 T 与机械功率 P 成正比。

电机转速—转矩特性曲线，如图 7 所示，此在低风速工况下，抬高转矩，以维持转速，使得 A、B 的转速不变。增大励磁电流以增加电磁转矩，需消耗部分输出有功功率。所以在低负荷的情况下，在相同发电机转速下，主控通过降低所发出的有功功率来获得更高的转速，从而减少风电机组脱网次数。对＃7 和＃8 风电机组进行了优化试验，具体调整的数据统计，见表 5 和表 6，其转速与有功功率的关系如图 8 所示。

表 5　铜山风电场＃7、＃8 风电机组程序中风轮转速和有功功率对应关系表

＃7 风电机组		＃8 风电机组	
风轮转速/(r/min)	有功功率/kW	风轮转速/(r/min)	有功功率/kW
7.920	0	7.920	0
8.052	156.703	8.052	25.214
8.947	235.268	8.947	235.268
9.842	345.269	9.842	345.269
10.737	482.256	10.737	482.256
11.631	643.097	11.631	643.097
12.526	828.890	12.526	828.890
13.421	1043.847	13.421	1043.847
14.508	2100.000	14.508	2100.000
15.864	2100.000	15.864	2100.000

表 6　铜山风电场＃7、＃8 风电机组实际发电机转速和有功功率对应关系表

＃7 风电机组		＃8 风电机组	
有功功率/kW	发电机转速/(r/min)	有功功率/kW	发电机转速/(r/min)
−3	1	−5	1
−3	2	−4	2
−4	700	−4	704
128	1006	67	1031
179	1062	116	1062
195	1073	131	1072
212	1093	171	1093
215	1104	194	1104
212	1110	205	1110
305	1219	305	1218
326	1223	327	1224
346	1249	348	1249
689	1501	699	1502

本次以＃8 风电机组为例优先进行参数优化，优化后运行对风电机组的切入次数再次进行统计整理如下：

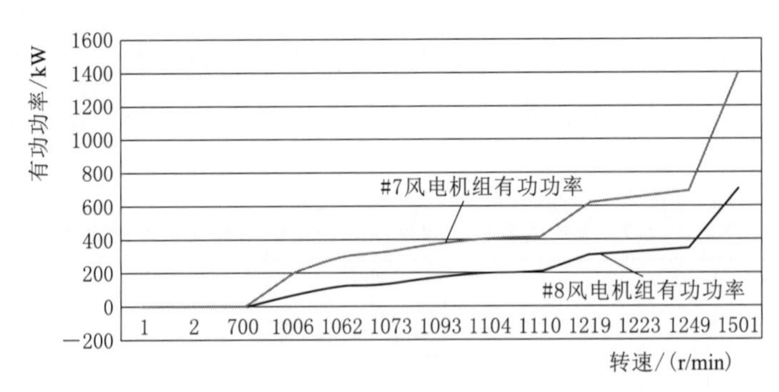

图 8 铜山风电场♯7、♯8 风电机组实际发电机转速和有功功率关系图

以♯7 和♯8 风电机组 2016 年 6 月 6 日 10：53—13：53 区间为例，分别见表 7 和表 8。注意♯7 风电机组的程序未修改，而♯8 风电机组的程序已进行了优化。

表 7　　2016 年 6 月 6 日铜山风电场♯7 风电机组事件记录（程序未修改）

状　态	时间/（年．月．日　时：分：秒）	状　态	时间/（年．月．日　时：分：秒）
启机	2016.6.6 10：44：55	自动脱网	2016.6.6 11：39：37
并网	2016.6.6 10：48：02	启机	2016.6.6 11：42：11
自动脱网	2016.6.6 11：00：41	启机	2016.6.6 11：51：01
并网	2016.6.6 11：01：29	启机	2016.6.6 11：55：07
自动脱网	2016.6.6 11：12：17	并网	2016.6.6 11：58：32
并网	2016.6.6 11：13：05	自动脱网	2016.6.6 12：22：08
自动脱网	2016.6.6 11：14：02	启机	2016.6.6 12：26：00
并网	2016.6.6 11：14：55	启机	2016.6.6 12：28：50
自动脱网	2016.6.6 11：18：45	并网	2016.6.6 12：32：18
并网	2016.6.6 11：19：27	自动脱网	2016.6.6 12：37：34
自动脱网	2016.6.6 11：20：10	启机	2016.6.6 12：42：47
并网	2016.6.6 11：21：13	启机	2016.6.6 12：46：30
自动脱网	2016.6.6 11：21：51	启机	2016.6.6 13：04：31
并网	2016.6.6 11：22：46	启机	2016.6.6 13：23：17
自动脱网	2016.6.6 11：23：12	启机	2016.6.6 13：34：44
启机	2016.6.6 11：26：48	并网	2016.6.6 13：38：57
并网	2016.6.6 11：30：45	自动脱网	2016.6.6 13：41：52
自动脱网	2016.6.6 11：31：14	并网	2016.6.6 13：43：00
并网	2016.6.6 11：32：18	自动脱网	2016.6.6 13：44：00

表8　　2016年6月6日铜山风电场＃8风电机组事件记录（程序修改后）

状　态	时间/（年．月．日　时：分：秒）	状　态	时间/（年．月．日　时：分：秒）
并网	2016.6.6 10：53：42	自动脱网	2016.6.6 12：59：39
自动脱网	2016.6.6 11：21：54	并网	2016.6.6 13：00：33
并网	2016.6.6 11：22：37	自动脱网	2016.6.6 13：03：45
自动脱网	2016.6.6 11：42：21	启机	2016.6.6 13：12：35
启机	2016.6.6 11：51：22	启机	2016.6.6 13：49：55
启机	2016.6.6 11：56：39	并网	2016.6.6 13：53：58
并网	2016.6.6 12：00：13		

从表7和表8中可以看到＃8风电机组在参数修改后与＃7风电机组对比，＃8风电机组的切入次数已明显下降，其主要包括启机次数降低、自动脱网次数降低两方面。

通过启机增加延时，避免低效风能来降低启机次数的程序优化主要体现在：通过转速区间的调整，降低自动脱网的次数。

再次对铜山风电场＃1～＃10风电机组切入次数进行跟踪统计，其统计数据见表9。

表9　　铜山风电场＃1～＃10风电机组2016年9月切入次数统计表

风电机组编号	平均风速/（m/s）	发电量/（kW·h）	切入次数
1	4.81	271943	92
2	4.95	286944	94
3	3.93	173359	125
4	4.58	254373	90
5	3.94	176843	117
6	3.93	153952	108
7	4	175188	118
8	4.48	216644	95
9	4.26	196531	123
10	4.23	216174	118

由表9中数据可见程序优化效果相当显著，风电机组切入次数得到有效降低，大大保证了风电机组运行的稳定性与可靠性，减少了设备频繁启停所造成的消耗，已经基本与沿海风电机组的数据接近。考虑到该参数优化对风电机组发电量的影响，进行了进一步的数据统计，具体见表10。

表10中所列为平均风速，并不足以反映出发电量的实际变化。脱网优化是在低风速情况下，发电机输出有功功率一般为几十千瓦，优化脱网参数是降低了此时的有

功功率，但其本身数值很小，与5m/s以上负荷比较所弃电量相比可以忽略不计。在未优化前，风电机组频繁脱网，也损失部分电量，再加上从设备寿命及安全性考虑，此次优化是较为可靠的。

表10　铜山风电场＃8风电机组2016年5月和9月优化切入参数前后发电量对比表

日期/(年.月.日)	平均风速/(m/s)	发电量/(kW·h)	日期/(年.月.日)	平均风速/(m/s)	发电量/(kW·h)
2016.5.29	2.414	909	2016.5.7	5.744	10326
2016.9.8	2.39	1085	2016.9.11	5.25	12061
2016.5.8	3.828	2073	2016.5.16	6.543	19722
2016.9.13	3.726	4102	2016.9.18	6.656	18784

3　频繁偏航问题

丘陵地带风电机组除了切入问题外，还由于地形原因造成风向也频繁变换，导致风电机组偏航系统经常动作。统计铜山风电场＃1～＃10风电机组2016年3月偏航次数，见表11。

表11　铜山风电场＃1～＃10风电机组2016年3月偏航次数统计表

风电机组编号	平均风速/(m/s)	偏航次数	风电机组编号	平均风速/(m/s)	偏航次数
1	5.49	2240.00	6	4.87	3775.00
2	6.68	2038.00	7	5.24	3835.00
3	5.41	2918.00	8	5.64	4155.00
4	5.73	4299.00	9	5.73	216.00
5	4.99	4285.00	10	5.75	4017.00

同时对沿海风电场＃1～＃10风电机组2016年3月偏航次数统计，见表12。

表12　沿海风电场＃1～＃10风电机组2016年3月偏航次数统计表

风电机组编号	平均风速/(m/s)	偏航次数	风电机组编号	平均风速/(m/s)	偏航次数
1	6.74	980	6	6.68	988
2	6.9	1327	7	6.75	1565
3	7.14	1634	8	7	1107
4	6.88	1359	9	6.69	1452
5	6.41	1731	10	6.59	1753

从表11和表12中可以看出，铜山风电场风电机组月偏航次数远高于2000次，甚至有超过4000次的；而沿海风电场风电机组偏航次数皆在2000次以内。这对于偏航系统的设备损耗是极大的，缩短了偏航设备的寿命，偏航系统的失效将使得整个风

电机组安全可靠性得不到保障。

风电场已使用超声波测风仪替代机械式测风仪，但对于丘陵地带经常出现爬坡风与下坡风而导致风向变化无常，超声波测风仪也无法应对频繁变化的风向。于是选择对偏航参数进一步优化，主要是修改其动作延时以降低动作频次。将原有的参数："偏航限定位置 1 参数为 4°；偏航限定位置 2 参数为 6°；偏航限定位置 3 参数为 10°；偏航限定位置 4 参数为 70°。偏航延时时间 1 参数为 60s；偏航延时时间 2 参数为 40s。"更改为："偏航限定位置 1 参数为 6°；偏航限定位置 2 参数为 8°；偏航限定位置 3 参数为 15°；偏航限定位置 4 参数为 70°。偏航延时时间 1 参数为 300s；偏航延时时间 2 参数为 120s"。

增加了最小偏航的角度，加长了各角度偏航动作的延时，使得风电机组偏航系统动作频次有效下降，对优化后的风电机组运行情况统计，见表 13。

表 13　　铜山风电场＃1～＃10 风电机组 2016 年 10 月偏航次数统计表

风电机组编号	平均风速/(m/s)	偏航次数	风电机组编号	平均风速/(m/s)	偏航次数
1	5.26	1965	6	4.29	1326
2	5.36	1621	7	4.44	1367
3	4.3	1056	8	4.64	1393
4	4.92	1526	9	4.56	1263
5	4.27	1224	10	4.48	1268

表 13 中，风电机组的偏航次数已明显下降，减少至与沿海地区风电机组相差无几，说明此方法优化效果显著。

4　结语

本文对丘陵地带风电场风电机组运行中遇到的实际问题进行了探讨，给出了切实有效的优化方案，在风电场中试用优化方案并跟踪记录了大量数据，并对数据进行简要分析，证实了该优化方案的确对丘陵地带风电机组的可靠运行起了很大的作用，解决了在此类特殊区域工况下风电机组频繁切入及偏航的问题，为风电机组安全经济稳定运行奠定了基础。

参　考　文　献

[1]　赵晓奇．浅谈山地风场道路规划及建设［J］．中国西部科技，2014（9）：41，46.

[2]　杨永辉．复杂地形条件下风电场风能资源评估研究——以西南某风电场为例［J］．风能，2013（7）：104－107.

[3]　胡虔生，胡敏强．电机学［M］．北京：中国电力出版社，2009.

风电机组主控改造前后对比分析及相关问题研究

陈正华

（华能国际电力江苏能源开发有限公司清洁能源分公司，江苏　南京　210015）

【摘　要】 风电机组主控改造是将早期投运的技术落后、不支持电网适应性功能、开放性差的风电机组控制系统改造为技术先进、兼容性强的风电机组控制系统。风电机组主控改造能实现功率曲线优化、低电压穿越、AGC/AVC等功能。本文介绍了主控改造的实施背景、方案介绍、问题解决思路。

【关键词】 主控改造；功率曲线优化；电网适应性

1　引言

随着国内风电事业迅速发展，相关风电行业标准的颁布实施，早期投入的风电机组已经难以满足电网适应性要求，普遍存在不具备低电压穿越、有功功率和无功功率调节接口等问题。

主控系统是整个风电机组的核心组成，主要完成数据采集、判断和处理；通过各类传感器对电网、风况及风电机组运行数据进行监控，并与变频系统、变桨系统、监控系统保持数据交互；根据收集的数据做出综合计算后发出相应的控制指令。通过主控系统的改造，在保证风电机组原有的启动与停机控制、并网与脱网控制、变桨控制、偏航与解缆控制的同时，也使得改造后的风电机组具备低电压穿越、自动有功控制和自动无功控制等电网适应性功能，功率曲线得到优化。

2　电网适应性功能介绍

2.1　低电压穿越（LVRT）

（1）风电机组具有在并网点电压跌至20％额定电压时能够保证不脱网连续运行

625ms 的能力。

（2）风电场并网点电压在发生跌落后 2s 内能够恢复到额定电压的 90%时，风电机组能保证不脱网连续运行。

2.2 有功、无功功率控制（AGC/AVC）

（1）当风电场有功功率在总额定出力的 20%以上时，对于场内有功出力超过额定容量的 20%的所有风电机组，能够实现有功功率的连续平滑调节，并参与系统有功功率控制。

（2）风电场应能够接收并自动执行电力系统调度机构下达的有功功率及有功功率变化的控制指令，风电场有功功率及有功功率变化应与电力系统调度机构下达的给定值一致。

（3）风电场安装的风电机组应满足功率因数在 0.95（超前）～0.95（滞后）的范围内动态可调。

3 主控系统改造方案总述

（1）改造前的准备工作：早期投运的风电场投运时间较长，每台风机的设置均有不同，因此需要在改造前对原系统的参数设置、电量记录、故障记录等进行备份。同时要对风速仪、风向标、压力、温度等传感器的输入信号进行核对，使之与新主控支持的毫安信号相匹配。

（2）主控柜的改造：为了保持原系统的稳定可靠性，须设计辅助接线盒，采用与原控制器完全一样的模块式接线端子，将原系统信号机各种控制、电源接线不需要重新排线，直接将接插件接入辅助接线盒，经辅助接线盒集成后接入新主控的模块，减少改造过程中的大量接线工作。

（3）变桨系统的改造：由于各厂家变桨系统 RS485 通信信号的电流值以及波特率不同，因此需要匹配变桨控制器的波特率和通信信号的电源模块，以完成与主控之间的通信。

（4）变频器的改造：确认低电压穿越握手信号接线无误，主控设定转矩和变频器反馈转矩（4～20mA）信号校准准确。

4 主控改造前后对比分析

4.1 功率曲线优化

以某风电场改造项目为实例，在功率控制上风电机组改造前后采用了两种不同的控制算法，改造前使用的是查表法，改造后的控制软件采用的是GH核心算法。

4.1.1 转速—转矩理论曲线对比

改造前的转速—转矩曲线如图1所示。改造后，GH算法的转矩和变桨采用双PI控制，相比原转速转矩查表算法能优化整个系统的功率曲线，风电机组在额定转速以下时跟踪“转速-转矩最优二次曲线”（图2），可使风电机组获得最大的叶尖速比，从而使风电机组达到最佳风能利用系数，提高风电机组的风能利用率。

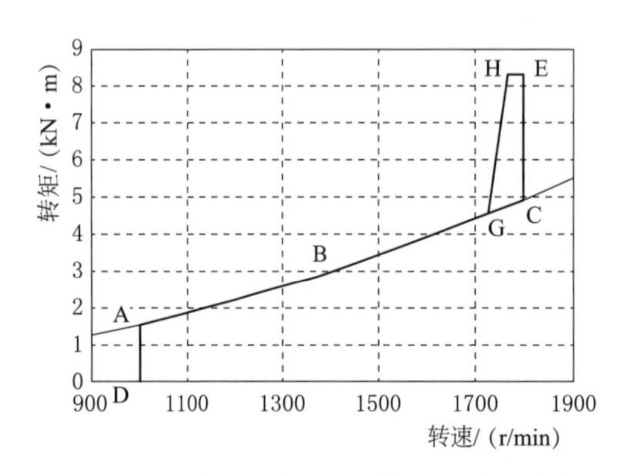

图1 改造前的查表法下的转速—转矩曲线

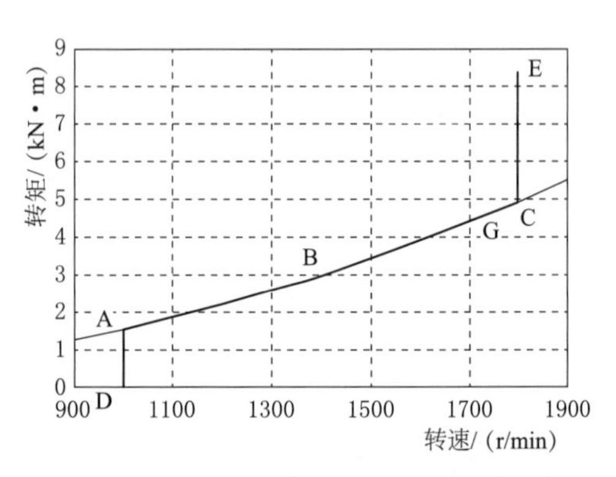

图2 改造后的GH算法下的转速—转矩曲线

对于查表法（图1）：当转速低于G点对应转速时，风电机组仍然按照最优二次曲线运行，但由于转速-转矩表的限制，在转速超过G点后，风电机组曲线按照G-H-E运行，不是跟踪最优二次曲线，故在接近额定转速时风机效率有所下降。

对于GH算法（图2）：曲线A-B-C为“转速-转矩最优二次曲线”，A点对应的转速为风电机组运行的转速下限，C点对应的转速是风电机组运行的转速上限（额定转速）。当风电机组运行转速在A-C区间上时，风电机组按照A-B-C这条二次曲线给定风机的转矩设定值。在A点，如果风变小，风电机组不能维持最低转速，则转矩减小，风电机组按照A-D线运行，使风电机组输出功率减小，转速维持在转速下限。在C点，如果风变大，风电机组将超过额定转速，则转矩增大，风电机组按照C-E线运行，使风电机组输出功率增加，转速维持在额定转速。

4.1.2 实际功率曲线对比

随机抽取一台经过改造的风电机组，对改造前后的功率对比见表1。

表1 某台风电机组改造前后的功率对比

编号	风速/(m/s)	改造前功率/(kW·h)	改造后功率/(kW·h)	编号	风速/(m/s)	改造前功率/(kW·h)	改造后功率/(kW·h)
1	3.25	58.259	57.4	4	4.75	189.913	185.7
2	3.75	82.939	83.4	5	5.25	252.586	255.9
3	4.25	128.489	130.2	6	5.75	333.638	342.1

续表

编号	风速/(m/s)	改造前功率/(kW·h)	改造后功率/(kW·h)	编号	风速/(m/s)	改造前功率/(kW·h)	改造后功率/(kW·h)
7	6.25	414.4051	436.2	17	11.25	1400.013	1451.6
8	6.75	537.952	544.9	18	11.75	1454.033	1493
9	7.25	651.942	669.6	19	12.25	1478.722	1510
10	7.75	761.145	785.3	20	12.75	1490.85	1514
11	8.25	859.854	908.1	21	13.25	1498.39	1515
12	8.75	978.652	1003	22	13.75	1502.775	1510
13	9.25	1050.809	1109.6	23	14.25	1503.937	1505
14	9.75	1096.191	1184.2	24	14.75	1503.848	1501
15	10.25	1197.111	1281.8	25	15.25	1503.459	1510
16	10.75	1307.492	1384.5	26	15.75	1501.808	1515

从表1可以看出，改造后的风电机组在接近额定风速（12.5m/s）情况下的发电能力得到了明显提升。

4.2 低电压穿越（LVRT）实现方式

（1）进入和离开LVRT状态：主控增加变频器反馈DI信号点，当该DI点为低电平，主控进入LVRT状态；当主控检测到该DI点为高电平时，离开LVRT状态。

（2）进入LVRT状态后：主控给出桨角和转矩指令，保证风电机组不超速。变频器提供符合电网要求的有功和无功支撑。

（3）电压恢复后：主控给出桨角指令和转矩指令，使主控有功每秒恢复速率大于10%额定功率，变频器尽快跟随主控转矩指令发出有功。

4.3 功率控制实现方式

改造后的系统具备功率管理功能，能够通过标准通信协议，向第三方设备进行有功、无功管理数据上传，并允许第三方进行控制。计算机后台的功率控制软件会根据接收的调度指令自动分配各受控风电机组的有功、无功功率，具体有以下操作步骤：

（1）确认功率控制软件已经打开，且与SCADA软件通信正常。

（2）AGC/AVC设备已连接，调度指令接收正常（切换至手动控制模式时，可手动输入要求的功率值）。

（3）对需要控制的风电机组启用功率控制使能。

4.4 模块化设计的优势

目前，风电机组主控系统主要分为早期的整机式和目前使用广泛的PLC模块系统。整机式主控系统在使用过程中有任意部件故障必须整体更换修理，维护工作量大，成本高。相对的，改造后的PLC模块系统由CPU模块、通信模块、输入、输出模块构成，故障后只需更换相应故障PLC模块，维护工作量小，成本低。

5 主控制器改造过程中的问题和解决思路

5.1 发电机转速波动大

出现发电机转速波动大的原因为变频器转矩响应时间参数和滤波时间参数的不合理设置。

改造前，查表法的转矩给定值是依据转速-转矩表来确定的，转矩只随转速的变化而变化，当风速变化，影响到转速时，转矩才会根据转速通过查表法来确定，由于传动部分的惯性作用，其转速变化的速度和幅度都比较小，所以查表法下的转矩给定值的变化幅度也比较小，变频器转矩响应时间常数设置相对较高。

改造后，GH算法的转矩值是根据转速、风速来实时控制，当风速变化时，其转矩给定值会立即响应调整以维持转速，所以转矩给定值的变化频次和幅度比查表法要大。因此，GH算法对变频器转矩响应时间要求较高，如果变频器转矩响应时间参数设置过大，将导致变频器转矩不能及时跟随主控的指令，导致转速波动。

GH算法转矩频繁动作的特性也决定了其对变频器的响应速度有很高的要求，因此由查表法改造为GH算法后须重新设置变频器转矩响应时间参数和滤波参数。

5.2 变频器转矩反馈值偏差

出现变频器转矩反馈值偏差的原因是信号干扰。

主控给定转矩和变频器反馈转矩一般为4～20mA模拟量信号电流，由于变频器的模拟量板和主控的模拟量板模块供电不是同一个直流电源，在电磁干扰严重的情况下，其负极电位不在一个电平上，而微小的压差对弱电信号来说都会造成较大的误差。在模拟量传送信号线的屏蔽接地良好的情况下，如仍存在偏差问题，可考虑将主控给定和变频器反馈两路信号负极做短接处理，使给定和反馈两路信号的负极电位保持一致，形成公共参照点。

6 结语

目前，随着国家的大力扶持新能源产业的机遇，风电行业的技术更新速度越来越快。伴随着新技术不断开发的同时，一些早期风电机组的效率提升、运行维护和技术改造也逐步得到了重视。风电机组主控制器改造工作在满足电网适应性要求、优化功率曲线的同时，也在界面人性化、日常生产报表、故障信息收集、数据刷新速度、可扩展性方面做了更新优化。本文提及的主控制器改造已在一些投产较早的风电场进行实施，希望在不久的将来，能有更为优化的控制策略，以最大限度提升风电机组发电效率。

参 考 文 献

中华人民共和国国家质量监督检验检疫总局，中国国家标准化管理委员会．风电场接入电力系统技术规定：GB/T 19963—2011［S］．北京：中国标准出版社，2011.

风向测量优化方案研究

张　宇　彭泳江

（华能国际电力江苏能源开发有限公司清洁能源分公司，江苏　南京　210015）

【摘　要】 在风电机组中，风的测量主要分为风向的测量和风速的测量。目前，应用在风电机组上的测风传感器主要有传统的机械式测风仪与新型的超声波测风仪。风向的测量在风电机组中起着使风电机组对风的作用，风电机组对风的精准在一定程度上决定了风电机组运行的安全性、经济性。

【关键词】 测量仪；风向标；风速仪；测风传感器；机械零位

1　引言

在风电机组中，风的测量主要分为风向的测量和风速的测量。目前，应用在风电机组上测风传感器上的主要有传统的机械式测风仪与新型的超声波测风仪。其中传统的机械式测风仪又包含风向标和风杯式风速计，而超声波测风仪能同时进行风速与风向这两个变量的测量工作。风向的测量在风电机组中起着使风电机组对风的作用，风电机组对风的精准在一定程度上决定了风电机组运行的安全性、经济性。华能启东风电场一期 61 台风电机组为模拟量输出的风向标，输出信号为 4～20mA，针对输出信号在零界点会不稳定，易产生跳变的问题，本文提出了一种便捷的实现风向角度平均值平滑过渡的方法，提高风向传感器使用的准确性与可靠性。

2　风向标测风原理

2.1　风向标的定义

风向标是一种以风向箭头的转动探测、感受外界的风向信息，并将其传递给同轴码盘，同时输出对应风向相关数值的物理装置。

2.2 风向标的分类

风向标按工作原理可分为光电式、电压式和罗盘式等。

2.3 风向标的工作原理

风向标角度示意，如图 1 所示。正常情况下，风向标在 0°～360°的范围分别对应的模拟量输出电流为 0～20mA 或 4～20mA，主控采集模拟量数据，将单位时间内的模拟量数据取平均从而换算成对应的主方位角。

由机械式风速仪的特性及风的不稳定性决定，风向标角度暂态输出值在当前风向周围波动。将 X 轴设定为时间，Y 轴设定为角度，简单绘制的风向标输出曲线如图 2 所示。

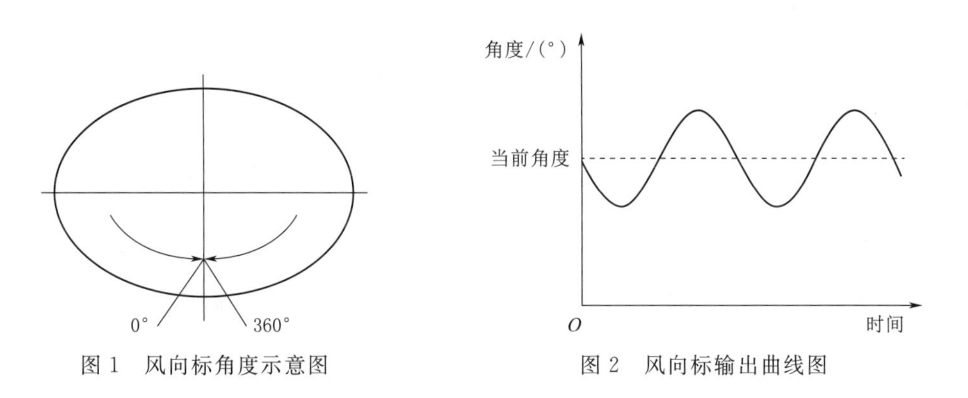

图 1　风向标角度示意图　　图 2　风向标输出曲线图

由图 2 可知，经过上位机对风向标的角度值进行采样，计算可得到当前角度值。

3　运用在风电机组上的风向标测量系统

3.1 风向标在风电机组上的应用

在风电机组上，风向标的工作角度，基本位于 0°左右。若风向出现偏差，风电机组通过偏航系统校正风向，使风轮正对风向，因此风向标的工作角度（除风机故障）正常应位于 0°附近。

例如，某 1.5MW，FD77C 型风电机组的偏航控制策略为：当 30s 平均风速在 7m/s 以下时，风电机组执行小风偏航的控制策略，即当前风向角度与机舱机头方向偏差超过 16°，延时 120s 后进行偏航；当风速持续上升，主控系统监测到 30s 平均风速大于 7m/s 时，风电机组执行大风偏航的控制策略，即当前风向角度与机舱机头方向偏差超过 8°，延时 60s 后进行偏航；当风速又持续下降至 6m/s 时，又恢复小风偏航的控制策略。

因此可知，除因故障使风电机组不能偏航以及风向突变外，一般在小风阶段，风向标正常运行在－344°～16°附近，在大风阶段，风向标运行在－352°～8°附近。（此处所用的负号仅为方便读者理解，实际角度应为344°而无正负之分。）

假设目前风向在－350°～10°波动，主控接收的风向标的理想的风速曲线，如图3所示。

3.2 风向标的使用缺陷

在实际使用中，由于零界点的存在，即图3中的0°（亦可认为是360°），由于电流惯性，在电流产生突变时，主控系统应采集到风向标的输出电流从20mA跳变成0mA（或4mA），而往往采集到的数据为0～20mA（4～20mA）中的任意值，也就是说，主控读出来的角度往往可能是任意角度，其实际波形如图4所示。

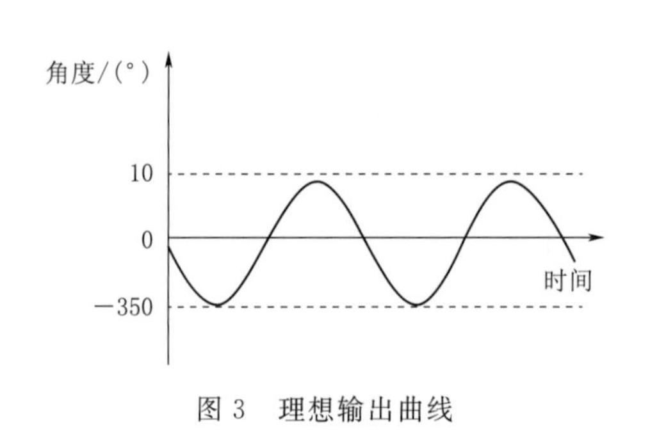

图3 理想输出曲线

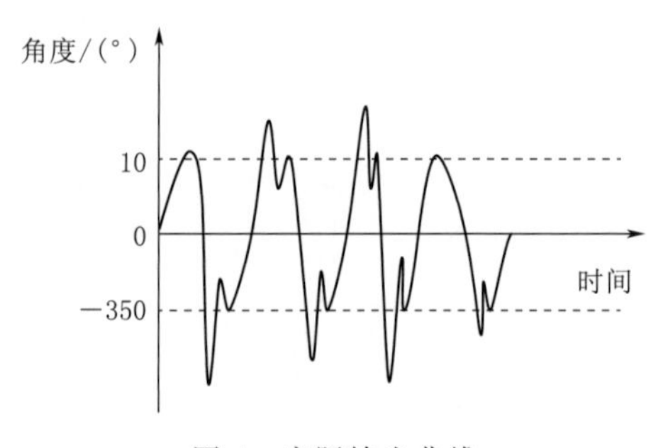

图4 实际输出曲线

即当经过一次0°位置时，主控所采集的模拟量将是0～20mA（4～20mA）中的任意值，实际所测到的角度存在误差，导致30s平均风速存在偏差，有可能致使风电机组偏航不到位，偏航后风轮与实际风向偏差较大，从而影响整机的功率输出能力。

另外，在0°位置时电流输出为0mA，在360°位置时电流输出为20mA，当安装角度选择0°时，由于运行在风电机组的风向标正常工作在0°附近，从而使得电流输出的跳变率大大增加，对电力电子元器件而言，电流跳变频繁往往加快其老化速率使得其寿命大大缩短。

3.3 风向标的优化方案及分析

综上所述，风向标在风电机组上应用时应合理避开0°（360°）角周围的测量区间。因此，风向标安装时，风向标安装时应舍弃原来的机械零位的参考点0°点，使用参考点180°，使得在正常工作时，风向标的输出电流平滑，减小电流波动及测量误差，增加风向标使用寿命。原安装的机械零位参考点如图5所示；现安装的机械零位参考点如图6所示。

图 5　原安装的机械零位参考点

图 6　现安装的机械零位参考点

3.4　超声波测风

目前市面上还有一种直接输出角度值的风向传感器，利用 RS485/RS232 或者其他通信方式输出，但是这些基本上都存在于超声波测风仪上，能避免上述现象发生。目前，风电机组所用的超声波测风仪以格雷码方式输出，市面上格雷码式的风向传感器分为 3 位、4 位、5 位、7 位或 10 位。也就是说按照 360°分为 2^n 等份。

最早引进的 Repower 的风电机组配置 5 位编码器，也就是说将 360°分为 12 等份，每个区间 11.25°，因此风向测量的误差极大，若需减小误差，应选择更高分辨率的超声波测风仪，精度越高偏差越小。

4　结语

总之，在风电机组上，风向标的工作角度，基本位于 0°左右。但在实际使用中，由于电流惯性，在电流产生突变时，主控读出来的角度往往可能是任意角度。因此，风向标安装应避开 0°或者 360°角的测量盲区，最好选择 180°对风。同时，超声波测风仪若要对风更精准，应尽可能使用分辨率更高一点的，反应更灵敏的设备。

参　考　文　献

[1] Niko Mittelmeier，Martin Kühn. *Determination of optimal wind turbine alignment into the wind and detection of alignment changes with SCADA data* [J] . Wind Energ. Sci.，2018 (3)：395－408.

[2] G. Cortina，V. Sharma，M. Calaf. *Investigation of the incoming wind vector for improved wind turbine yaw－adjustment under different atmospheric and wind farm conditions* [J]. Renewable Energy，2017 (2)：376－386.

[3] Rozenn Wagner，Ioannis Antoniou，Søren M. Pedersen，Michael S. Courtney，Hans E. Jørgensen. *The*

influence of the wind speed profile on wind turbine performance measurements [J]. Wind Energy, 2008 (9): 348 - 362.
[4] 王晓宇，赵夏青，许炳坤，高鑫. 风力机组风速仪测量风速与来流风速校正研究 [J]. 分布式能源，2019，4 (3): 63 - 68.

变频器功率不能满发的处理方法

翟高菠　徐　琪　刘　博

（华能启东风力发电有限公司，江苏　南通　226200）

【摘　要】为了解决风电机组变频器在风速达到额定风速时，功率达不到额定功率的问题，通过调整变频器内部的参数，将这些参数值直接应用于控制输出单元的开关状态，变频器的每一次开关状态都是单独确定的，实现了对电动机转矩和转速的实时控制。

【关键词】风电机组；变频器；额定功率

1　引言

能源和环境是人类所面临的两大问题，以清洁、可再生能源为主的能源结构将成为未来发展的方向，目前已经受到了各国政府的极大重视，一些相应的技术也在蓬勃发展之中。风力发电是目前可再生能源利用中技术最成熟的、最具商业化发展前景的能源利用方式，风力发电将成为21世纪最具开发前景的新能源之一。

现在，世界上大中型风电机组主要有两种型式：一种是定桨距失速调节型，属于恒速机型，一般使用同步电机或者鼠笼式异步电机作为发电机，通过定桨距失速控制的风轮机使发电机的转速保持在恒定的数值，继而使风电机组并网后定子磁场旋转频率等于电网频率，转子、叶轮的变化范围小，捕获风能的效率低；另一种是变速变距型，一般采用双馈电机或者永磁同步电机，通过调速器和变桨距控制相结合的方法使叶轮转速可以跟随风速的改变在很宽的范围内变化，保持最佳叶尖速比运行，从而使C_p（风能利用系数）在很大的风速变化范围内均能保持最大值，能量捕获效率最大。发电机发出的电能通过变流器调节，变成与电网同频、同相、同幅的电能输送到电网。相比之下，变速型风电机组具有不可比拟的优势。

目前流行的变速变桨风电机组的动力驱动系统主要两种方案：一种是升速齿轮箱＋绕线式异步电动机＋双馈电力电子变换器；另一种是无齿轮箱的直接驱动低速永磁发电机＋全功率变频器。两种方案各有优缺点：前者采用高速电机，体积小重量轻，双馈变流器的容量仅与电机的转差容量相关，效率高、价格低廉，缺点是升速齿轮箱价格贵，噪声大、易疲劳损坏；后者无齿轮箱，可靠性高，但采用低速永磁电机，体积大，造价高，变频器需要全功率，成本提高。

而如今成熟的风电方案基本都离不开变频器，风电机组的功率也与变频器的控制息息相关。

2 问题

目前在启东风电场笔者发现采用的 1.5MW 东汽风电机组中有多台出现了功率不能满发的情况，这些风电机组在风速达到额定风速时功率只有 1350～1450kW。在考虑了一些客观因素之后，发现问题可能与变频器有些关联。

风电场采用的是 ABB ACS800 变频器，因为 ABB ACS800 变频器是从控制采用直接转矩（dtc）作为其核心控制原理。而直接转矩控制技术是在变频器内部建立了一个交流异步电动机的软件数学模型，根据实测的直流母线电压、开关状态和电流计算出一组精确的电机转矩和定子磁通实际值，并将这些参数值直接应用于控制输出单元的开关状态，变频器的每一次开关状态都是单独确定的，实现了对电动机转矩和转速的实时控制。

既然排除了控制方面的问题，则可以通过修改参数的方式来提高功率。

通过与厂家人员的沟通和专业技术人员的讨论，可以使用一些方法调试变频器，从而使风电机组进入满发的状态。

3 解决的方法

就以启东风电场为例，用的 1.5MW 风电机组，变频器采用的是 ABB ACS800 变频器。方法如下：

（1）用 DriveWindow PC 工具连上转子侧变流器 NDCU 单元的通道 CH3，如图 1 所示。

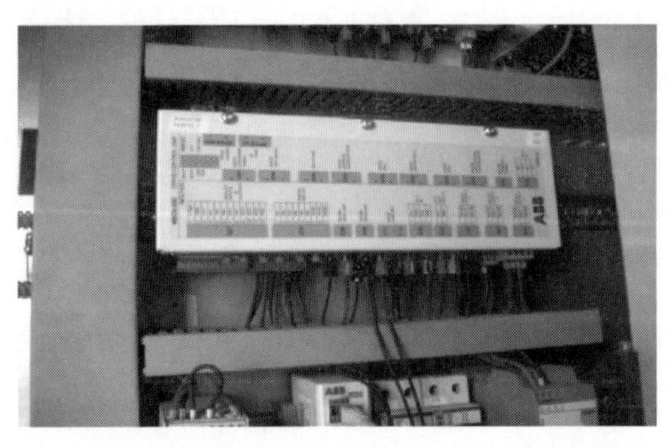

图 1　连上转子侧变流器 NDCU 单元的通道 CH3

（2）拿到本地的控制权，并找到 99 组参数，具体如图 2 所示。

（3）图 2 中修改 99 组中 99.06 的参数值 1310～1350kW，对东汽风电机组 99.06 参数值选择到 1350kW 才能满发。

调整 99.06 范围为参数过程中，注意查看变频器转子电流不要超过 500A。

99.05 参数范围为 1505～1515 选择修

改过，对发电机功率的影响不大，建议保留原 ABB 的默认参数 1508r/min。

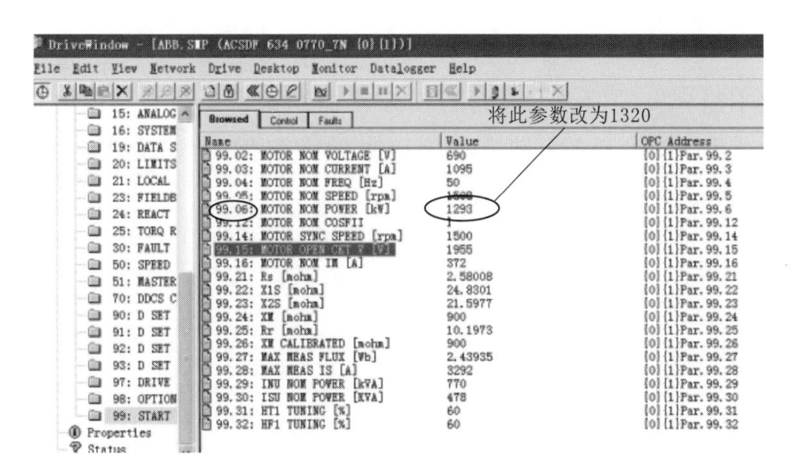

图 2　找到并修改 99 组中的参数

（4）用 DriveWindow PC 工具连上基本柜内的通信 RDCU 单元的通道 CH3。

（5）拿到本地控制权，并找到 13 组参数。

（6）如图 3 所示，找到并将 13 组中的 13.07 参数和 13.11 的参数值进行修改。

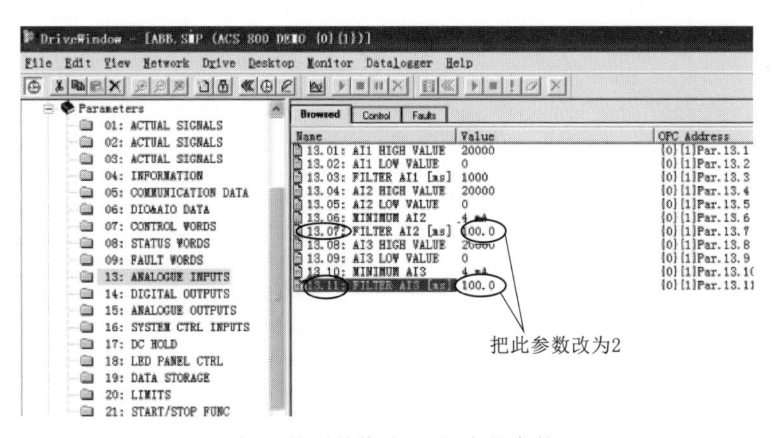

图 3　找到并修改 13 组中的参数

MITA 主控参数如下：

发电机额定功率设置：1510kW。

发电机最大功率设置：1520kW。

发电机额定转速设置：1765r/min。

以上参数调整在启东风场通过验证。由原来的 1380～1480kW 全部达到满发状态，稳定在 1510kW 左右，满发时额定风速为 11.5～12.5m/s。

4 结语

风电机组不能满发的原因，通常与变频器的调试、变频器与风电机组的匹配相关，可以通过适度调整变频器的设定的额定功率与额定转速以及 AI2 和 AI3 的滤波器时间常数来使风电机组达到满发状态。

大多数风电机组可以通过调整变频器内部的参数，使得变频器与风电机组主控、发电机配合更加完美，实现对电动机转矩和转速的实时控制，从而能使风电机组在达到额定风速时，能长期保持在满发状态。

参 考 文 献

[1] 王承煦，张源．风力发电［M］．北京：中国电力出版社，2003.

[2] 李庚银，吕鹏飞，李广凯，等．轻型高压直流输电技术的发展与展望［J］．电力系统自动化，2003，27（4）：71-81.

[3] 雷亚洲．与风电并网相关的研究课题［J］．电力系统自动化，2003，27（8）：84-89.

[4] 关宏亮，赵海翔，迟永宁，等．电力系统对并网风电机组承受低电压能力的要求［J］．电网技术，2007，31（7）：78-82.

[5] 吴学光，王伟胜．风电系统电压波动特性研究［J］．风力发电，1998（4）：29-35.

风电机组控制系统改造研究

韩斯琪　季　笑　廖重棋

（华能启东风力发电有限公司，江苏　南通　226200）

【摘　要】为延长系统寿命、减少系统故障、消除安全隐患、提高风电机组控制的自动化水平，对风电机组控制系统进行改造。改造后并网成功后确认风电机组运行正常。经过长期的运行分析对比，发现优化后的系统直观表现能力和具象化数据能力得到了有效的提高，所以主控系统改造是有效可行的。

【关键词】风电机组；控制系统；改造；实现功能；优化

风电机组控制系统的改造是一个日新月异的过程，本风场原有的FD77C型风电机组控制系统采用的是国外20世纪90年代的设计思想，现在已远远落后。模块化程度低，硬件稳定性差。监控系统采用点对点链式结构通信，架构稳定性差，安全性差，接口较少，数据刷新较慢。

有此正在运行的风电机组主控核心硬件存在着一些问题：接近或超过其使用寿命，工作性能不稳定，故障率偏高，一些元件已濒临淘汰、停产，备件价格飞涨、获得困难，对于风电机组今后的正常运行构成威胁；由于容量受限、存储方式落后、网络容量低，历史数据采样周期为60s，历史库的标签设置数量有限，保存时间较短；由于系统设备老化、硬件及软件设备经常出现故障，所采用的技术落后等。因此，需要对系统进行升级改造，升级后可延长系统寿命、减少系统故障、消除安全隐患、提高风电机组控制的自动化水平，对维持风电机组安全正常地运行具有重大意义。

1　改造方案

1.1　主控制系统的改造及实现的功能

1.1.1　主控制器更换

原控制器安装图改造后控制器及接线盒安装图，如图1所示。各模块参数见表1。

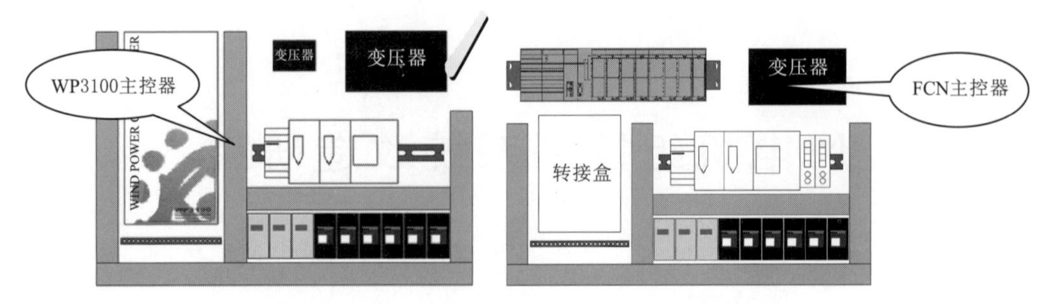

图 1 原控制器安装图改造后控制器及接线盒安装图

表 1　　各模块参数

名　称	型　号	数量	FCN　系　统
CPU 模块	NFCP501	1	支持多任务周期，最快 10ms
RS485 通信模块	NFLR121	1	2 个 RS485 通信接口
数字量输入模块	NFDV161	1	96 个 DI 信号输入
	NFDV151	1	
继电器输出模块	NFDR541	2	32 个 DO 信号输出
PT100 输入模块	NFAR181	1	12 个 PT100 信号输入
高速计数输入模块	NFAF135	1	8 个高速计数信号输入
模拟量输入输出模块	NFAI841	1	8 个 AI 通道，8 个 AO 通道

为了保持原系统的稳定可靠性，新增设计的辅助接线盒，采用与原控制器完全一样的模块式接线端子，完全兼容原 MITA 的接插件，因此在改造过程，原系统信号及各种控制、电源接线不需要重新拆除，再连接，减少改造过程中的大量接线工作，提高系统的可靠性。接线盒示意图如图 2 所示。

1.1.2 其他辅助器件的替换

需要取消原控制系统电压转换模块，在原位安装新的电网测量模块 WEN33-M2C。新型高精度的电网测量模块，提高系统的测量精度，提供功能管理系统的控制精度。

取消原 0～20mA 信号输出的风向标，更换为 4～20mA 信号输出的风向标。由于在实际环境中，存在干扰、测量误差等情况，因此主控制器采集到的模拟信号实际上会出现的偏差，特别在 0mA 时，会直接导致风向标的风向显示值与实际情况不符，使风电机组不能很好对风，最终影响发电量。改用 4～20mA 信号输出的风向标，则很好地避免这种情况的发生。

取消原系统 WP305 操作面板，更换为横河控制系统的 T7A 操作面板（北尔），采用以太网连接，汉化、触摸操作屏，程序自主组态、界面人性化处理，操作方便快捷。

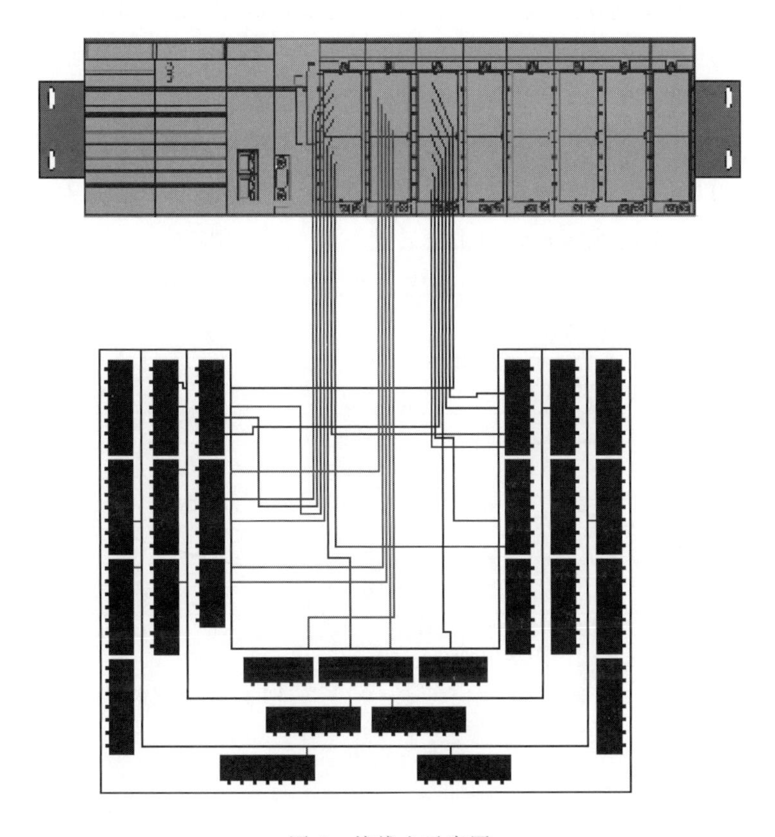

图 2　接线盒示意图

在柜内电源模块右侧增加安装面板通信用交换机以及环网通信用交换机。

1.1.3　改造后的主控制系统实现的功能

改造后的主控系统通过对采集数据的处理来实现启动与停机控制、并/脱网控制、偏航和解缆控制、变桨控制、变频器控制、远程控制系统通信传输、故障报警、机舱加热、低电压穿越、接收网调指令、频率保护运行、过电压保护功能等功能，风电机组人机操作界面为中文。

改造后的控制软件采用的是 GH 核心算法，其扭矩和变桨采用双 PI 控制算法，相比原 MITA 的转速转矩查表算法能优化整个系统的功率曲线，风机在额定转速以下时跟踪“转速—转矩最优二次曲线”（图 3），可使风电机组获得最大的叶尖速比，从而使风电机组达到最佳风能利用系数，提高风电机组的风能利用率。此算法在额定风速附近相比查表法可显著提升发电量。

（1）分析改造后控制系统采用的双 PI 控制算法：曲线 A－B－C 为“转速—转矩最优二次曲线”，A 点对应的转速为风电机组运行的转速下限，C 点对应的转速是风电机组运行的转速上限（额定转速）；当风电机组运行转速在 A－C 区间上时，按照

A -B - C 这条二次曲线给定风电机组的扭矩设定值；在 A 点，如果风变小，风电机组不能维持最低转速，则转矩减小，风电机组按照 A - D 线运行，使输出功率减小，转速维持在转速下限；在 C 点，如果风变大，风电机组将超过额定转速，则转矩增大，风电机组按照 C - E 线运行，使输出功率增加，转速维持在额定转速。

（2）对于 MITA WP3100 的查表法而言（图 4）：当转速低于 G 点对应转速时，风电机组仍然按照最优二次曲线运行，但由于转速—转矩表的限制，在转速超过 G 点后，风电机组按照 G - H - E 运行，不是跟踪最优二次曲线，故风电机组效率有所下降。

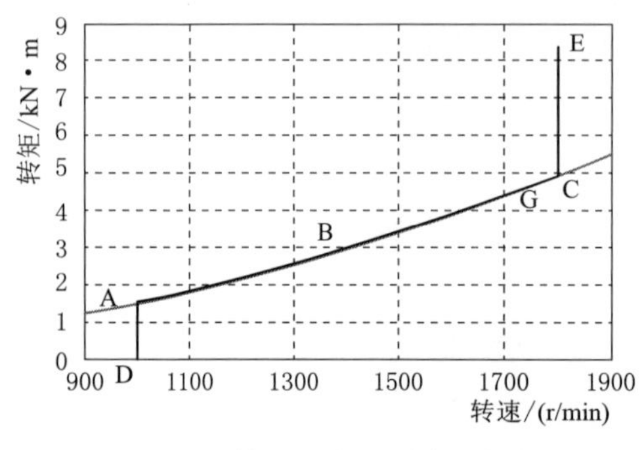

图 3　PI 算法的转速—转矩曲线

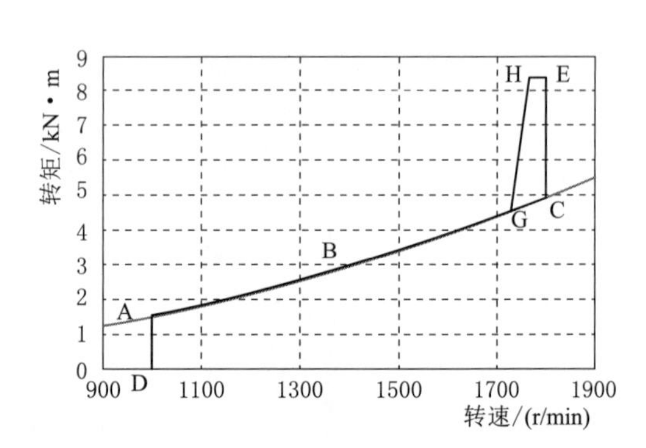

图 4　查表法的转速—转矩曲线

2　改造后的缺陷以及优化

经过初步的改造后新系统也暴露出了一系列的问题，笔者和厂家针对这些问题进行了整理和优化。

2. 1　主控系统报警问题

新系统历史报警只能显示 5000 条，我风电场 61 台风电机组，平均每台风电机组只能显示 82 条故障历史记录。经过交涉后得到厂家的回复结果报警显示 5000 条是厂家在其他风电场进行反复测试得出的结果，当显示超过 5000 条时，由于显示历史报警条数较多，在画面切换时会出现卡涩现象，所以将报警显示条数设置为 5000 条。另外，在 SCADA 系统内加入历史报表，现场如果需查询近期历史报警，可通过 SCADA 系统每天自动生成的历史报警报表进行查看。

2. 2　风向标安装校准问题

为了更加精确风向标零位校准，特意重新从厂家定制了一批带有 0°和 180°刻度的风向标到现场，已陆续使用到后期的风电机组主控改造中。在使用工装校准的过程中，我们发现该方案并未能对校准有显著的提升，存在偶然误差，所以在完成风向标初步安装后，还需进行更加精准的校对工作：通过观察面板中风向的瞬时值，微调与气象架的平行以及垂直，共有 4 个方向进行角度校准，尽可能将风向标零位校准误差控制在±2°以内。

2.3 电池测试问题

我们发现变桨电池测试失败后，主控无法复位（程序强制要求故障处理后充电 8h 才能复位运行）。经过与厂家沟通，得知电池测试失败说明变桨电池电量不够或电池有异常情况，若后备电池电量不够，将会对风电机组安全带来重大影响。所以，出于对风电机组的安全运行考虑，目前所运行的风电机组都强制充电 8h 才能复位启机。若确实需要即时清除掉该条故障，可通过屏蔽该故障码再解开的方式实现。

2.4 变桨系统问题

变桨 400V 电源长时间断电后，报 1176 变桨循环充电故障，无法软件复位故障，需进入轮毂手动触发循环充电测试后方可复位运行。

在变桨 400V 电源长时间断电检修完成后，如果主控系统复位“1176”故障失败，则进轮毂按“变桨充电测试按钮”会在循环测试充电完成后将 DE4.8 短暂置为高电平，主控就可以复位“1176”。如果不进轮毂按“变桨充电测试按钮”，则需要将主控制器断电再重启，这样也可以清除掉“1176”故障。

A 编码器角度计数出现故障后（如 A 编码器角度 92°不变），如未进行 AB 编码器切换，控制系统复位后故障桨叶将持续快速开桨，手动停机无效，需触发急停才回桨撞限位停机：如＃1～＃34 风电机组便出现过这种情况。

如果主控可以复位所有故障，控制系统会旁路限位开关并控制变桨开桨到 90°，如果有一面桨叶角度保持 92°不动，超过 10s 后控制系统会报 B52 等级“1130 旁路限位开关失败”故障。控制系统激活 B52 等级故障后，给变桨系统下发桨叶角度到 90°的目标，变桨控制器检测到控制系统下发设定角度是 90°，而变桨实际角度 92°，变桨控制器就会控制变桨动作，直到变桨系统检测到变桨角度为 90°或者压到限位开关才会停止。对于这样的问题，请检查变桨系统 A 编码器，或将变桨系统切换到 B 编码器运行。

2.5 变频器 HMI 面板问题

发现部分面板操作困难，卡顿、没反应等问题时，需即时更换。至于面板不好点击的现象，可通过触屏校准功能来解决。现场服务人员已对故障追忆画面进行编译，并重新确认了现场环网通信交换机配置，目前运行观察中。

通过运行观察发现主要的问题集中在主控系统与变桨的配合问题方面，这方面的问题目前还在进一步的观察优化中。

3 结语

主控制系统改造按照《1.5MW 控制系统改造用证明书》的内容要求，进行功能测试工作。基本上完成功能测试工作，并确认风电机组无故障后，并网并记录相关信息。并网成功后确认风电机组运行正常后，改造完成。而后针对改造系统磨合过程中暴露出的新问题又进行了多次系统优化，解决了故障。经过长期的运行分析对比，发现优化后的系统直观表现能力和具象化数据能力却得到了有效的提高，所以对控制系统的改造是有效可行的。

参 考 文 献

[1] 贺德馨. 风工程与工业空气动力学［M］. 北京：国防工业出版社，2006.

[2] Tony Burton，等. 风能技术［M］. 武鑫，等，译. 北京：科学出版社，2007.

[3] 刘万琨，张志英，李银凤，赵萍. 风能与风力发电技术［M］. 北京：化学工业出版社，2007.

单台风电机组尾流特性研究

刘　博

（华能国际电力江苏能源开发有限公司清洁能源分公司，江苏　南京　210015）

【摘　要】 风能是一种洁净的可再生资源，其储能丰富，当前已经是解决全球能源危机的主要途径。但是风力发电还有许多亟待解决的问题，特别是在水平轴风电机组成为当前风力发电的主要方式时，其风电机组尾流问题严重制约着风电场的效益。在风电场中，一方面，上游风电机组所产生的尾流一方面会降低下游风电机组的风能利用率；另一方面，尾流所产生的风剪切和强湍流也必会增加下游风电机组的疲劳载荷，同时也加重了噪声污染。因此合理解决风电机组尾流问题成为当前国内外风电行业研究重要内容。

本文基于计算流体力学（CFD）理论，利用 Fluent 软件对风电场尾流进行数值模拟，分析轮毂平面下游的尾流尾迹，从而可以截取任意平面的速度云图，以该平面的速度进行分析。

【关键词】 计算流体力学（CFD）；尾流流场；数值模拟

1　引言

目前，全球风电行业正在如火如荼的发展，大型风电场大规模涌现，但是由于风电场具有存在占地面积大、风流密度低等缺点，那么如何合理、高效解决利用有限的土地资源与风电场的经济利益最大化之间的矛盾已然成为风电建设研究的重要课题，其中风电场布机是关键，在规划中就是如何对风电场更好地布机，其核心技术就是要研究好风电机组的尾流效应。对于一个总占地面积给定的风电场，如果忽略风电机组尾流效应对风电场总发电量的影响，那么理所应当风电机组数量布置越多越好。但是，正常运行中的每台风电机组，其尾流势必会影响附近其他的风电机组。由于上游风电机组吸收了风能，风流经风电机组后的势必会导致风速的降低，因为风能与风速的三次方成正比，所以风电机组的功率越大其引起尾流的湍流强度也就越大。虽然风速在周围气流的作用下，速度会逐渐恢复，但在有限的距离内依然无法恢复到正常水平（风速可以在无限远处恢复到正常水平）。这样，下游风电机组吸收的风能必然会减少，同时下游风电机组的动力载荷也会增加，增强下游风电机组的疲劳负荷。同时，由于季风，气候以及当地地理环境等因素的影响，风电场的主风向不是一成不变的，当主风向发生变化，风电机组的自动偏航装置会通过自动偏航来控制使风电机组叶片对准风场的主风向，以提高风电机组风能利用率。这样，在风电场的布机型式就需要研究和计算，下游风电机组在上游风电机组尾流中的位置也随之改变，进而影响了风电场的发电量。所以，风向变化范围决定了风电机组之间距离，也决定了风电机组尾流阴影对整个风电场的输出功率的大小。

本文简单对单台风电机组的尾流效应进行分析。选择 Pro/ENGINEER 来绘制三维几何模型，然后导出 step 格式的风电场模型，为以后的网格绘制做好准备。叶片模型如图 1 所示。

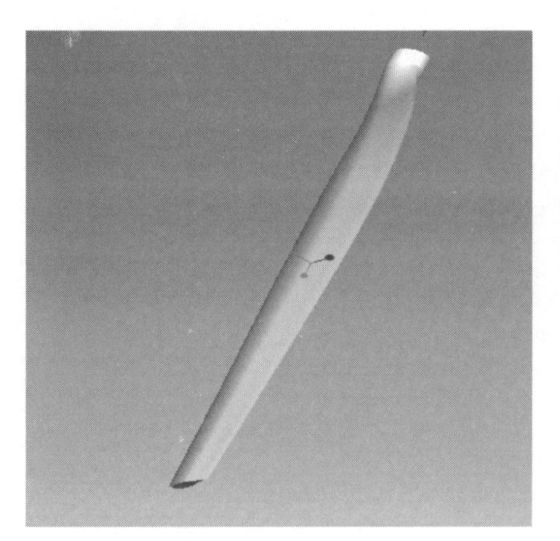
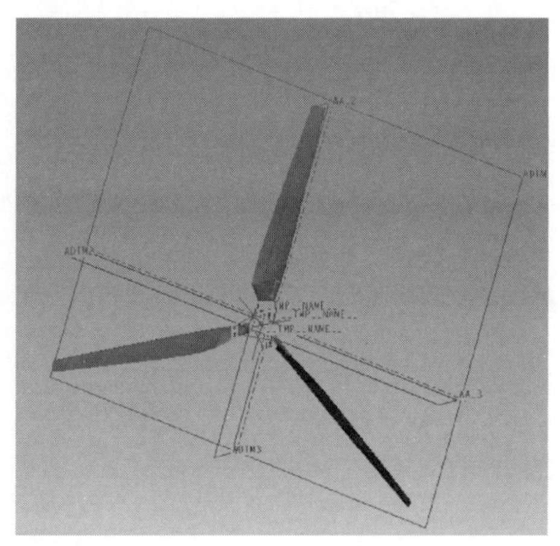

图 1　叶片模型

2　对风电机组尾流模拟

风电机组叶片模拟完成后，就可以对风电场整体进行模拟。如前所述，为了更好地、单一地研究风电机组叶片尾流，我们构建的风力模型只包含三个叶片，忽略了轮毂和塔架。三维流场用一个长方体代替如图 2 所示。

然后利用 Gambit 对风电场的三维几何模型进行网格划分，如图 3 所示。

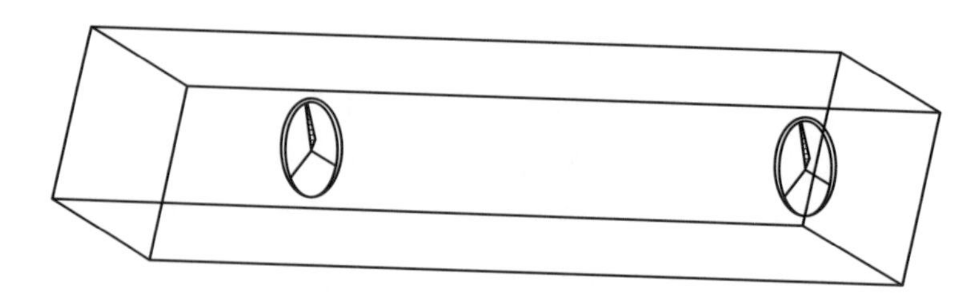

图 2　风电场三维简化模型

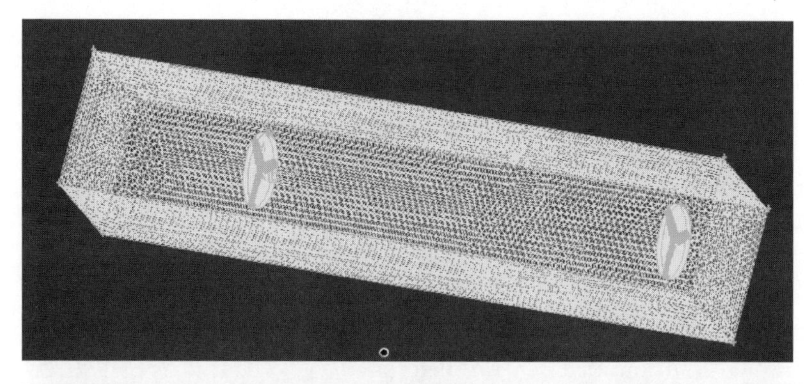

图 3　风电场三维几何模型网格划分

流场的边界条件设置如下：进口 inair 为选择速度入口，出口 outair 为 outflow，wallceter 为 symmetry，叶片为 wall，叶盘和流场的交界面分别是 a - side - 1 和 a - side - 2 为 interor。设置好了就可以导出 mesh 文件了。

Fluent 的运算是整个流场数值模拟的关键所在，从中得出的一些结论是分析风电机组尾流的重要依据，为此必须着重设置 Fluent 中相关参数。选取 10m/s、15m/s、20m/s 三个工况来比较结果的可靠性，具体的设置如下：

（1）check 导入的 mesh 文件，看到文件无误后则进行具体设置。

（2）smooth 化网格，直到 number swaped 项为 0，如图 4（a）所示。

（3）选取求解器。因为是对尾流的大涡模拟，所以求解器的选区必须与所选择的模型相一致，即非稳态、二阶运算，如图 4（b）所示。

（4）数值模拟求解模型的确定。在 model 中选择大涡模拟（LES），其他选项保持默认。如图 4（c）所示。

（5）确定模型中的材料。

（6）输入运算环境的相关数据。这里只是输入重力加速度。因为空气的数值模拟中这一项可以不用修改。

（7）边界条件的再次修改，并输入一些起始数据。这一步的修改主要是键入一些数据，同时查看在 Gambit 中边界条件的设置是否合理。可以在 inair 中输入入口速度。为了贴切实际的流场运行，假设叶片是以一定的攻角转动的，这里假设攻角 $\alpha=19.43°$。那么，在入口速度为 15m/s 的情况下，x 轴方向速度为 9.43m/s，z 轴方向速度为 3.33m/s，如图 4（d）所示。为了使叶片能够转动起来，模拟中加入了一个圆盘，同时将叶片设置成了 wall 格式。

点击 wall - yepian，在 momentum 中设置壁面为 moving Wall，motion 中勾选 Rotational。如图 4（e）所示。

（8）修改 solution contro006C 选项。可以根据实际需要进行改动，但是这里必须将 momentum 修改为 bounded central differencing，以配合大涡模拟模型，如图 4（f）所示。接着，进行初始化计算，如果需要自动保存可以在 File 中设置。

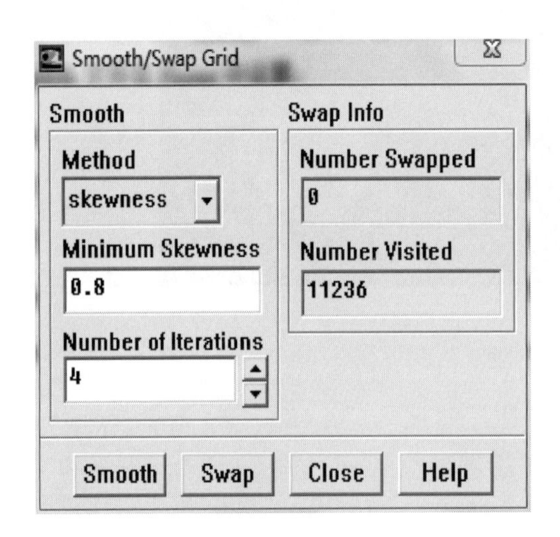

（a）步骤一

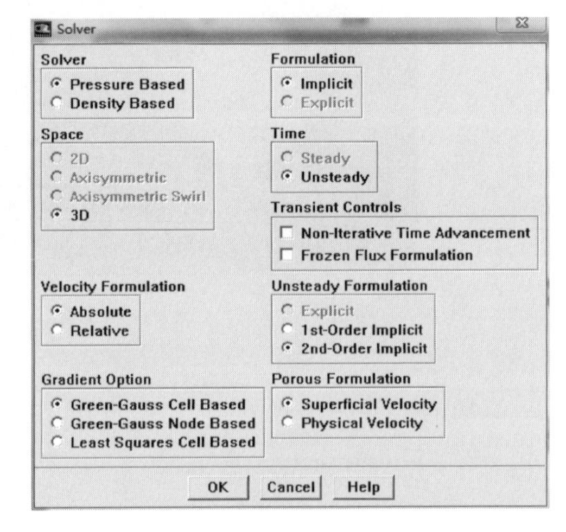

（b）步骤二

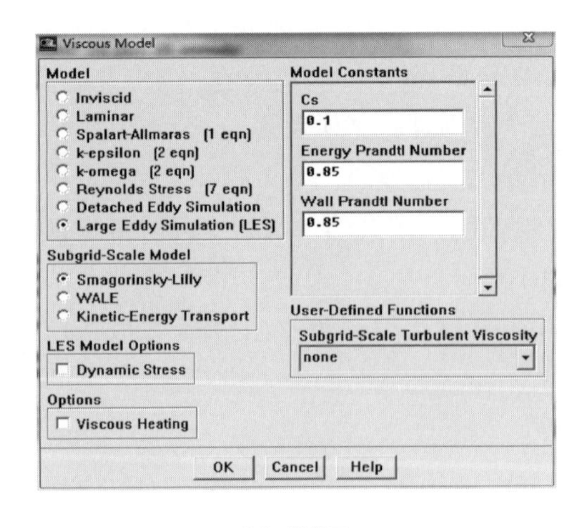

（c）步骤三

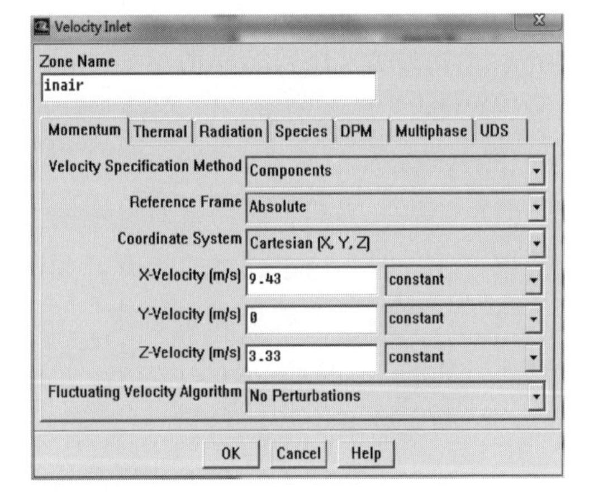

（d）步骤四

图 4（一） Fluent 仿真过程

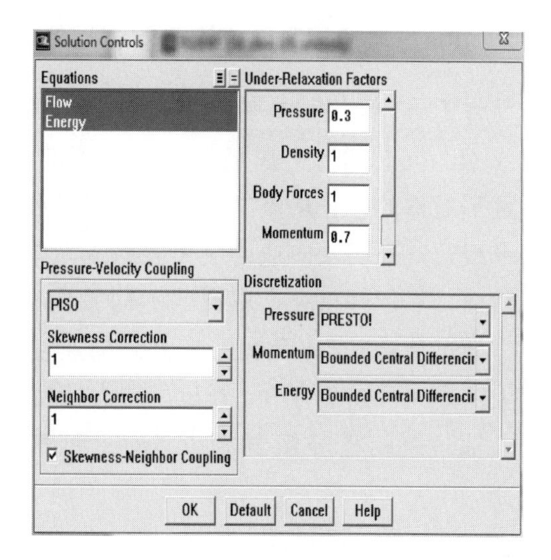

（e）步骤五　　（f）步骤六

图 4（二）　Fluent 仿真过程

3　对风电机组尾流的研究

对于单个风电机组尾流的研究旨在研究风轮平面下游风速与距离风轮片面距离之间的函数变化关系。为了更为细致地研究此项内容，在此，将风电机组的尾流及叶片方向截取了几个不同的截面，如图 5 所示，显示了风电机组尾流方向上及叶片截面示意。在叶片方向从叶根到叶尖，分别在 $0.3R$，$0.63R$，$0.8R$ 和 $0.95R$ 四个圆周位置处截面；同时在风电机组下游方向沿着 X 方向，分别截取 $1R$，$2R$，$3R$，$5R$，$7R$ 五个截面（其中 R 为风轮半径）。由于叶片旋转的作用，空气流场中尾流速度分布与风轮前来流的速度分布存在显著地差异。本文重点研究风轮转动时轴向的尾流速度分布，如分别以 10m/s，15m/s，20m/s 时的流场为依据进行分析。为了在三维空间确定出相关点的具体位置，选用方向角进行分析，即以逆时针为正方向，选取了方位角作为一个变量范围。

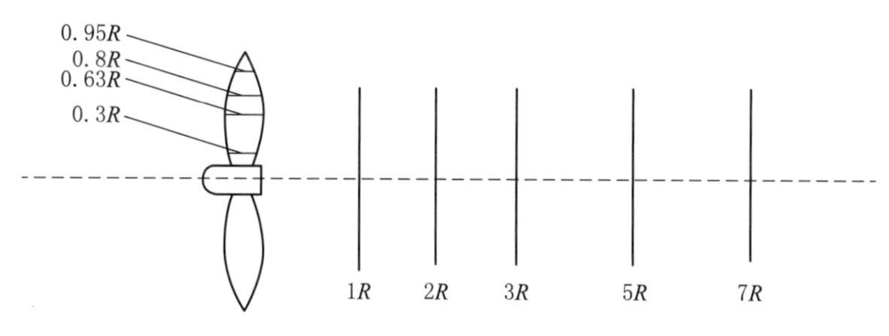

图 5　风电机组空间面的截面

3.1 10m/s风速下风电机组不同截面处的风速变化趋势

将10m/s时的cas和data文件导入到Tecplot中，如图6所示。从图6（a）和图6（b）可以看出，风经过风轮向下游发展过程中，流场的轴向速度分布与尾流中心是不对称的，且尾流向下游的发展过程中，由于速度亏损所形成的曲线波谷逐渐趋于平缓，这说明轴向速度流失开始逐渐降低。在叶片0.3*R*圆周处截面和0.63*R*圆周处截面，靠近叶根处，尾流区不同轴向位置处，从风轮旋转平面开始轴向速度沿*X*轴方向迅速衰减到2*R*处，达到轴向速度最小值，形成最低的波谷，这和主流速度有很大的差距。随后从3*R*开始，轴向速度波动幅度变小，有逐渐恢复的趋势。直到9*R*处，轴向速度已经恢复到9.3m/s和9.66m/s，这个值已经达到主流速度的93%和96.6%。

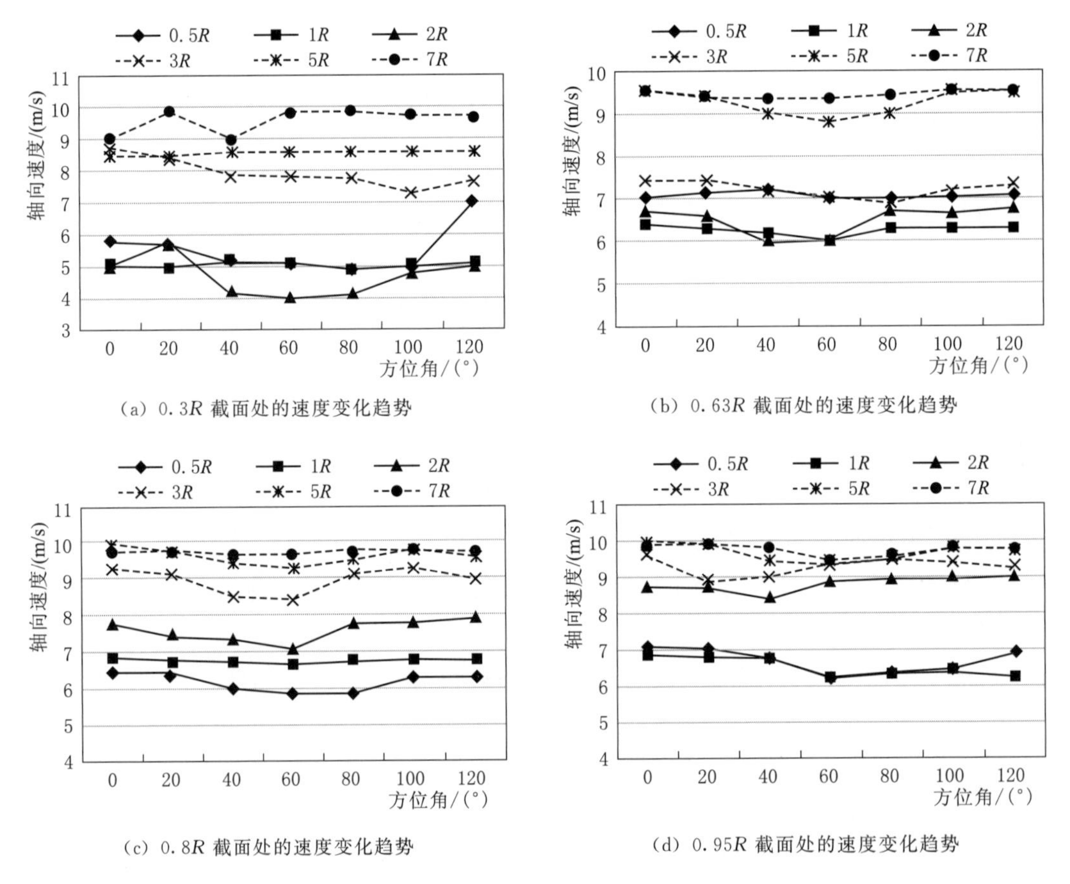

（a）0.3*R*截面处的速度变化趋势

（b）0.63*R*截面处的速度变化趋势

（c）0.8*R*截面处的速度变化趋势

（d）0.95*R*截面处的速度变化趋势

图6 10m/s下风电机组不同截面处的风速变化趋势

在讨论叶片部分的尾流效应时，如图6（c）和图6（d）所示，0.8*R*圆周截面和0.95*R*圆周截面处，即在靠近叶尖位置，和上述结果类似，轴向速度从风轮旋转平面开始沿*X*轴方向迅速衰减到1*R*处，达到轴向速度最小值，形成此时的最低波谷，从

$2R$ 开始轴向速度开始逐渐恢复，到达远处，轴向速度最大达到 9.7m/s 和 9.8m/s，分别达到主流速度的 97%和 98%。风电机组叶片在叶尖产生叶尖涡的同时，会在叶片后缘也脱落出一道尾迹，其与叶尖涡相连接。同时随着能量向风轮下游的耗散，叶片上的叶尖涡及中心涡的湍流强度都在下降。并且在靠近叶根处，由于中心涡的持续影响，从轮毂平面到轴向的 $2R$ 处，轴向速度一直亏损。类似地，在 $2R$ 以后的尾流区域轴向速度开始逐渐增加。而在靠近叶尖处，因为受到叶尖涡的作用，轴向速度将减小至远离旋转平面 $1R$ 处，由图可以看出 $1R$～$2R$ 也是一个过渡的阶段，在 $2R$ 以后轴向速度开始增大，在无限远处将达到周围环境速度。由此可以得出结论，在风轮半径内（R）叶尖涡能量耗散占主导位置，在二倍风轮半径内（$2R$），中心涡的能量耗散占主导位置。当风经过风轮旋转平面后，流场中立即就会出现尾流，尾流因为是旋转的，所以它的轴向前进速度势必会减少，这样经过风轮未被叶片作用的来流气流会与尾流接触，这一现象出现在约 $2R$ 附近，这就使轴向速度从 $3R$ 处开始迅速增大。从 $3R$ 开始叶片的中心涡对尾流影响的长度要大于叶尖涡对尾流长度的影响。

3.2　10m/s 风速下风电机组不同截面和不同旋转平面的风速变化趋势

图 7 和图 8 为速度分别为 15m/s、50m/s 时不同截面的速度图。其大致变化情况和速度为 10m/s 时的变化趋势相同，都在距离风轮平面 $2R$ 附近速度发生畸变，达到了整个尾流区域的最小值，随后速度值开始逐渐恢复，到达 $7R$ 以后速度应经恢复到周围环境速度的 90%以上。但是对比图 6～图 8，可以发现，当入流速度增加时，经过风轮平面后速度的湍流强度就会增加，在 $1R$～$2R$ 范围，15m/s 和 20m/s 的截面速度显然比 10m/s 的湍流强度要大。这样势必会增加尾流的长度。

在叶片截面 $0.63R$ 处，分析不同风速为 10m/s、15m/s、20m/s 下的风电机组尾流区域的轴向速度。如图 9（a）所示，当风速为 10m/s 时，风轮的轴向速度在距离风轮旋转平面 $5R$ 处已经达到 9.5m/s，相当于来流风速的 95%，如图 9（b）所示；当

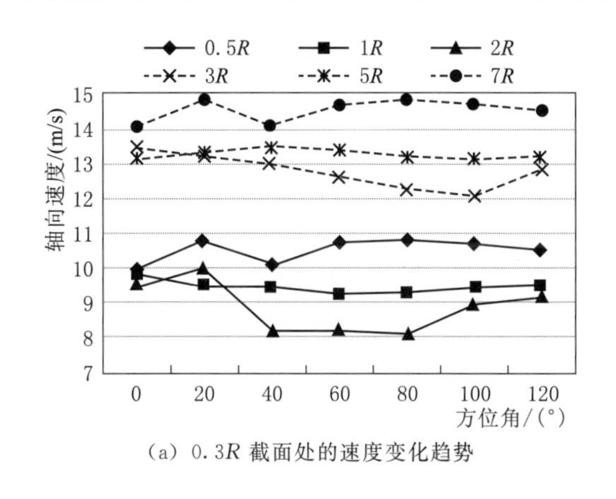

(a) $0.3R$ 截面处的速度变化趋势

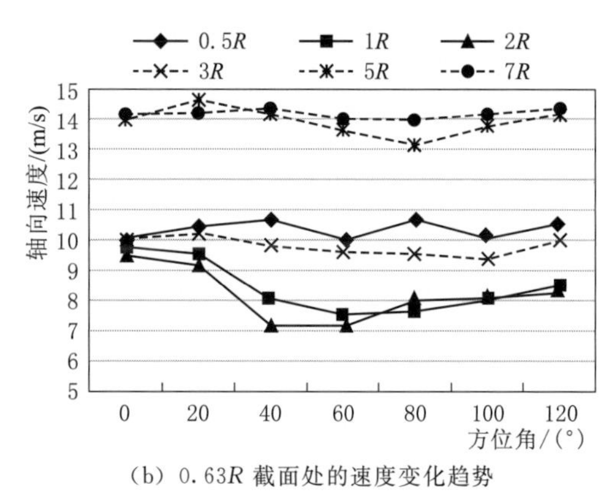

(b) $0.63R$ 截面处的速度变化趋势

图 7（一）　15m/s 下风电机组不同截面处的风速变化趋势

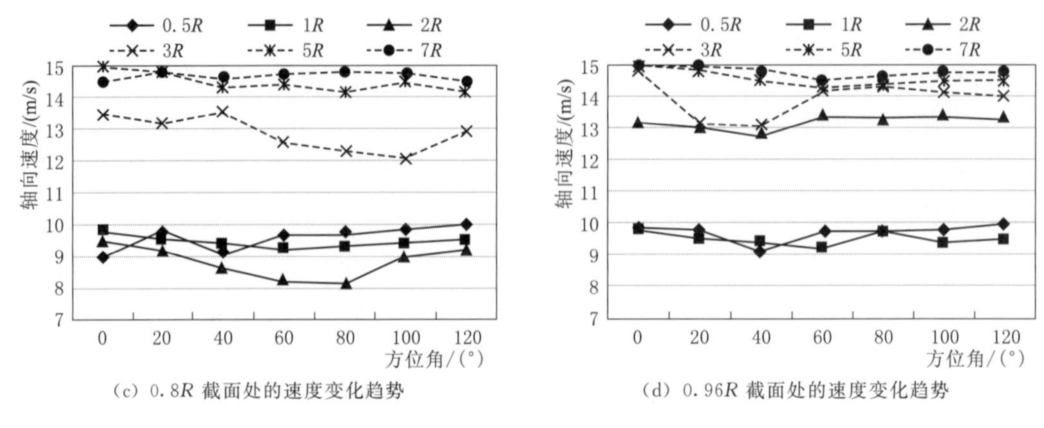

(c) 0.8R 截面处的速度变化趋势　　(d) 0.96R 截面处的速度变化趋势

图 7（二）　15m/s 下风电机组不同截面处的风速变化趋势

风速为 15m/s 时，风轮的轴向速度在距离风轮旋转平面 7R 处达到 14.2m/s，相当于来流风速的 95%，如图 9（c）所示；当风速 20m/时，风轮的轴向速度在距离风轮旋转平面 9R 处达到 19m/s，相当于来流风速的 95%，基本接近周围环境速度。计算结果表明：随着风速的升高，风轮的轴向速度达到来流 95%的旋转平面后移了，说明低风速对尾流长度的影响要小于高风速对尾流长度的影响。

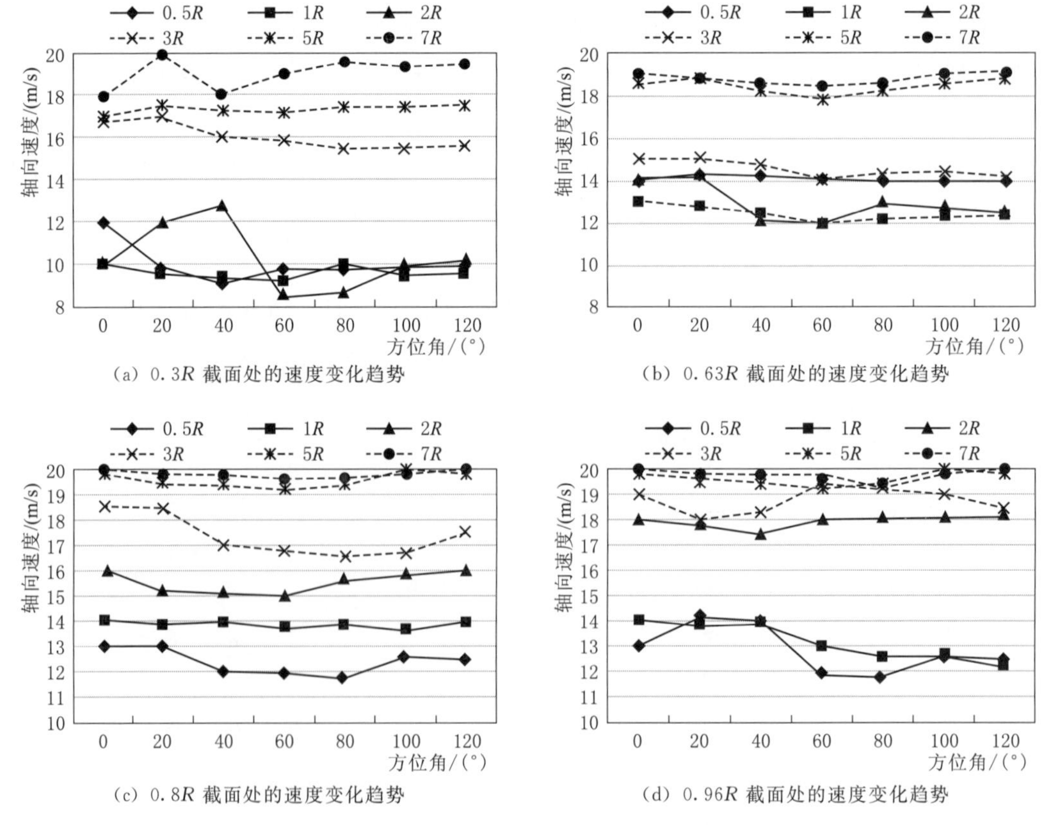

(a) 0.3R 截面处的速度变化趋势　　(b) 0.63R 截面处的速度变化趋势

(c) 0.8R 截面处的速度变化趋势　　(d) 0.96R 截面处的速度变化趋势

图 8　20m/s 下风电机组不同截面处的风速变化趋势

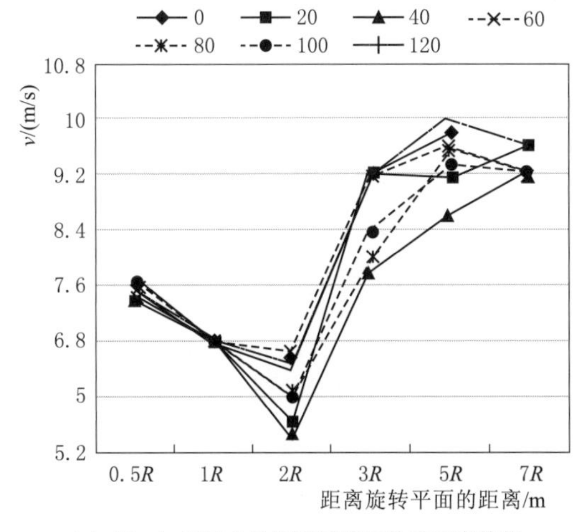

（a）10m/s 下风电机组不同截面处的速度趋势

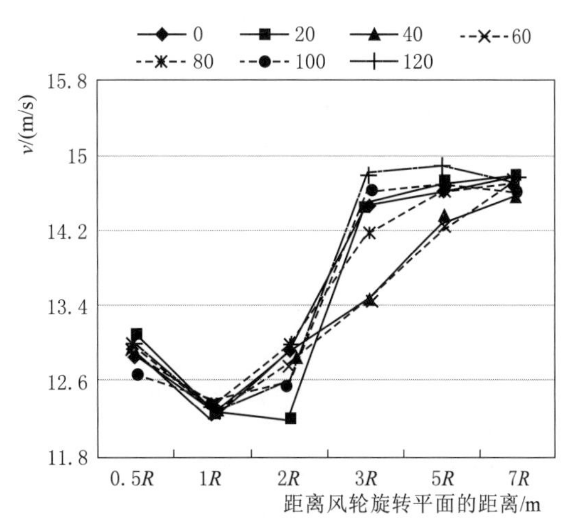

（b）5m/s 下风电机组不同截面处的速度趋势

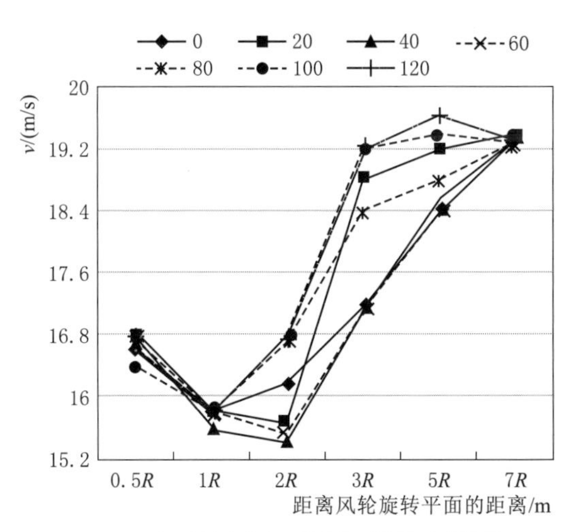

（c）20m/s 下风电机组不同截面处的速度趋势

图 9　三种风速在 0.63R 处的变化趋势

4　结语

综上所述可以得到以下结论：

在风电场中，上游风电机组所产生的尾流一方面会降低下游风电机组的风能利用率；另一方面，尾流所产生的风剪切和强湍流也必会增加下游风电机组的疲劳载荷；同时也加重了噪声污染。因此，对风电机组尾流场的研究具有十分重要的意义，包括以下特点：

（1）同一风速下，中心涡对尾流影响的长度要大于叶尖涡对尾流长度的影响。

（2）在不同来流风速下，低风速对尾流长度的影响要小于高风速对尾流长度的影响。

（3）风电机组尾迹不仅存在明显的叶尖涡和中心涡，还存在强度较弱的叶片尾缘涡。

参考文献

[1] 王长贵，崔荣强，周篁．新能源发电技术［M］．北京：中国电力出版社，2003.

[2] 侯树文，曲媛媛．风力发电机叶片研究［J］．北京电力高等专科学校学报，2011，28（9）：84－86.

[3] 陈晓明．风场与风力机尾流模型研究［D］．兰州：兰州理工大学，2010.

[4] 高之鹰，田杰，杜朝辉．平轴风力机尾迹的测量与分析［J］．动力工程学报，2012：751－760.

[5] 蒋定国，戴会超，王玲玲，等．方柱绕流的大涡模拟［J］．三峡大学学报，2007，29（1）：16－19.

[6] 岳巍澎．风力机尾流气动性能及风场阵列研究［D］．长春：东北电力大学，2011.

展向振动对叶片升阻特性影响研究

严祺慧

(华能国际电力江苏能源开发有限公司清洁能源分公司，江苏　南京　210015)

【摘　要】 本文在 DU00 - W2 - 401 翼型的基础上，运用了 Gambit 软件对翼型几何建模，然后通过嵌入自定义程序对模型施加展向振动，运用 Fluent 软件对施加展向振动前后不同攻角下的翼型直接数值模拟，计算出连续不同攻角下对应的升阻力系数。旨在对比施加展向振动前后的计算数据分析展向振动对叶片升阻特性的影响。

通过本文的数值模拟实验分析得出，施加展向振动后阻力系数明显减少，叶片的升阻比明显增大，证明施加展向振动能优化叶片升阻特性，达到减阻效果。

【关键词】 模拟仿真；升阻特性；展向振动

1　引言

由于来流风速具有湍流特性，所以风轮叶片始终处于振动状态，叶片壁面展向振动的频率和振幅也随着来流风速的大小和方向波动，使得风轮叶片的各向载荷在一定范围内变动，进而使得风电机组升阻特性也还会在一定范围内发生某种规律的变化。所以展向振动对风电机组升阻特性存在一定的影响，进而影响发电效率。在未来，风电机组将不断升级和改进，随额定功率的增加，叶轮直径也会增大，展向振动对风轮叶片造成的影响将表现得更加明显。展向振动这一特性一定会被风电行业所重视。为了实现更稳定的功率输出，对风电机组叶片壁面展向振动研究必不可少。

不但如此，随着 CFD 技术的发展，翼型研究中越来越多的使用到各类 CFD 软件来进行气动数值模拟仿真研究。而且，对于叶片翼型表面流场进行数值模拟方面的分析，无论在国内还是在国外都是比较少的。因此，利用卓越的 CFD 技术对叶片翼型进行数值分析，毫无疑问是一种创新而大胆的尝试。

2 二维翼型气动性能数值模拟

2.1 网格绘制步骤

2.1.1 导入翼型数据并绘制远场边界

将 DU00 - W2 - 401 翼型数据以 .txt 格式导入到 Gambit 内，得出若干离散的点，如图 1 所示。将所有的点连成一条线，如图 2 所示。在 H 点（0，0）点将叶片分为上下两部分，如图 3 所示。然后，在 $x=0.3$ 处将上下界面分开，分为为 I 点和 J 点。

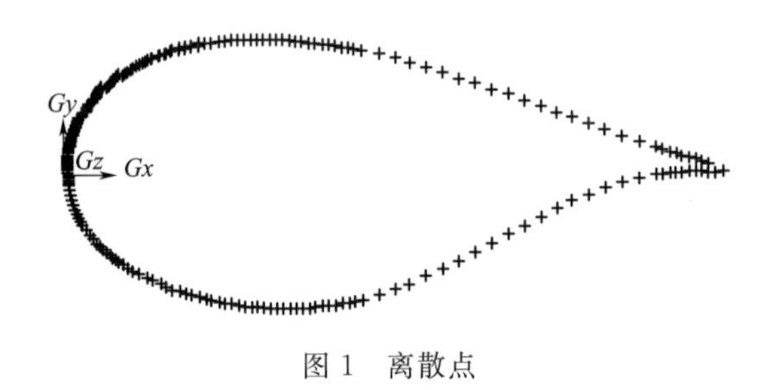

图 1 离散点

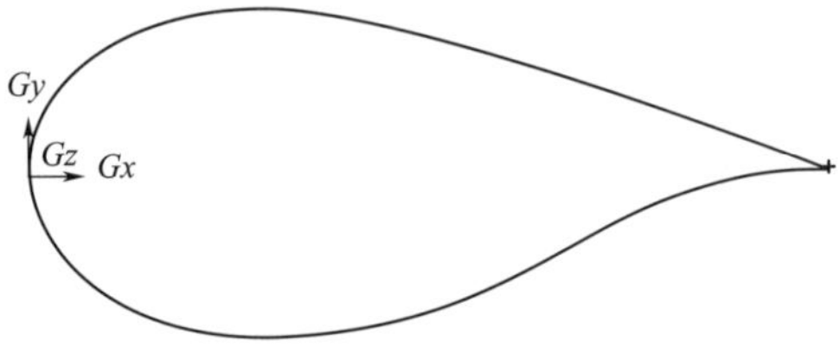

图 2 翼型轮廓

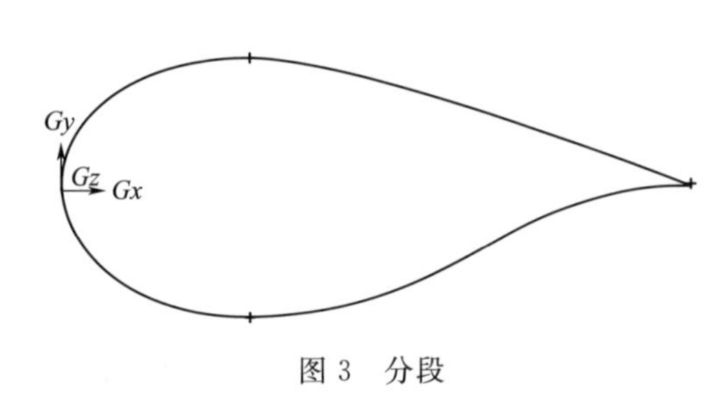

图 3 分段

在计算翼型外部的层流时，必须先定义一个边界，将翼型与边界之间的区域划分成网格。理论上，将边界和翼型设置得越远越好，因为我们将把边界条件定义为环境条件，如果将边界设置得尽量远的话，边界对流体流动的影响也就尽量的小，边界条件也就能更精确地满足。

使用表 1 中的数据绘制远场边界。

表 1 边界点坐标

标签	X 坐标	Y 坐标	Z 坐标	标签	X 坐标	Y 坐标	Z 坐标
A	1	12.5	0	E	1	−12.5	0
B	21	12.5	0	F	−11.5	0	0
C	21	0	0	G	1	0	0
D	21	−12.5	0				

流场后方压力出口流场长度设定为 20，该长度已尽可能地大于弦长，从而可以把流场边界对流体流动的影响忽略不计。

绘制出流场边界并形成 ABCGA、EDCGE、GAFEG 和翼型组成的面这三个面，如图 4 所示。

2.1.2 划分网格

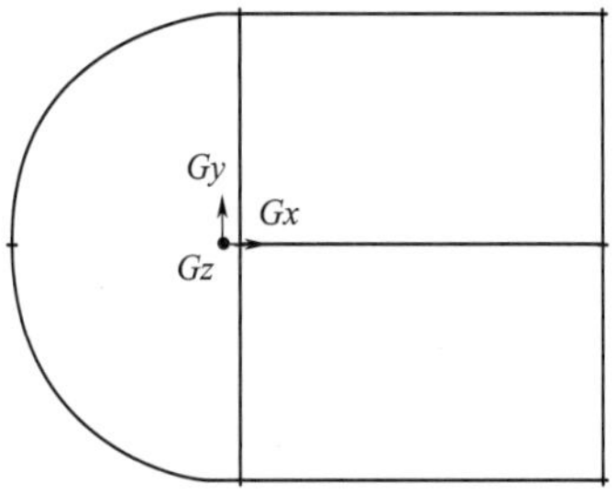

形成图 4 所示的三个面之后，还要对这三个面进行网格划分。对于每一个面划分时，需要对组成该面的线进行划分分割点。在划分网格时，需要留意以下问题：

(1) 网格要均匀过渡，网格大小变化太大会显著影响计算结果的准确性。

图 4　划分面

(2) 翼型周围的点需要取的稍微多一些，因为翼型周围气流流动发生很大范围的变化，当慢慢靠近远场边界时，网格可以画的大一些，因为远场边界处流场梯度为 0。

(3) 在翼型前缘和尾缘处，网格节点应尽可能地多画，因为这两处的流场梯度变化较大。

用来布置网格节点排布的网格参数分别为 First Length（起始长度），Last Length（终止长度）及一个等比系数 R，R 的定义如图 5 所示，是指沿着边的方向连续两条线段长度的比值。

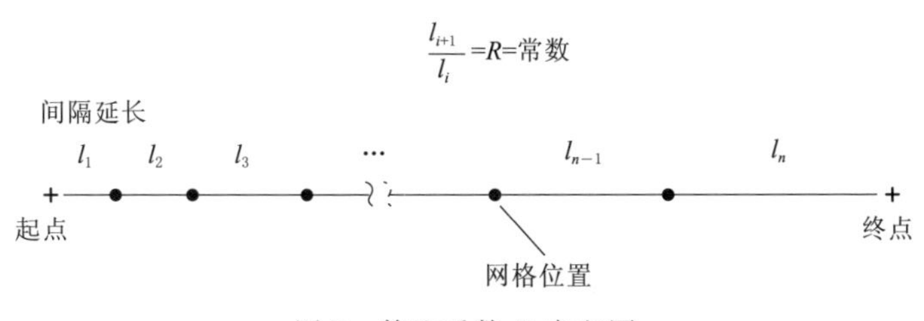

图 5　等比系数 R 定义图

划分网格时，每一条边都会有定义方向，该方向会显示在梯度窗口中。各面网格划分见表 2。

表 2　各面网格划分

面	边	箭头方向	连续比	间隔计数
ABCGA	GA 和 BC	向上	1.15	45
	边	箭头方向	起始长度	间隔计数
	AB 和 CG	向右	0.02	60
EDCGE	EG 和 CD	向下	1.15	45
	边	箭头方向	起始长度	间隔计数
	DE	向右	0.02	60

续表

面	边	箭头方向	终止长度	间隔计数
GAFEG 和翼型组成的面	HI	由 H 指向 I	0.02	40
	HJ	由 H 指向 I	0.02	40
	边	箭头方向	连续比	间隔大小
	IG 和 JG	向右	1	0.02

对于 AF 边，其边上划分的份数必须等于翼型上表面对应的份数。通过注释键得出 AF 边上的划分数：Total elements 为 37。所以 AF 边上的点数即为 $N_{HI}+N_{IG}=40+37=77$ 个。同理，EF 的也为 77 个。弧线段网格划分见表 3。生成的二维网格如图 6 所示。

表 3　弧线段网格划分

边	箭头方向	起始长度	间隔计数
AF	由 A 指向 F	0.02	77
EF	由 E 指向 F	0.02	77

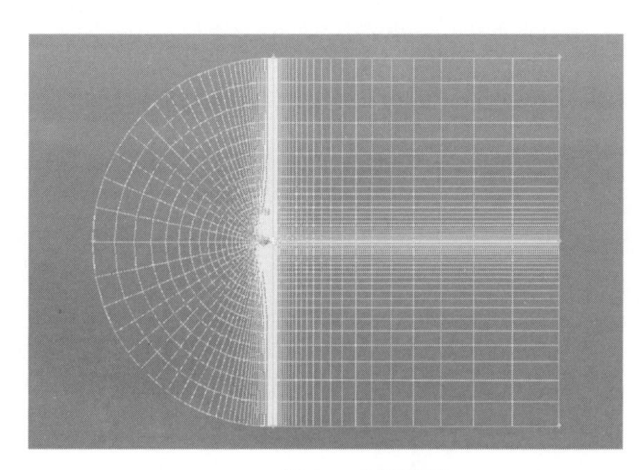

图 6　二维网格

2.1.3　划分边界并设置边界属性

边界条件的设置参数见表 4。然后进行具体的设置，如图 7 所示。最后输出 .mesh 文件。

表 4　边界条件设置

组名	组边界	类　型
Farfield1	AF 和 EF	VELOCITY－INLET（速度入口）
Farfield2	AB 和 DE	VELOCITY－INLET（速度入口）
Farfield3	BC 和 CD	PRESURE－OUTLET（压力出口）
Airfoil	HI、IG、HJ、JG	WALL（壁面）

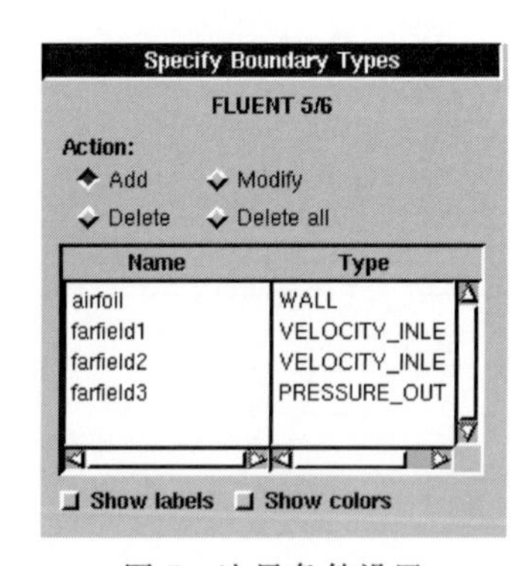

图 7　边界条件设置

2.2　网格无关性验证

网格节点划分得是疏是密在很大方面上影响数值模拟的结果。网格无关性验证，顾名思义，实际上也就是通过不断的网格节点以改变网格的疏密，然后观察计算结果是否有改变，若仿真结果的变化幅度在误差允许的范围之内，则判定计算结果的确与网格的疏密无关。绘制的网格如图 8 所示。

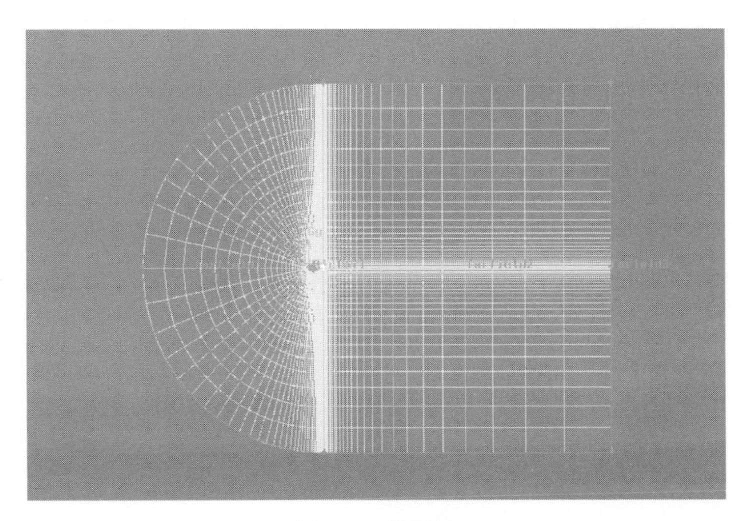

图 8　二维网格

在本文的数值计算中，计算区域一共有约为 45000 的网格数，翼型表面大约布置了 220 个网格节点。将此二维翼型按两倍节点的方式均匀加密画出网格并输出 .mesh 文件，如图 9 所示。将两个 mesh 文件导入到 Fluent 计算。

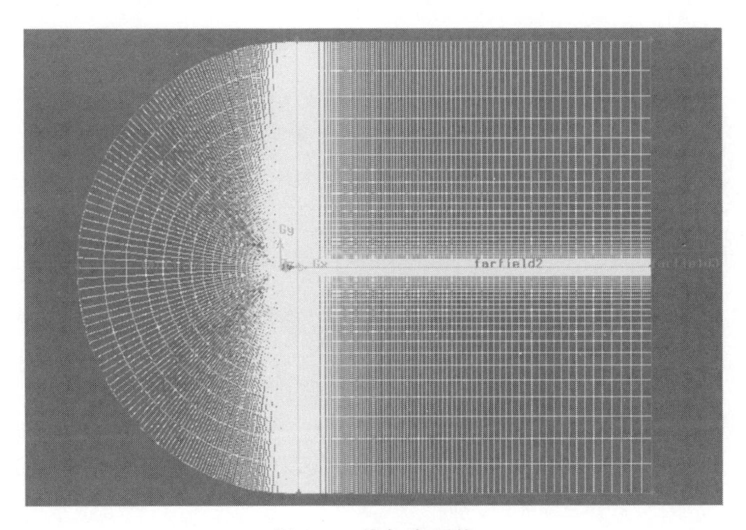

图 9　二维加密网格

将来流风速设为 15m/s，计算攻角为 −2°、0°、2°、4°时的 C_d 与 C_l 值，得出表 5 中的数据。

表 5　　　　　　　　　　网　格　划　分

攻　角	稀疏网格		加密网格	
	C_d	C_l	C_d	C_l
−2°	0.024286	−0.049887	0.024283	−0.049884
0°	0.02468	0.29404	0.02465	0.29401
2°	0.025658	0.53376	0.025659	0.53375
4°	0.027232	0.76914	0.027230	0.76913

比较发现，稀疏网格和加密网格计算出的结果相差很小，可以忽略不计。从理论上来说，若把网格节点布置得越多，计算得出的结果也将越接近真实值。但是在实际操作中，网格不可能理想地无限制加密，因为若网格节点越多，则计算机的计算工作量越大，得出结果所需要的时间也越长。而我们的计算资源总是有限的。其次，随着网格数增加，计算机浮点计算引起的舍入误差也会增大。因此在实际应用中，我们会寻找一个比较合适的点，这个点计算计算量适中又能达到误差允许范围的精度，这个点所处的位置就是达到网格无关的阈值。综上所述，可以选择第一个网格文件进行分析计算。

2.3　导入 FLUENT 软件计算升阻力曲线

通过计算−6°～16°步长为 2 的模拟气动攻角计算不同攻角下升阻力系数值比较得出结论。

本文中主要分析翼型近壁面的流动而对升阻力系数产生的影响，所以采用了 *S－A* 模型模拟了翼型近壁面的湍流流动状况。采用分力隐式求解器，动量离散格式采用二阶迎风格式，压力和速度耦合采用 SIMPLE 算法。

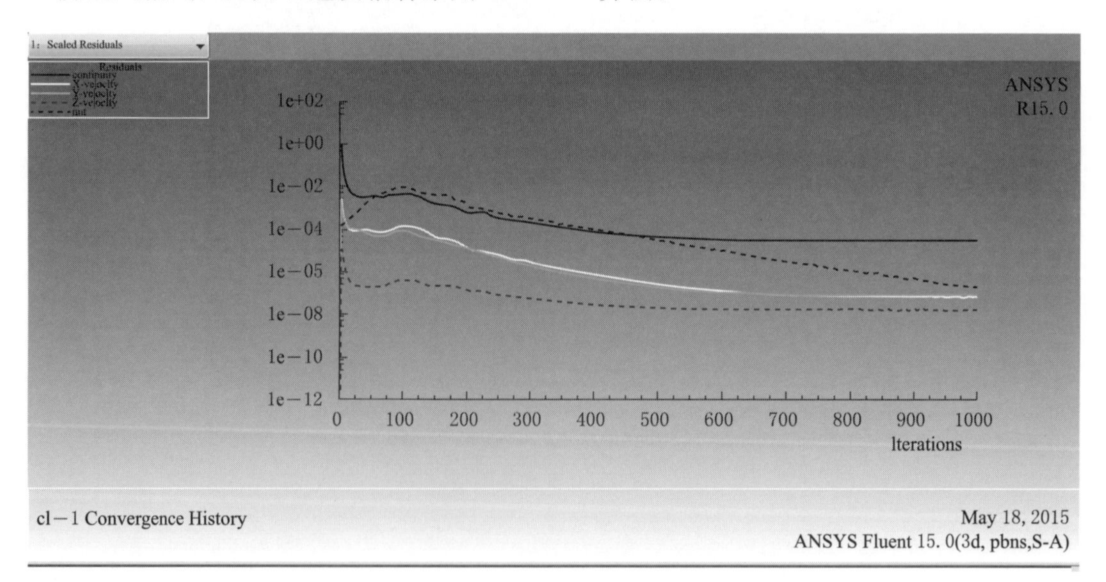

图 10　−6°攻角残差图

空气从 Farfield1 流入，设置来流风速 15m/s，参考大气压强为 101.325kPa 默认空气密度 1.225kg/m^3，温度 288.16K，压力松弛矫正因子设为 0。当相邻两个迭代步之间的流体速度残差值均设为小于 1e^{-6}，且入口和出口流体质量守恒，则可以认为迭代计算收敛。迭代计算 1000 次。计算时可忽略空气质量。

以－6°攻角计算为例，具体如图 10 所示。当曲线趋于稳定时，表示满足计算精度，数值收敛。

升阻力随时间增加最后成为一条直线，记录趋于稳定的 C_l 和 C_d 值。阻力系数随计算步数变化关系图如图 11 所示；升力系数随计算步数变化关系图如图 12 所示。

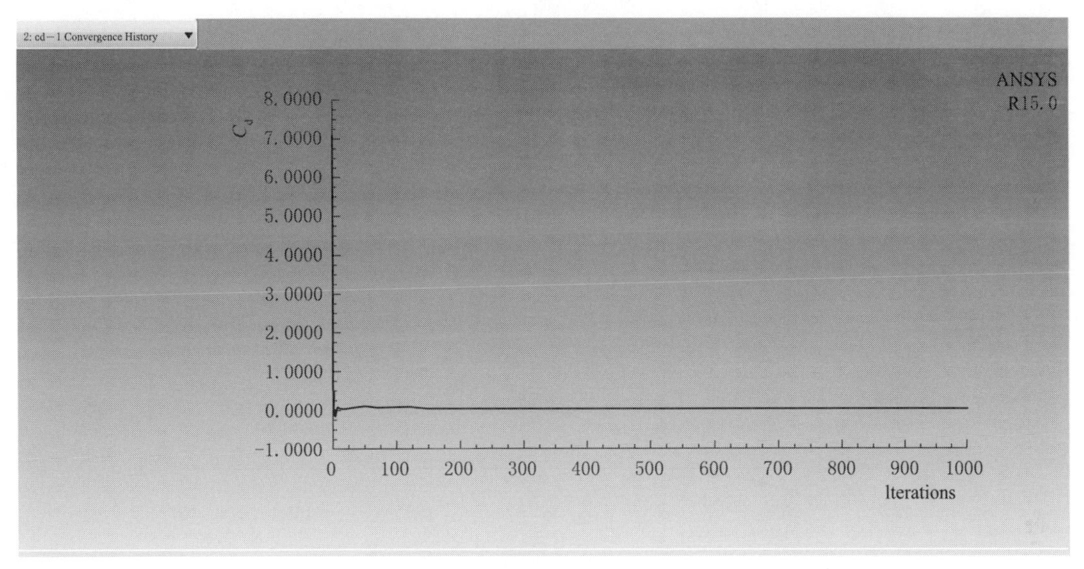

图 11　阻力系数随计算步数变化关系图

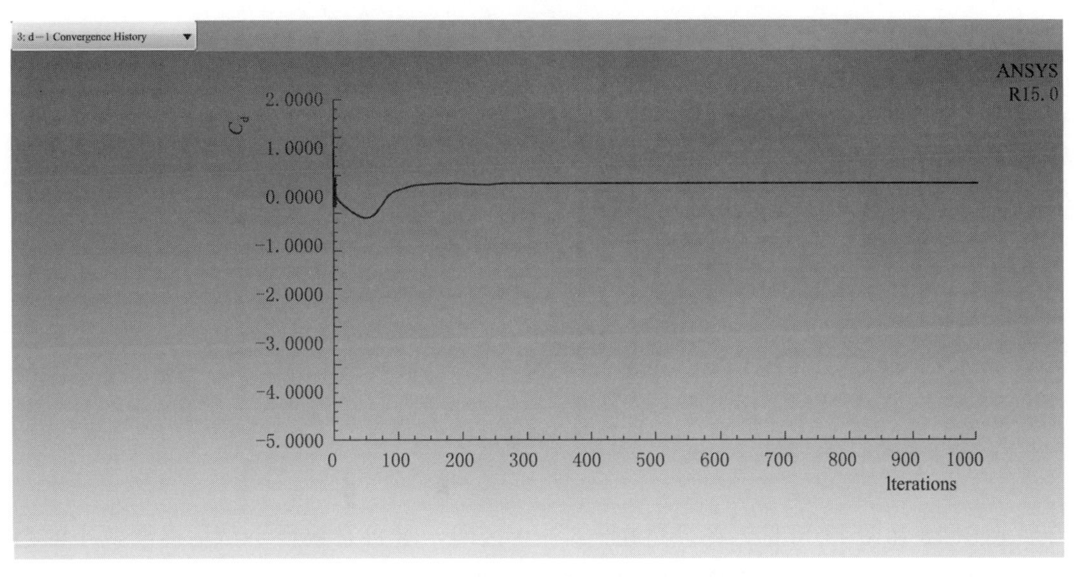

图 12　升力系数随计算步数变化关系图

以同样方法计算接下来的攻角，其计算结果见表 6。

表 6　　不同攻角下对应的升阻力值

攻角	C_l	C_d	攻角	C_l	C_d
−6°	−0.42969	0.025789	6°	0.98743	0.029488
−4°	−0.19293	0.02465	8°	1.888	0.032378
−2°	−0.049887	0.024286	10°	1.3688	0.035936
0°	0.29404	0.02468	12°	1.5246	0.040144
2°	0.53376	0.025658	14°	1.6565	0.044945
4°	0.76914	0.027232	16°	1.7636	0.050201

将得到的数据输入 Excel 中并绘制该运行工况下的升力曲线和阻力曲线，如图 13 和图 14 所示。

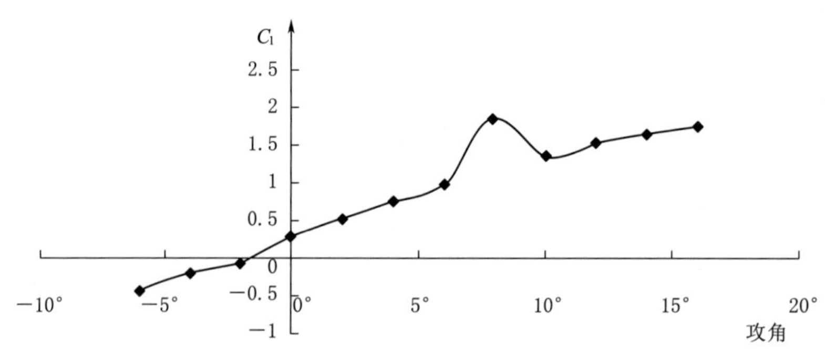

图 13　二维翼型升力曲线

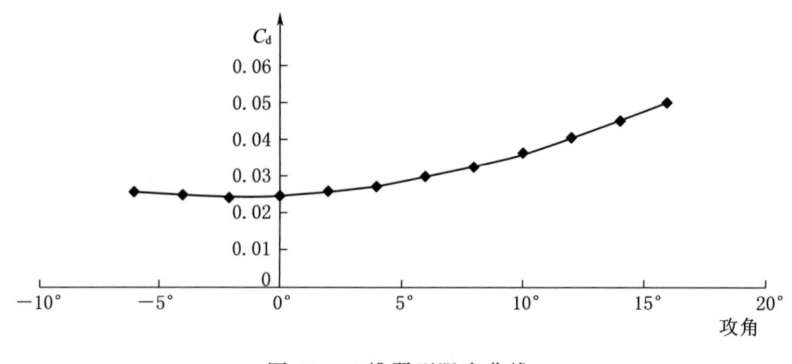

图 14　二维翼型阻力曲线

由图 13 和图 14 可见：在攻角在−6°～0°区间，阻力系数很小，呈逐渐减小的趋势，与此同时，升力系数在这段区间以近似直线的幅度增加，叶片翼型表现出阻力低和升力高的良好的气动特性。在 0°～16°区间升力曲线在 9°达到最大值 1.888，阻力系数也开始以较大的增幅增长。翼型在攻角为 9°左右时翼型开始出现失速现象，此时升力系数就突然下降，阻力系数大幅度增加，随着时间的增长，升力系数再逐渐恢复。二维翼型升阻力曲线的趋势与前人的结果基本相近，表示所绘二维模型可行，以便进行下一步工作。由于在实际中叶片都是三维立体的，虽然通过模拟二维翼型能够大体上反映出翼型周围的流场形态和特点，但是二维翼型并不能反映叶片真实的流态特征。故在二维翼型的基础上需要进一步拓展为三维叶片。

3 三维翼型气动性能数值模拟

3.1 网格绘制

在二维翼型的基础上，进一步拓展绘制三维翼型网格。在原有二维网格的基础上，将翼型在 I、J 点顺着网格线在 AF，EF 边上数出相对应的节点，并分别将 AF、EF 在该节点处断开，并将该节点与翼型上的分割点相连，如图 15 所示；然后，将半圆的边界分割成四个面，如图 16 所示；之后，对翼型沿着 Z 方向拓展 0.3m，作出一条与该平面垂直的 $L=0.3$ 的线段作为扫略方向，最后把四个面都选中，通过 Sweep Faces 选项把上述四个面扫略成体，如图 17 所示。

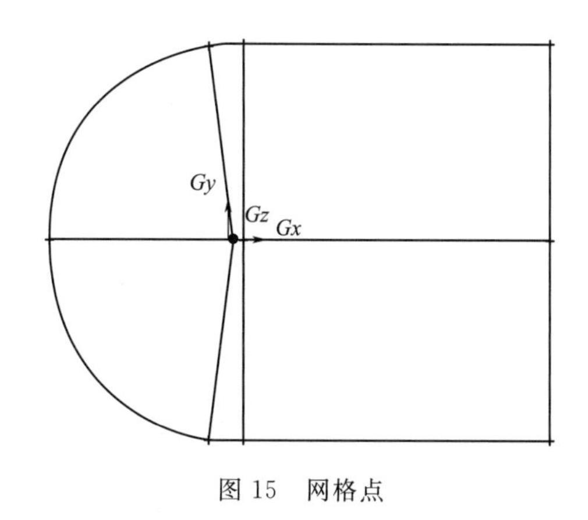

图 15 网格点

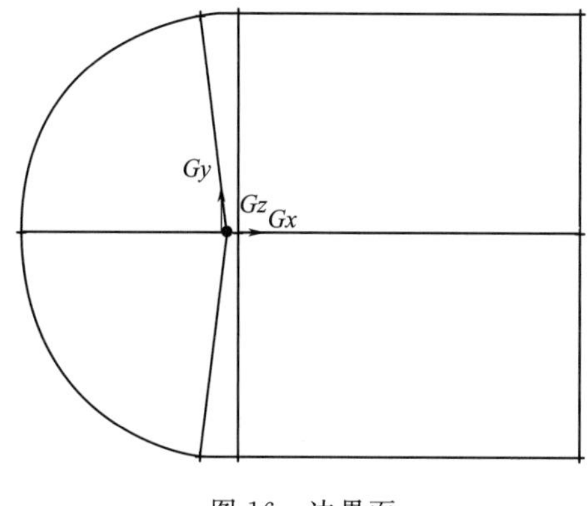

图 16 边界面

将每个体所对应的每一条边均划分节点，Map 网格划分只能适用于那些可被划分为逻辑立方体网格的体。使用 Cooper 划分一个体的网格时，GAMBIT 将把这个体看作一整个圆柱体或者是多逻辑的圆柱体，每一个圆柱体都包括顶面、底面（two end caps）和一个环面（barrel）三个面。在本算例中，采用 Cooper 网格划分，得出如图 18 所示的立体网格。

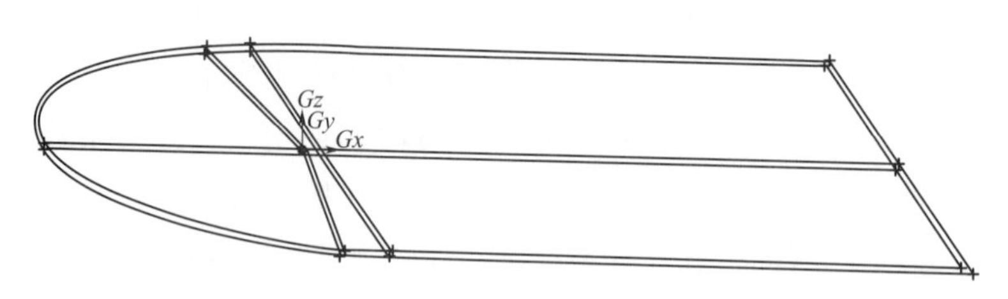

图 17　扫略成体图

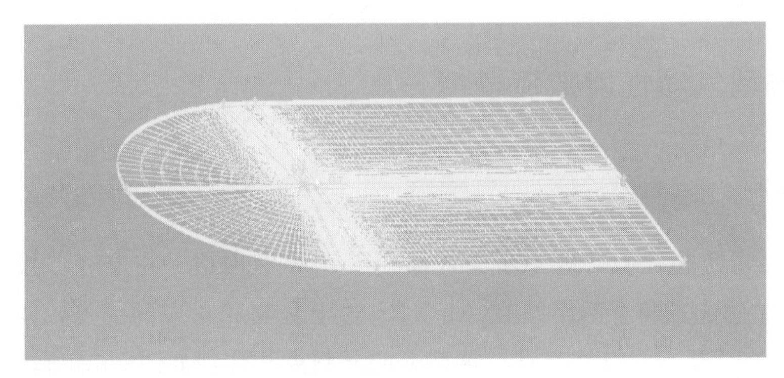

图 18　三维网格

3.2　边界条件设置

由于翼型是无限延长的体，在 Gambit 中由于条件限制只能画出一部分，因此需要将前后对称的面设置为周期性条件。先分别将前后面 link 起来，mesh 工具栏如图 19 所示。然后，重新生成体网格，此时，翼型的前后面已经 Link 在一起了。Link 是为了让流体从流入面流入并从 Link 的面流出。接下来定义周期性边界条件。

将半圆柱左侧的四个弧面设置为 Farfield1，上下两个矩形面设置为 Farfield2，右侧两个矩形面设置为 Farfield3，前后共 12 个面分别两两对应，各流场设置类型见表 7。

表 7　　边界条件设置

组　名	类　型	组　名	类　型
Farfield1	VELOCITY - INLET(速度入口)	Airfoil	WALL(固定壁面)
Farfield2	VELOCITY - INLET(速度入口)	Farfield1,Farfield2, Farfield3,Farfield4, Farfield5,Farfield6	PERIODIC(周期性条件)
Farfield3	PRESURE - OUTLET(压力出口)		

翼型设置为固定无滑移壁面，将除了翼型之外的其他所有的体设置结构模型为 air，表示翼型周围都是理想空气流体。定义条件，如图 20 所示；之后，输出设置好

边界条件的三维网格，如图 21 所示；然后输出 . mesh 文件。

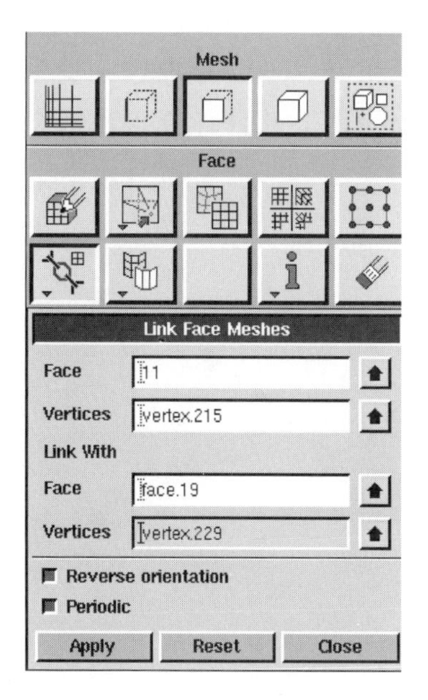

图 19　Mesh 工具栏

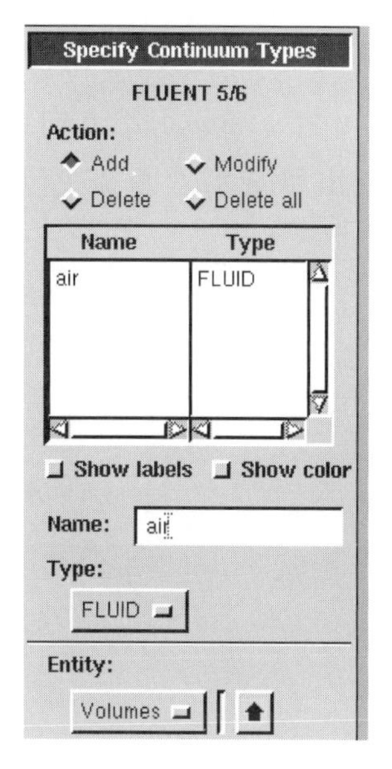

图 20　定义条件

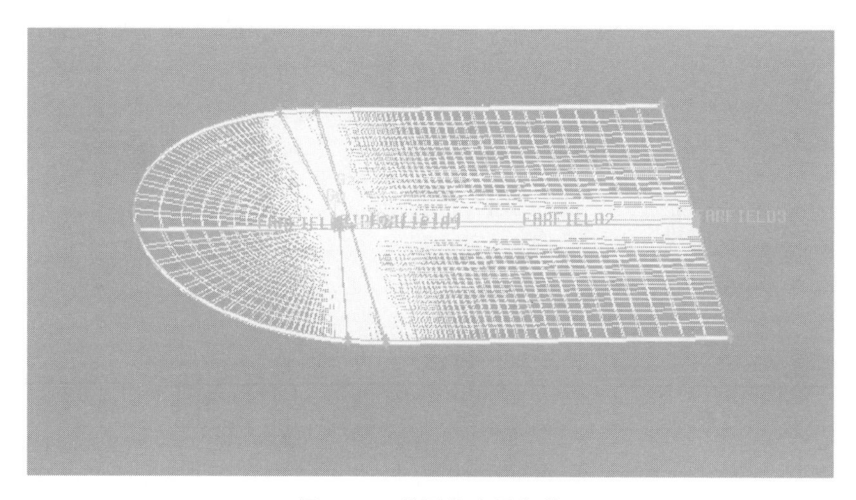

图 21　三维网格边界条件

3.3　Fluent 模拟仿真

在理想流体、稳态流动，忽略重力影响的假设下，三维模型下我们仍采用 S－A 模型，压力速度耦合采用 SIMPLE 算法，来流风速为 15m/s，默认空气密度 1.225kg/m^3，温度 288.16K，压强 101.325kPa。

3.3.1 未施加展向振动

未施加展向振动时，*XYZ* 方向均设为 fixed wall（固定无滑移壁面），相邻两个迭代步之间的流体速度残差值设为 $1e^{-06}$，*XY* 的速度分量随攻角的改变而改变，$v_x=15\cos\alpha$，$v_y=15\sin\alpha$，*Z* 方向的速度为 0。运用 FLUENT 软件计算得出表 8 中的数据。绘制出如图 22、图 23 所示的升阻力曲线。

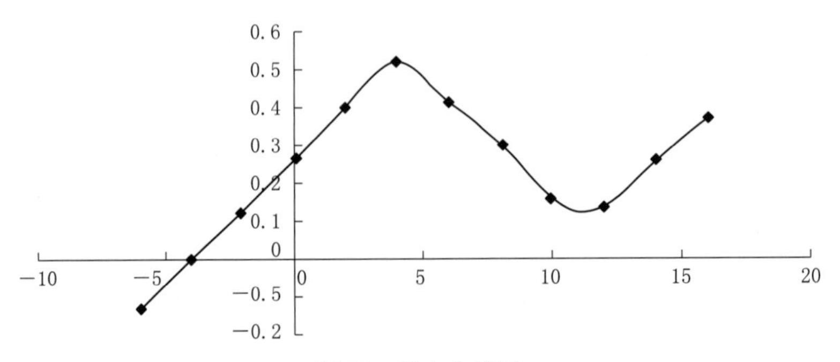

图 22 升力曲线图

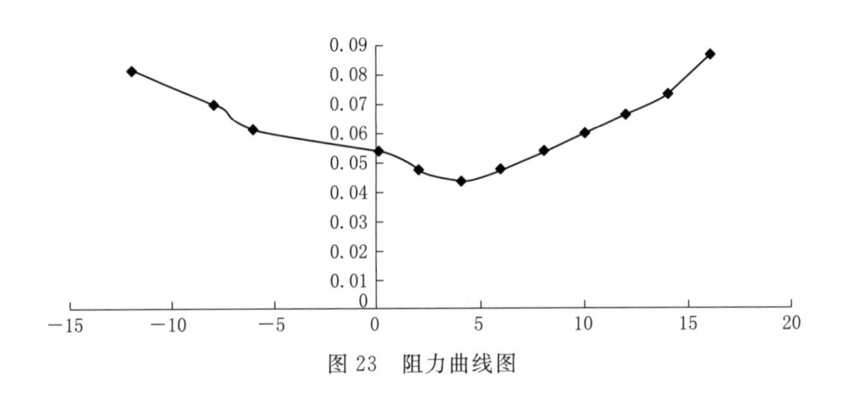

图 23 阻力曲线图

表 8 **−12°～10°的升阻力系数**

攻角	C_l	C_d	C_l/C_d
−12°	−0.1282	0.08255	−1.552998183
−10°	−0.0061001	0.071059	−0.085845565
−8°	0.12799	0.06154	2.079785505
−6°	0.27021	0.054186	4.986712435
−4°	0.40521	0.048038	8.435197136
−2°	0.52273	0.04389	11.91000228
0°	0.41681	0.047361	8.800700999
2°	0.30586	0.053877	5.67700503
4°	0.15383	0.060167	2.556717137

续表

攻角	C_l	C_d	C_l/C_d
6°	0.13515	0.066229	2.040646847
8°	0.25915	0.073659	3.518239455
10°	0.36841	0.086824	4.243181609

3.3.2 施加展向振动

在翼型上施加展向振动前，需要设置一个函数来控制翼型的展向振动的值，比如振幅、频率等，因此需要在 FLUENT 内部关联一组 UDF 程序。UDF 是指用户定义函数，根据用户的需要自行定义开发。撰写的关联程序如下：

```
#include "udf.h"
DEFINE_PROFILE(velocity,thread,position)
{
real t,v;
face_t f;
begin_f_loop(f,thread)
{
t=RP_Get_Real("flow-time");
{
v=cos(t);
}
F_PROFILE(f,thread,position)=v;
}
end_f_loop(f,thread)
}
```

该程序定义了翼型上施加的展向速度随时间的变化关系：$v=A\cos(Bt)$，通过改变 A 和 B 的大小能分别改变展向振动的振幅和频率。本程序中定义振幅为 1，周期为 2π。

把程序 txt 文件转换格式转为 .c 文件后，将编制的程序关联入 FLUENT。将翼型设置为 moving wall（动态壁面），X，Y，Z 速度分量的残差值设为 $1e^{-06}$，其他设为 0.001，时间步长设置为 0.01，每个迭代周期最大迭代步数（Max Iterations）为 20，迭代周期为 1000。其余条件不变。

以攻角为 0°为例，这是计算到 1800 步的残差图，如图 24 所示。

残差图以计算的步数为横坐标，以残差为纵坐标，将每一个步数所对应的残差描在该平面坐标上所形成的图形。由于展向周期振动后，残差图出现了明显的周期性振荡，另外，由于 FLUENT 残差曲线 X 轴是取对数的，所以一旦屏满了之后会重新调整 X 轴范围，导致残差曲线变得扭曲。经过反复迭代多次之后，残差曲线开始逐渐平稳并呈现周期性波动。

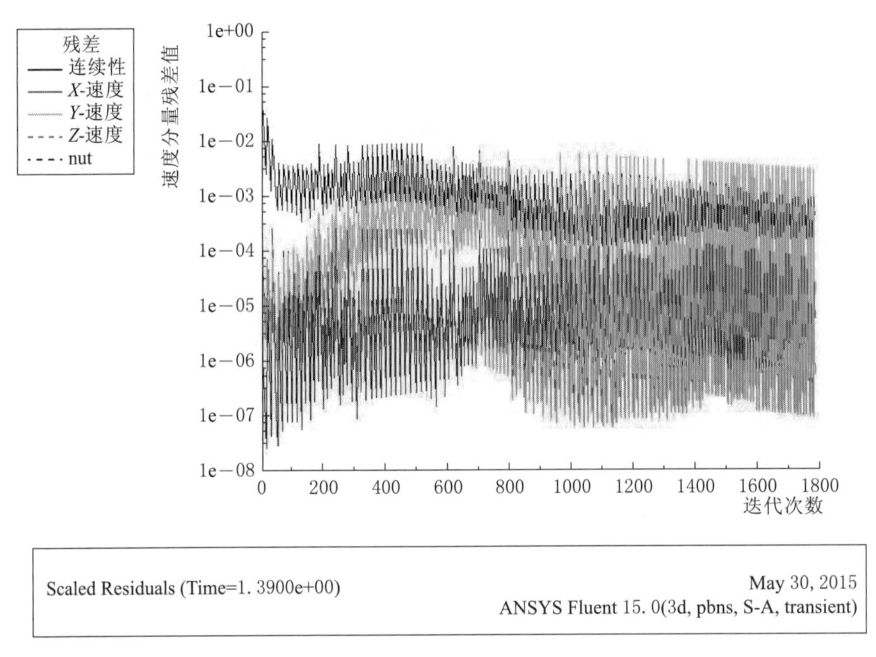

图 24　0°攻角残差图

从图 25 和图 26 可以看到，C_d 和 C_l 值随时间变化由初始波动到后来趋于稳定。再仔细看上面两个图就会发现，其实 C_d 和 C_l 值仍有细小的周期性波动，但是因为数值太小，所以肉眼难以看清。

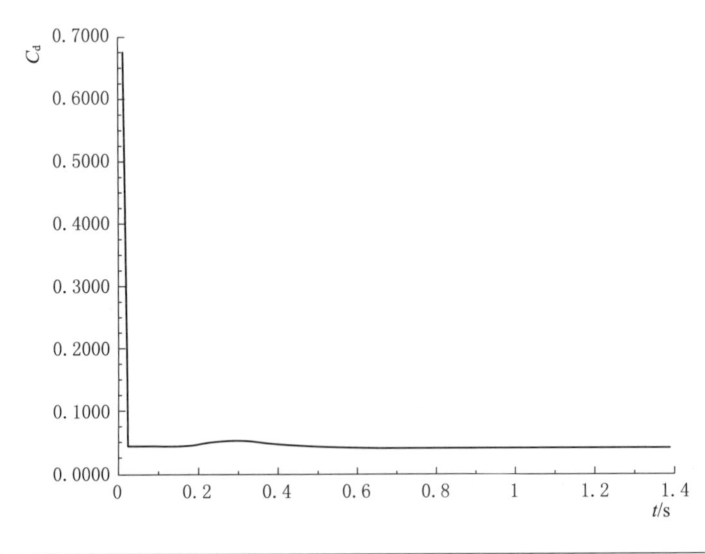

图 25　0°攻角 C_d 随时间变化关系曲线

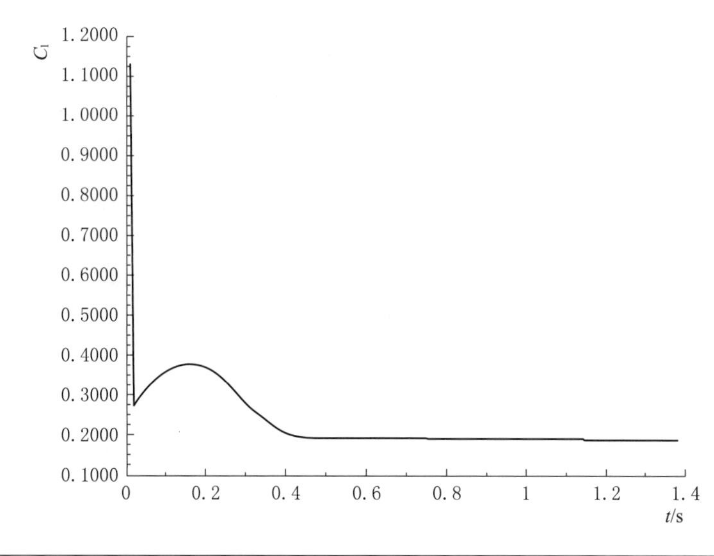

图 26　0°攻角 C_l 随时间变化关系曲线

用同样的方法分别计算出攻角－6°～12°下的升阻力曲线，得出表 9 中数据。

表 9　　－6°～12°下的升阻力系数

攻角	C_l	C_d	C_l/C_d
－6°	0.081925	0.016256	5.039677657
－4°	0.135133	0.015358	8.79886704
－2°	0.15817	0.013158	12.02082383
0°	0.170214	0.013299	12.79900744
2°	0.18085	0.01382	13.08610709
4°	0.186478	0.014052	13.27056647
6°	0.039846	0.015998	2.490686336
8°	0.07885	0.01991	3.960321447
10°	0.11129	0.024893	4.470734745
12°	0.13924	0.030488	4.567042771
14°	0.16513	0.036666	4.503627339
16°	0.1885	0.043614	4.322006695

绘制出图 27 和图 28 所示的曲线图。

通过对比施加展向振动前后的升阻比，发现施加展向振动后，在对应的攻角下，翼型升阻比未施加展向振动的翼型明显增加，阻力系数也相应减少。

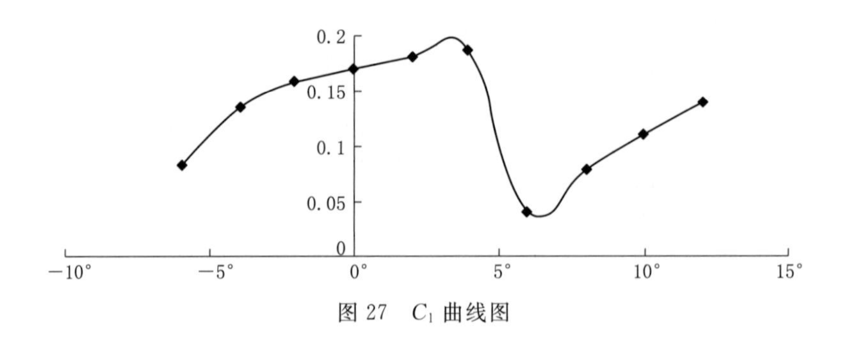

图 27　C_l 曲线图

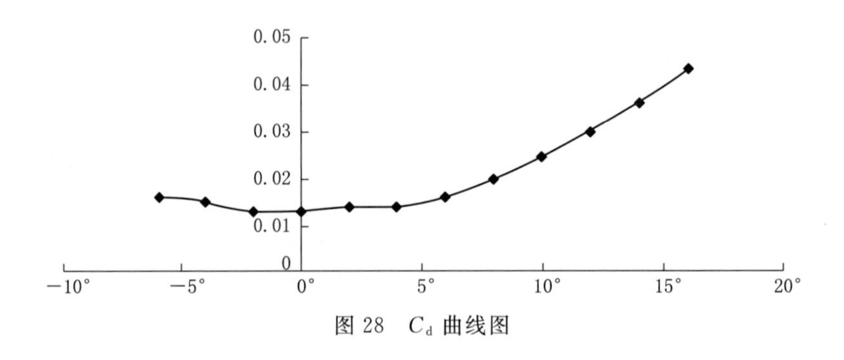

图 28　C_d 曲线图

3.4　模拟结果对比分析

通过直接数值模拟方式，比较施加周期性展向速度前后所得的 C_d 和 C_l 值及升阻比，发现对于同一翼型，施加展向周期性振动后，其阻力系数明显减少。阻力系数比较如图 29 所示。

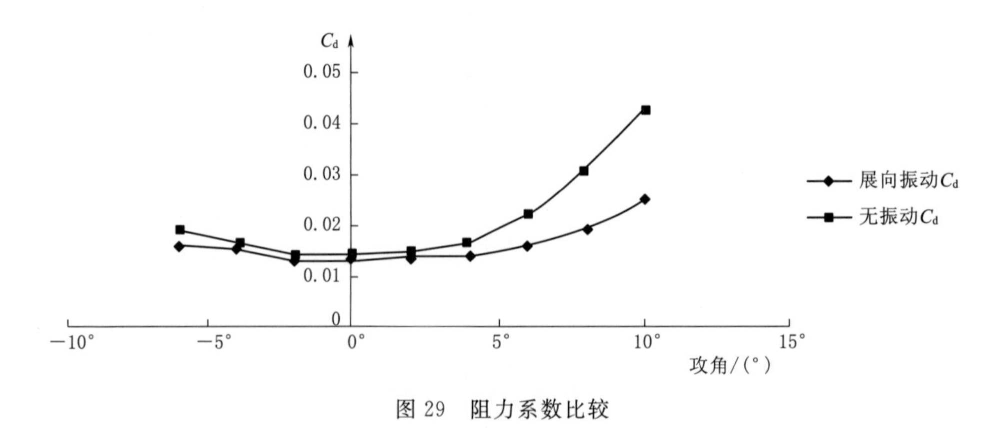

图 29　阻力系数比较

比较两者发现是加展向振动后，阻力系数明显减小，在攻角 10°处的阻力系数甚至增加了 0.02 左右。在这个时刻，翼型升阻比也随之明显增大。

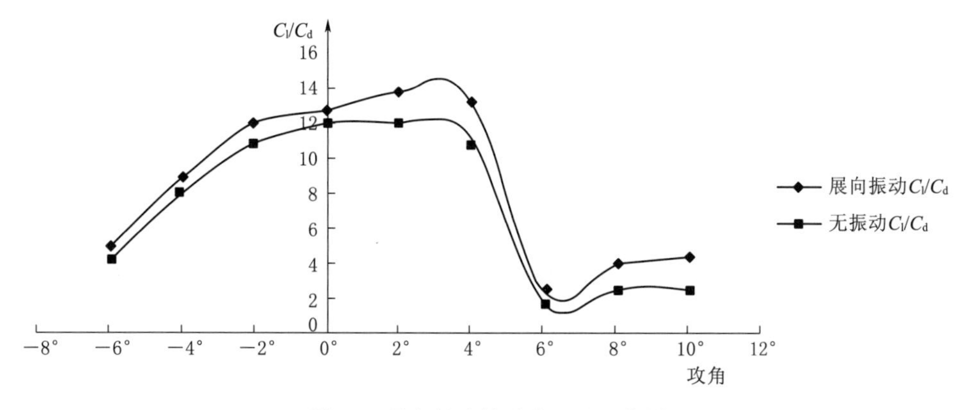

图 30　展向振动前后升阻比比较图

由图 30 可以看出，翼型在 4°攻角之前缓慢增大，在 4°左右达到最大升阻比，在 6°攻角之后进入失速区，升阻比也开始缓慢减小。图 30 说明施加展向振动后升阻比提高明显。

4　结语

本文根据 DU00－W2－401 风力机专用翼型的翼型数据，对施加展向振动前后的叶片翼型空气动力学特性展开了研究和探讨。首先研究了二维翼型气动特性，了解在不同攻角条件下翼型的气动规律；其次，选择适合的湍流模型，建立起叶片的三维模型，同时编写用户自定义设计程序，设计展向振动的速度与时间的关系，研究施加展向振动前后升阻特性的变化。其具体工作与结论如下：

(1) 建立了绕翼型流场，并利用分区划分网格的方法用前处理器 Gambit 划分了结构网格并进行网格无关性验证；利用 Fluent 软件设定了边界条件并进行了计算和分析，得到了翼型在自由来流下，气动参数在攻角－6°～16°下的变化规律并作出曲线，二维翼型升阻力曲线的趋势与前人的结果基本相近，表示所绘二维模型可行，以便进行下一步工作。

(2) 在 GAMBIT 中将二维翼型沿展向拓展为三维叶片，完成叶片的三维模型的建立，编写周期 2π 的周期性振动程序嵌入 FLUENT 中对三维模型施加展向振动，在 15m/s 风速下，运用 FLUENT 软件对－12°～10°下的三维模型进行直接数值模拟，得出同一湍流模型下叶片升阻力特性曲线，将这些曲线与未施加展向振动模拟出的曲线进行对比分析，从而得出展向振动对风电机组叶片升阻特性的影响。

(3) 通过本文的数值模拟实验分析得出，施加展向振动后阻力系数明显减少，叶片的升阻比明显增大，证明施加展向振动能优化叶片升阻特性，达到减阻效果。

（4）由于此次设计的设计条件都是额定理想化的设计条件，比如参考大气压强为101.325Kpa，默认空气密度1.225kg/m^3，温度288.16K，得出数据与实际情况还有差距，还有待于进一步的深入的拓展、研究和完善。

参 考 文 献

张兆鑫，水平轴风机叶片气动性能和振动特性研究［D］．杭州：浙江工业大学，2012.

双馈风力发电系统的建模与仿真

秦雪妮

（华能国际电力江苏能源开发有限公司清洁能源分公司，江苏　南京　210015）

【摘　要】 本文主要研究双馈型风力发电机，首先对风速建立了数学模型，自然界的风可以大致分为基本风、阶跃风、阵风和随机风，鉴于研究的复杂性，本文主要对基本风进行风力系统研究。其次对风力机进行建模及其仿真，风力机实现了将风能转换为机械能，在风速变化时通过改变浆距角来实现最大风能捕获。然后对风力发电机建立了数学模型，从 *abc* 三相坐标系下的定转子电压磁链转矩方程转换到 *dq* 坐标系下，实现了非线性方程到线性方程的转换，简化了过程。最后对整个双馈风力发电系统进行了建模与仿真，得出一系列的仿真波形。

【关键词】 风力发电；双馈感应发电机（DFIG）；建模；仿真

1　引言

能源危机和环境污染成为制约人类发展的两大难题，开发可再生能源是解决这两大难题的重要途径。风能是一种新的、安全可靠的洁净能源，风力发电技术越来越多地被世界各国所重视。风电机组是实现能量转换的装置，从能量转换角度来看风电机组可以分为风力机和发电机两大部分，风力机实现了将风能转换为机械能，发电机则实现了机械能向电能的转换。发电机及其控制系统是本文的重点，它承担了后一种能量转换任务，不仅直接影响转换过程的性能、效率和供电质量，而且还影响到前一个转换过程的性能、效率和装置结构。

2　双馈风力发电系统的仿真模型

本文以 Matlab/Simulink 软件为工具，对双馈风力发电系统的功率控制进行仿真研究。Matlab 是一种高级科学计算软件，提供了高性能的数值计算和可视化功能，并提供了大量的内置函数，广泛应用于科学计算，控制信息，信息处理等领域的分析，仿真和设计工作。Simulink 是 Matlab 的重要组成部分，它提供了集动态系统建模，仿真和综合分析于一体的图形用户环境。双馈型风力发电系统是一个复杂的机电能量转换系统，由很多器件组成，其中一些器件的仿真模型可以直接由 Matlab/Simulink 提供，但是由于双馈风力发电系统具有其自身的特点，Matlab/Simulink 提供的电机模型不能完全适应仿真的需要。对此，本文利用 Matlab/Simulink 环境自行建立了若干仿真模型，并搭建了整个系统的仿真模型。

2.1 风力机模型

风力机可分为变浆距和定浆距两种。变浆距风力机的特性通常由一簇风能利用系数 C_p 来表示，风能利用系数 C_p 是叶尖速比 λ 的函数，其模型及其封装模型如图 1 所示。

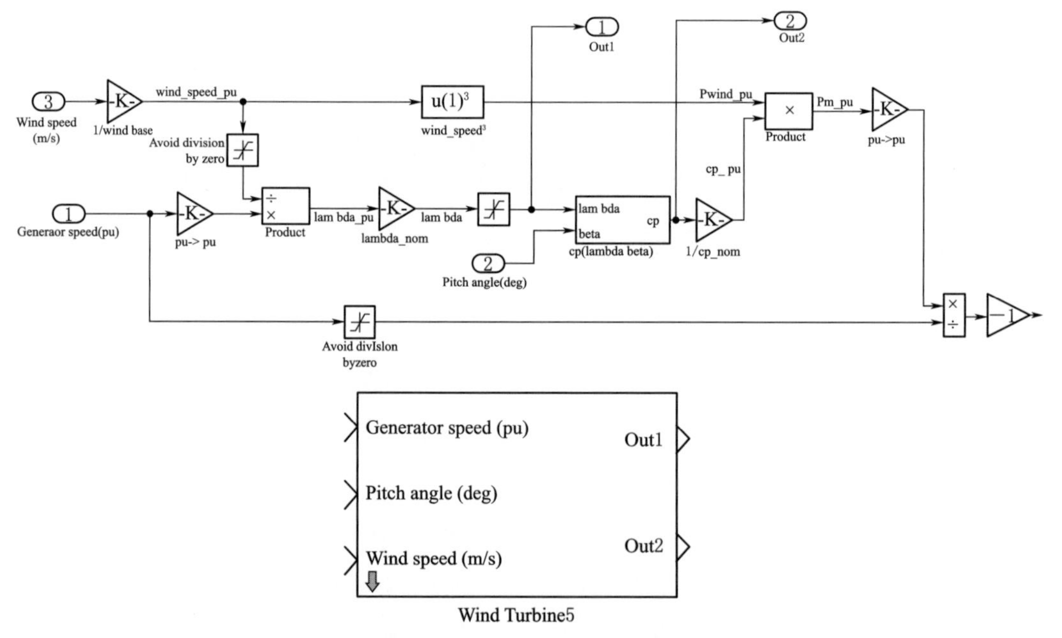

图 1　变浆距时 $C_p-\lambda$ 仿真及其封装模型

如图 1 所示，在给定的额定风速和发电机转速下，改变浆距角，得出风能利用系数和尖速比的关系图。

在固定的浆距角下，风速变化，得到风力机输出功率与转子转速的关系，其模型及其封装如图 2 所示。

2.2 双馈风力发电机模型

根据变速恒频双馈风力发电机的数学模型，分别建立定子模型、转子模型、定转子磁链模型等 3 个模块。在此基础上，将 3 个模块进行合成，建立双馈风力发电机的仿真图。

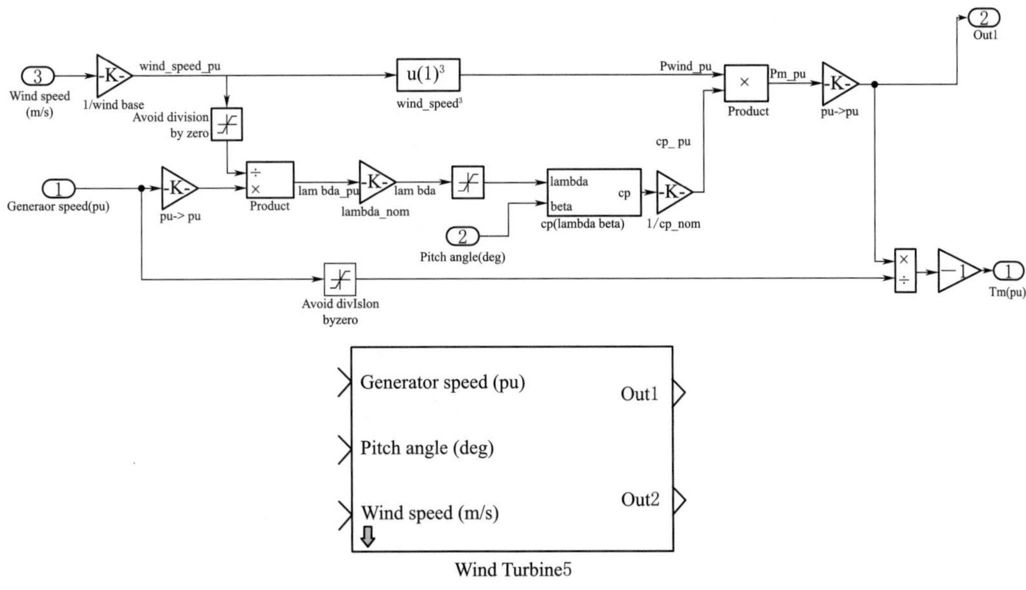

图 2　风力机输出功率与转子转速的仿真及其封装模型

2.2.1　定子电压模型

根据定子电压方程式构建定子仿真模型如图 3 所示。

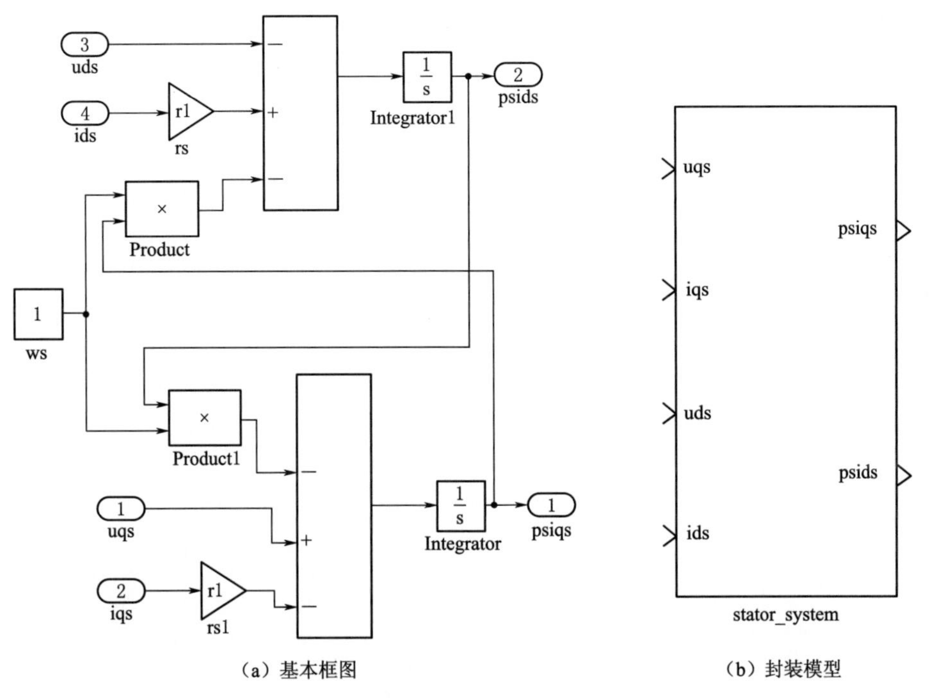

（a）基本框图　　　　（b）封装模型

图 3　双馈感应电机定子电压模型

2.2.2 转子电压模型

根据转子电压方程式构建转子仿真模型如图 4 所示。

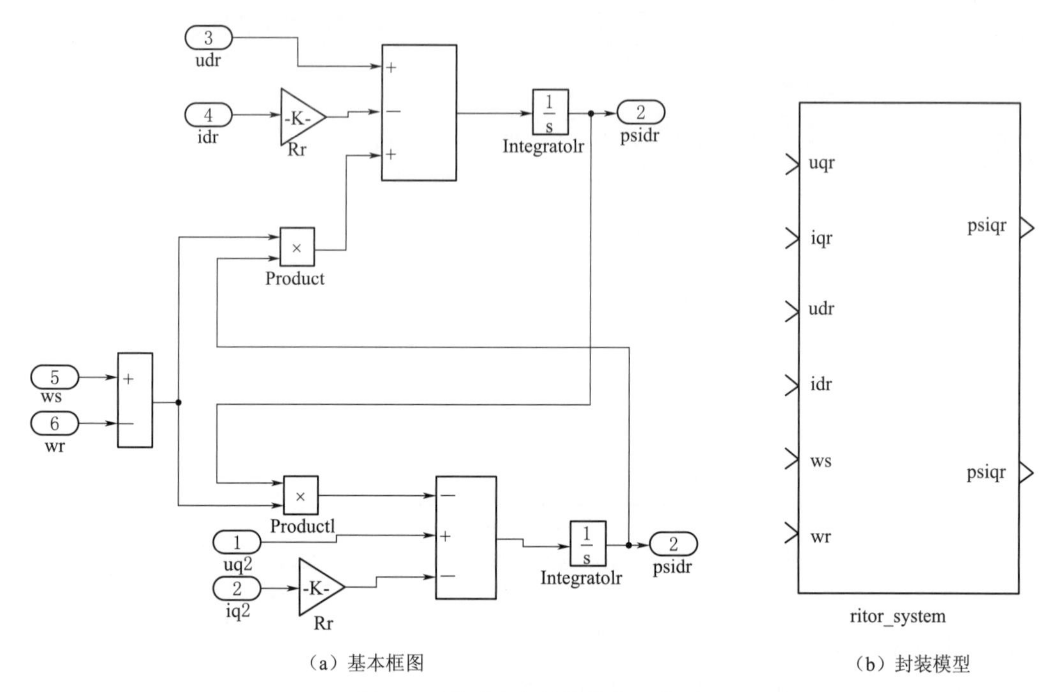

（a）基本框图　　（b）封装模型

图 4　双馈感应电机转子电压模型

2.2.3 定转子磁链模型

根据定转子磁链方程式构建定转子磁链模型如图 5 所示。

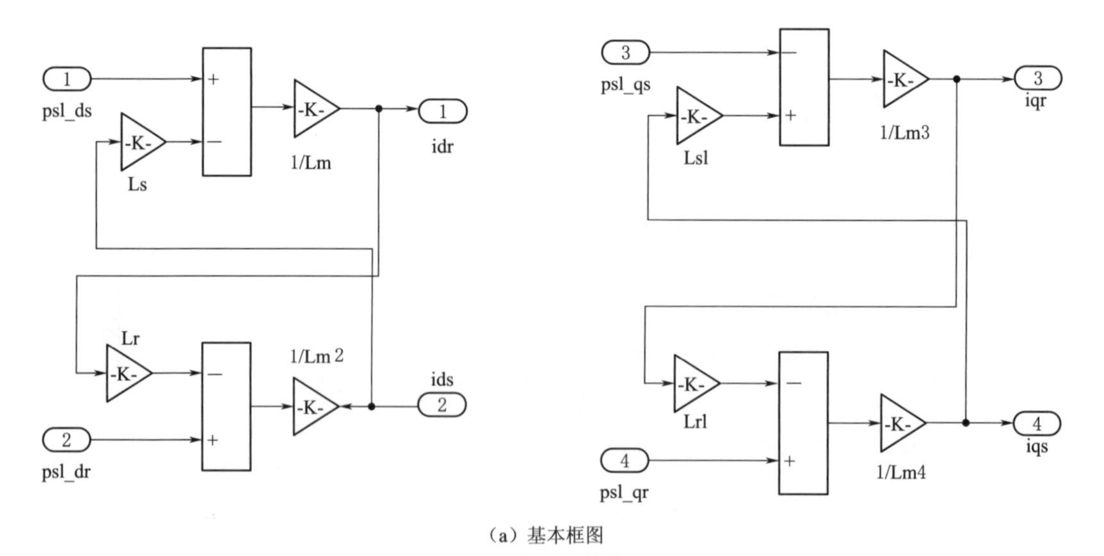

（a）基本框图

图 5（一）　双馈感应电机定转子磁链模型

2.2.4 转矩模型

根据定转子转矩方程式构建定转子转矩模型如图 6 所示。

由上述 3 个模块可以得到整个双馈风力发电机的仿真模型如图 7 所示。

2.3 双馈风力发电系统模型

图 8 所示为双馈风力发电系统的模型及其封装图。

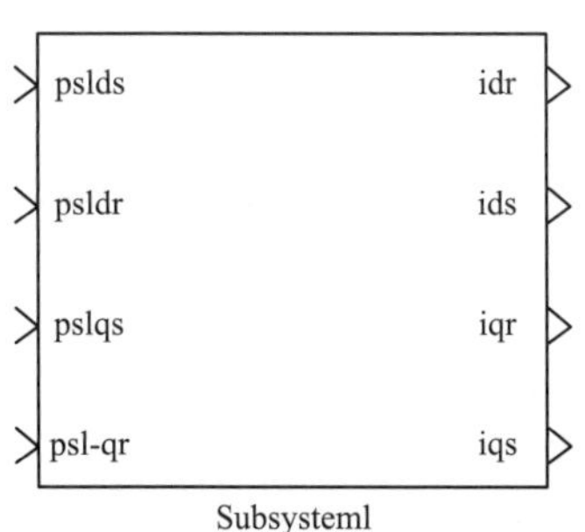

(b) 封装模型

图 5（二） 双馈感应电机定转子磁链模型

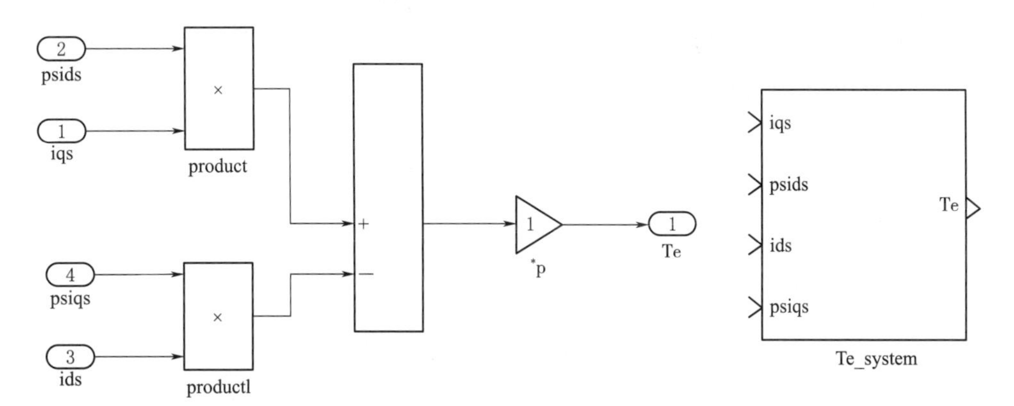

图 6 双馈感应电机转矩模型

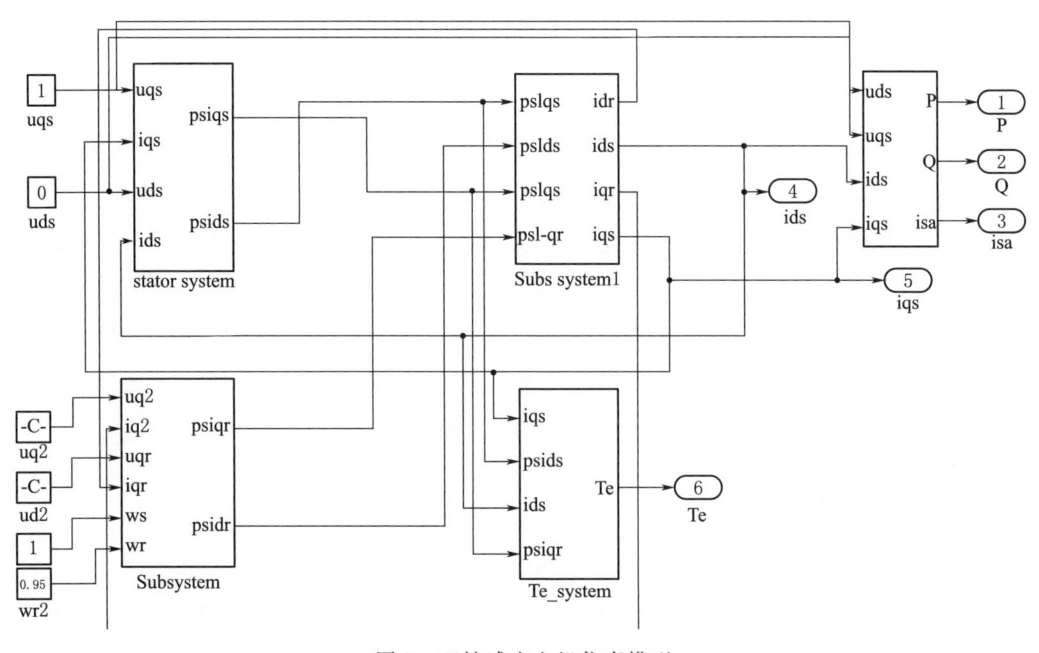

图 7 双馈感应电机仿真模型

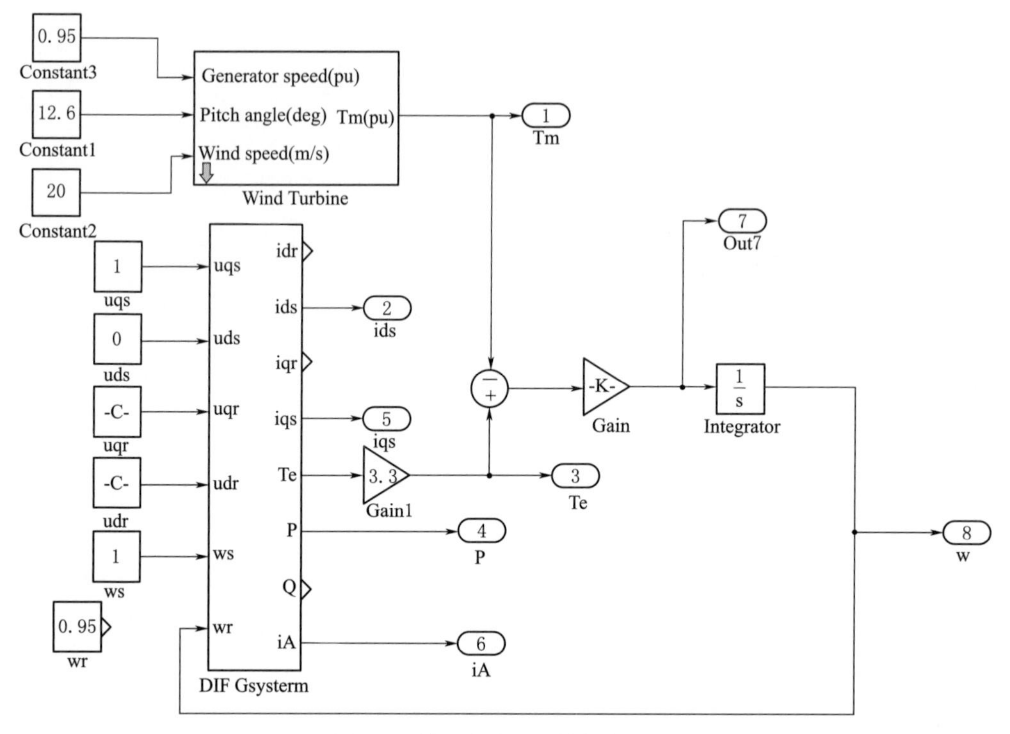

图 8　双馈风力发电系统仿真模型

3　双馈风力发电系统的仿真与分析

3.1　风的情况

风是自然界的产物，人们目前还无法对其进行有效的控制，但是风速的变化和分布也是有一定的规律可循的。简言之，风速可分解为缓慢变化的分量和快速变化的分量。在一定的时间尺度上风速的平均值可认为是不变的，是缓慢变化的分量。如人们常取 600s 的风速平均值进行研究，通过长年累月的风速观测，用该平均值来估计观测地风力资源的状况，风能研究领域中常用来表示风速统计状况的。所以说，用以上四个量是大致可以描述风的波形，但在一些细节上还需要修正，所以它的使用范围是有限的，只可用在一些要求不高的模型的仿真。

3.2　风力机的仿真模拟

C_p 风能利用系数仿真曲线输出如图 9 所示。

根据搭建的模型仿真，在不同的 β 值 0、2.5、10、25 下，得到叶尖比 λ 与 C_p 风能利用系数的关系。风能利用率与风力机输出功率系数有直接的关系，而功率系数在特定的风力条件下主要受风力机叶尖速比的影响，只有在某一确定的尖速比值下功率系数才达到最大值，并且叶尖比离该点越远风力机输出功率系数下降越快，风能利用率越低。风力机在 C_{pmax}时，可获得最大输出功率 P_{max}和最大输出转矩 T_{max}。

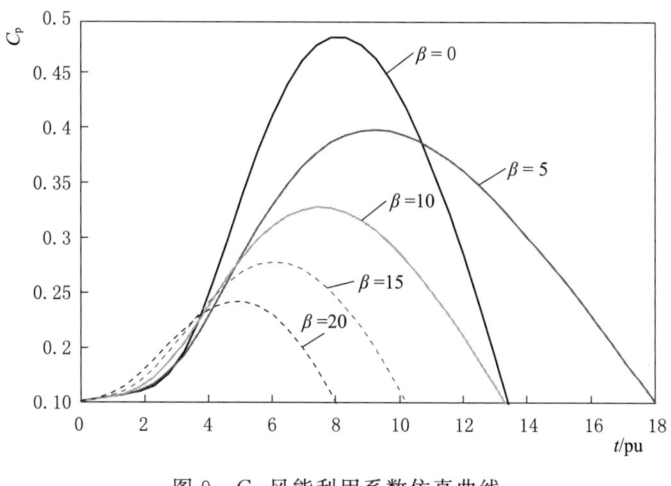

图 9　C_p 风能利用系数仿真曲线

额定风速以下时，对应双馈发电机次同步运行，风力机按照固定的浆距角运行，由发电机控制系统来控制转速，调节风力机的叶尖速比，来实现最优功率曲线的追踪和最大风能的捕获；额定风速以上时，对应双馈发电机超同步运行，风力机变桨距角运行，通过机械调节改变风能转换系数，来控制风电机组的转速和功率，避免风电机组超出转速极限和功率极限运行。

在不同风速下进行仿真得到输出功率与转速的关系如图 10 所示曲线。

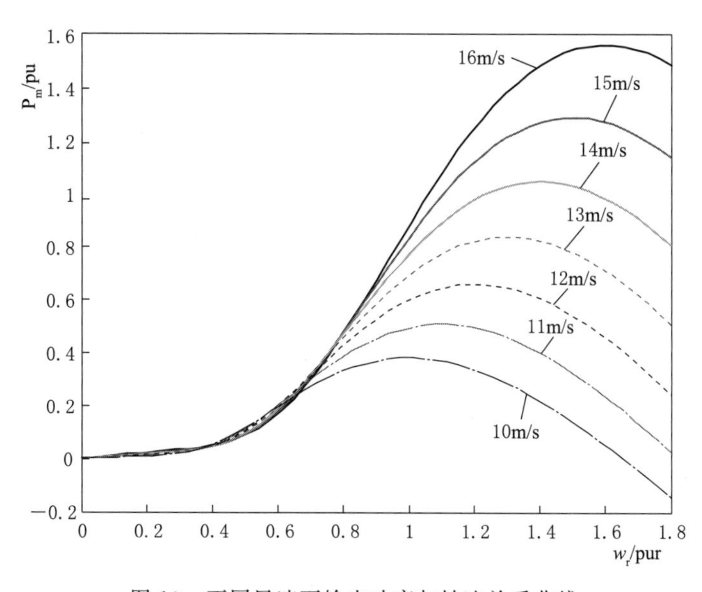

图 10　不同风速下输出功率与转速关系曲线

由图 10 分析可得，通过调节风速的大小可改变发电机转速，从而维持最优尖速比。转矩角保持不变，获得最大风能利用系数，这样可以跟踪最大功率。

3.3 整个变速恒频双馈风力发电系统的仿真

变速恒频风力发电仿真模型如图 11 所示。

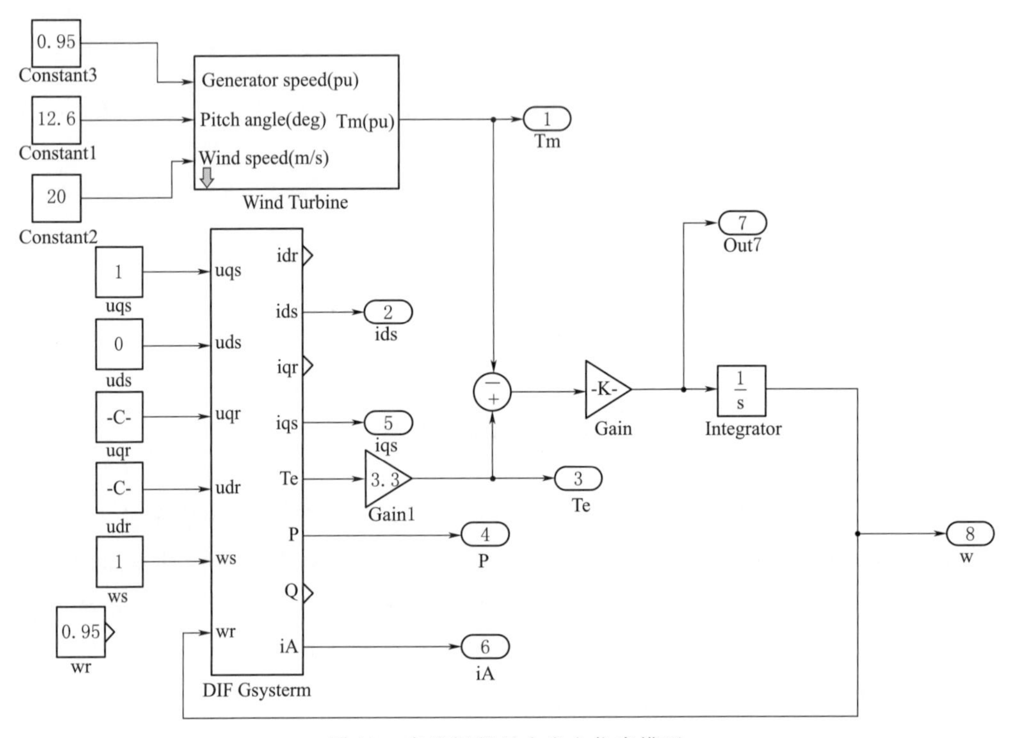

图 11 变速恒频风力发电仿真模型

(1) 运行稳定时有功功率仿真波形，如图 12 所示。

稳定状态下的有功功率仿真输出是一恒定值，图 12 中所示的输出结果为恒为 1，所以搭建的模型正确。

(2) 运行稳定时无功功率仿真波形，如图 13 所示。

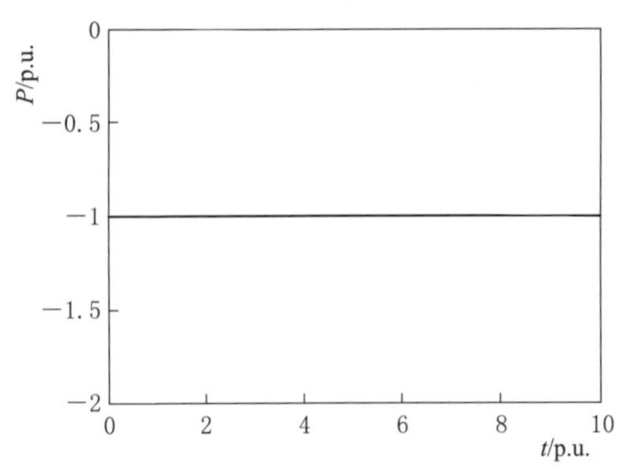

图 12 运行稳定时有功功率仿真波形图

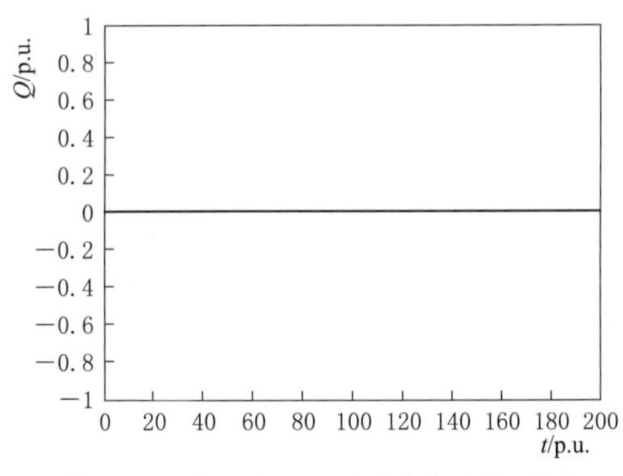

图 13 运行稳定时无功功率仿真波形图

稳定状态下的无功功率仿真输出是一恒定值，图中所示的输出结果为恒为 0，因此，搭建的模型正确。

（3）运行稳定时定子电流的仿真波形，如图 14 所示。

（4）运行稳定时定子电流的交轴分量，如图 15 所示。

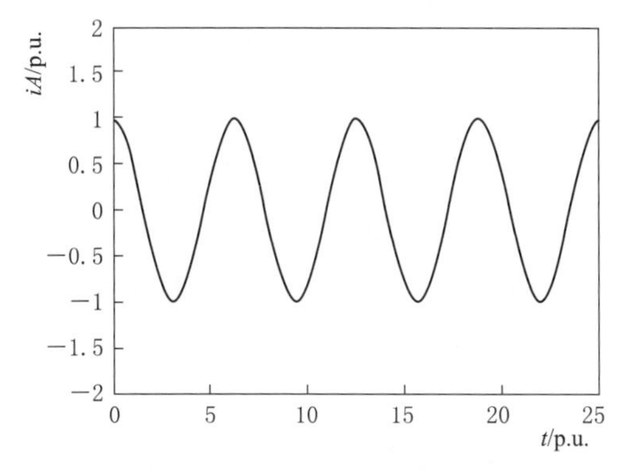

图 14　运行稳定时定子电流的仿真波形图

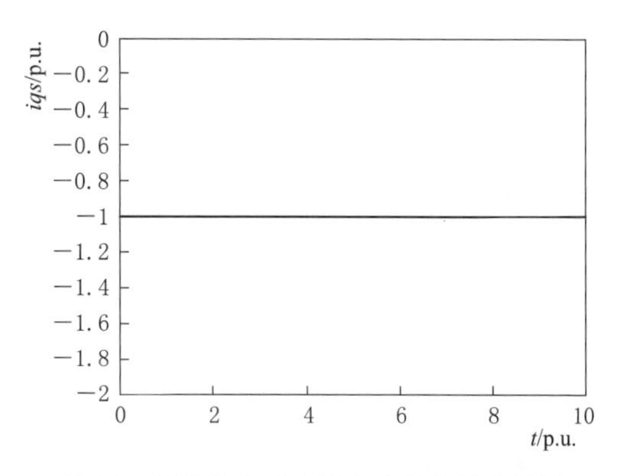

图 15　运行稳定时定子电流的交轴分量图

（5）运行稳定时定子电流的直轴分量，如图 16 所示。

（6）运行稳定时发电机的电磁转矩，如图 17 所示。

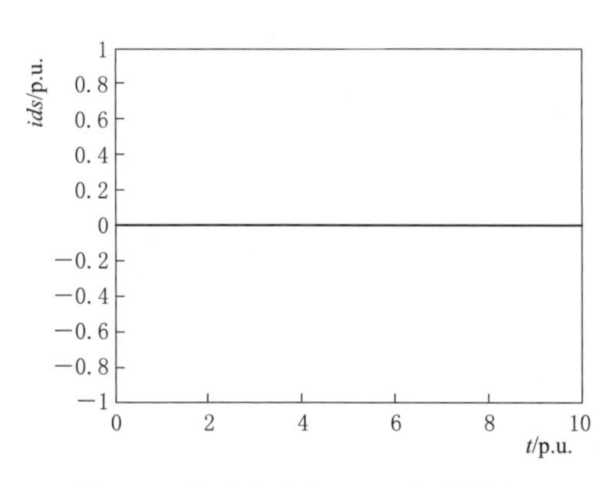

图 16　运行稳定时定子电流的直轴分量

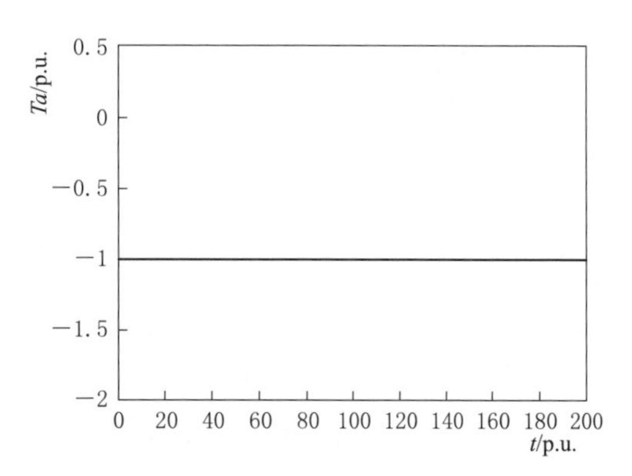

图 17　运行稳定时发电机的电磁转矩图

（7）运行稳定时双馈风力发电机转速仿真模型，如图 18 所示。

4　结语

在全球能源危机和环境污染日益加剧的今天，风能作为一种清洁可再生的绿色能源得到越来越广泛的应用，世界各国对风能资源越来越重视，风力发电技术成为世界各国的研究热点，变速恒频双馈发电技术是当今风力发电中的主流技术。本文对变速

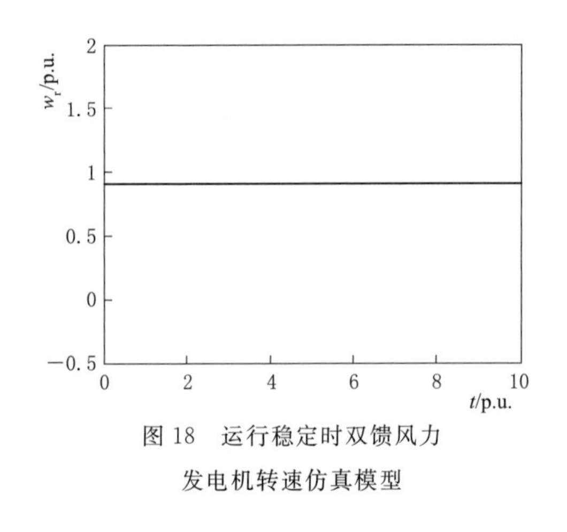

图 18 运行稳定时双馈风力发电机转速仿真模型

恒频双馈风力发电系统的建模与仿真进行了仔细深刻分析和研究。利用 Matlab 软件对数学模型进行拉普拉斯变换及其逆变换，求取风力机、风能、风速数学模型，并利用进行了仿真，验证了该策略的正确性和有效性。本文主要完成了以下几个方面的工作：

（1）利用 Matlab/simulink 根据 dq 坐标系下的定转子数学模型建立定转子模型，由 Simulink 仿真所得到的曲线与解析表达式绘制的曲线进行比较，验证之前本文有研究分析方法的真确性。

（2）本论文通过 Matlab/simulink 电力系统模拟仿真软件，建立了变桨距风电机组控制系统模型，对加入控制系统的风力发电样例系统进行模拟仿真分析，验证了控制系统模型的可用性。由于风能的不规则特性，对风力发电系统输出功率的稳定有很大的影响，也使功率曲线的优化产生了一定的困难。我们通过利用变桨距控制系统，根据风速的大小来调整桨叶节距，使系统输出功率稳定，并使输出功率曲线得到了优化，提高了风力发电系统运行的可靠性。

（3）根据风速模型的仿真曲线，分析风力机和发电机各部分曲线的变化情况和整个系统的仿真曲线图。在并网以前电压的波形基本上是正弦形状的，转速基本上是稳定的。并网以后虽然受到了电网的干扰，但转速上升到额定转速后再没有多大变化；电流的波形虽然是正弦的，但整体的趋向也发生了相应的波动。风力机控制系统在风电机组起动时，通过变距来获得足够的起动转矩；启动以后，当低于额定风速运行时的风电机组状态控制为转速，当高于额定风速运行时，通过调整桨叶节距，改变气流对叶片的攻角，从而改变风电机组获得的空气动力转矩，使功率输出保持稳定。额定风速之后的风电机组状态控制主要由桨距角调节实现。得到的控制系统保持了风电机组运行的安全可靠性。

参 考 文 献

［1］ 张建华，陈星莺，刘皓明，等．双馈风机三相短路分析及短路器最大电阻整定［J］．电力系统自动化，2009，29（4）：6-10.

［2］ 张建华，王健，莫岳平，辛付龙．双馈电机的 Crowbar 参数整定及保护特性研究［J］．可再生能源，2011，29（2）：33-38.

［3］ 黄素逸．能源与节能技术［M］．北京：中国电力出版社，2004.

[4] 叶杭冶．风力发电机组的控制技术［M］．北京：机械工业出版社，2002.

[5] 宫靖远．风电场工程技术手册［M］．北京：机械工业出版社，2004.

[6] 王承煦，张源．风力发电［M］．北京：中国电力出版社，2002.

[7] 李俊峰．风力发电［M］．北京：化学工业出版社，2005.

[8] S. M. B. Wilmshurst. Control strategies for Wind turbines. Wind Engineering［J］. 1998，12：236-249.

[9] E. A. Bossnyi. Adaptive pitch control for a 250kW Wind Turbine，Proc. British Wind Energy Conference［J］. 1986：85-92.

[10] R. Chedid，F. Mrad and M. Basma. Intelligent Control for Wind Energy Conversion System. Wind Eng［J］. 1998，18（1）：1-16.

[11] 李东东．风力发电机组并网控制与仿真分析［J］．水电能源科学，2006，24（1）：1-3.

[12] 何祚庥，王亦楠．我国新能源可持续发展的现实选择［J］．中国三峡建设，2005：25-27.

[13] 史林军，潘文霞，白先红．双馈型变速恒频风力发电机矢量控制模型的研究［J］．电力自动化设备，2003（5）.

施 工 篇

海上风电场无过渡段单桩基础超大直径钢管桩沉桩工艺技术研究

朱亚波　马　强　宋慧慧

（华能如东八仙角海上风力发电有限责任公司，江苏　南通　226408）

【摘　要】 风电机组单桩基础结构在国内外海上风电场已广泛应用，在国外，该基础结构应用已达70%以上，截至目前在国内也应用较多。单桩基础结构主要分为两种：过渡段单桩基础和法兰式单桩基础。相较过渡段单桩基础，法兰式单桩基础施工需解决桩身垂直度控制、桩顶打桩疲劳损伤保护等几个难题。华能如东300MW海上风电场70台风电机组中有50台风电机组基础设计采用法兰式单桩基础结构型式，施工区域位于江苏省南通市如东县八仙角海域的无遮蔽边缘海域。本文以该工程单桩基础施工为例，从打桩船及锤的选择、桩顶保护、垂直度控制等方面深入分析超长超大直径钢管桩沉桩技术。

【关键词】 单桩；沉桩；桩顶保护；垂直度

目前海上风电场比较常见单桩基础结构有两种：过渡段式单桩基础和法兰式单桩基础。相对于其他海上风电机组基础结构单桩基础具有施工方便、造价较低等优点，由于单桩基础沉设的垂直度控制难度较大，因此早期的单桩基础结构设计中设置过渡段结构，通过过渡段水平的调整来配合打桩出现的垂直度偏差。

随着新工艺的演进，法兰式单桩基础取消了过渡段结构，施工更为方便，造价更低，但技术难度更大，其难点主要为基础结构的垂直度控制和桩顶打桩疲劳损伤保护等。本文以华能如东300MW海上风电场工程法兰式单桩基础施工为背景，对超大直径钢管桩沉桩施工工艺的关键技术进行分析研究。

1　工程概况

华能如东300MW海上风电场工程位于江苏省如东县八仙角海域，风电机组基础、海上升压站基础，风电场总装机容量为300MW，共布置50台单机容量4MW和20台单机容量5MW海上风电机组以及两座110kV海上升压站，其中50台4MW风电机组基础采用法兰式单桩结构，单桩桩最大直径约6.0m、最大重量约650t、最长约 70m，结构型式如图 1 所示。

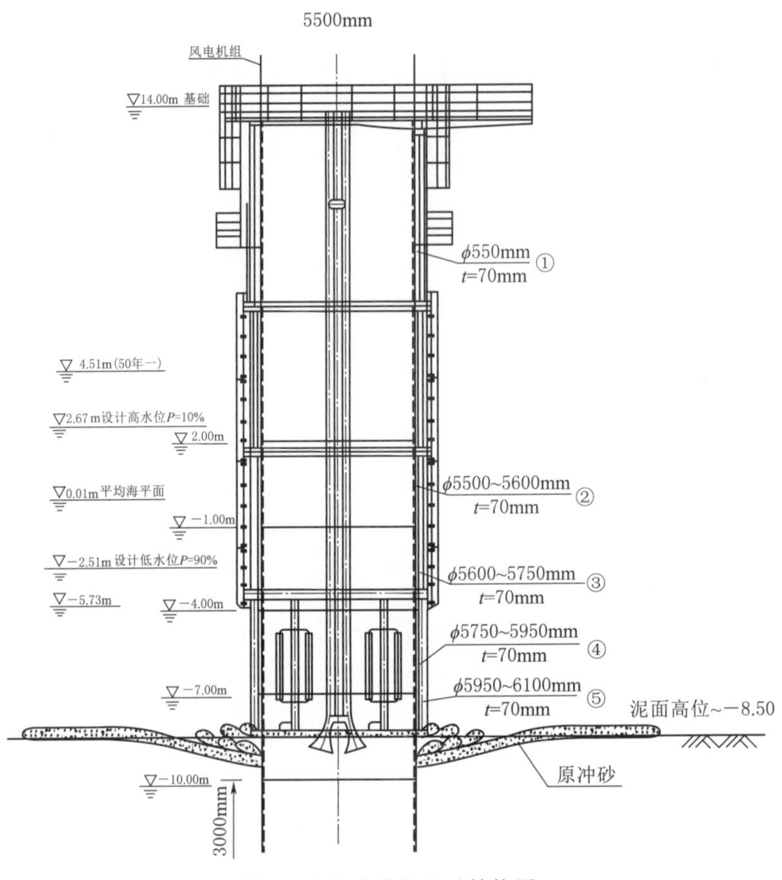

图 1　法兰式单桩基础结构图

2　施工总体技术方案比选

2.1　国内外单桩沉桩方案分析

国内外进行海上风电单桩基础采用的沉桩施工方案主要有两种，即带支腿自升式施工平台（船）加专用扶正导向机构和带定位龙口架浮式起重船，但针对本工程而言均有不足之处。

(1) 带支腿自升式施工平台（船）加专用扶正导向机构。①国内带支腿自升式施工平台（船）资源较少，且最大起重能力均小于 1000t，不能满足本工程钢管桩起吊要求；②带支腿自升式施工平台（船）水平刚度和水平承载力较弱，对于本工程超长、超大、超重钢管桩而言稍显不足；③带支腿自升式施工平台（船）进、撤点时需进行伸、拔腿作业，耗时较长，整体施工作业工效低。

（2）带定位龙口架浮式起重船。作业工况变化会引起船体姿态的变化，影响定位龙口架定位的稳定性，难以保证法兰式钢管桩沉桩精度要求。

2.2 拟采用的单桩沉桩方案

针对本工程单桩基础的超长、超大、超重钢管桩的高精度沉桩施工，拟采用“稳桩定位平台、起重船吊装、IHC S1800 液压锤锤击沉桩”的工艺方案。平台通过工艺桩固定，水平承载力强，且在施工过程中起重船与定位平台分离，工况变化不会影响平台稳定性，通过平台上的调整机构能够有效控制钢管桩的沉桩精度，此外还可以通过多套定位平台的周转使用实现沉桩流水作业，大大提高施工作业工效。定位平台结构示意图如图 2 所示。沉桩方案对比见表 1。

图 2　定位平台结构示意图

表 1　　沉桩方案对比

序号	方案类型	可行性分析	结论
方案一	带支腿自升式施工平台（船）加专用扶正导向机构	国内带支腿自升式施工平台（船）资源较少；水平刚度和水平承载力有限；伸、拔腿作业工效低；本海域的软土地质易发生地质沉降	不采用
方案二	带定位龙口架浮式起重船	作业工况变化会引起船体姿态的变化，影响定位龙口架的稳定性，难以保证钢管桩沉桩质量要求	不采用
方案三	利用定位平台沉桩	水平承载力强，且稳定性好；能实现沉桩流水作业，施工工效高	本工程选用

3　施工工艺

3.1 总工艺流程

单桩基础施工总工艺流程图如图 3 所示。

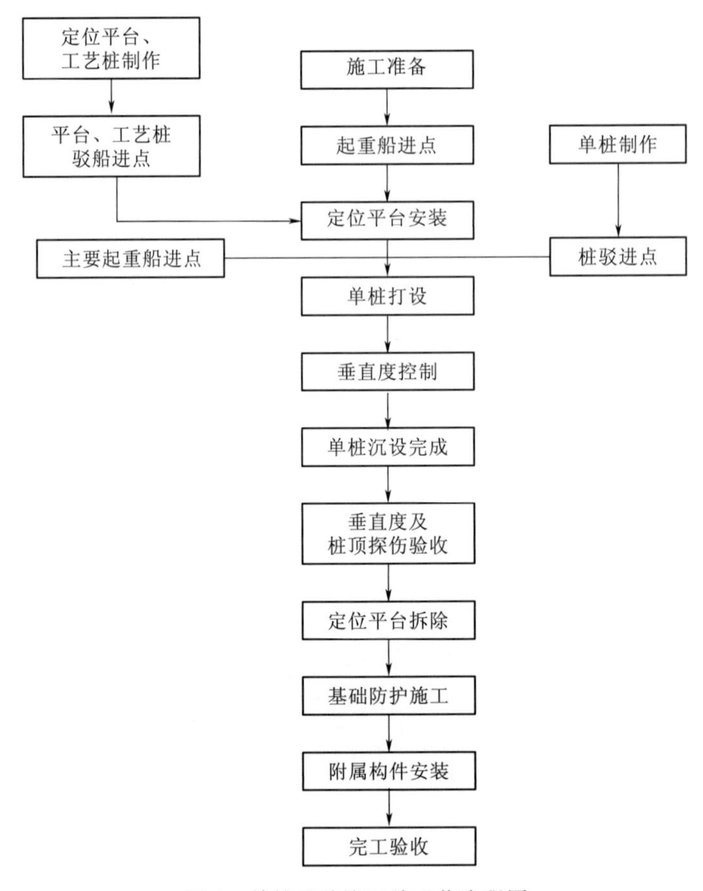

图 3　单桩基础施工总工艺流程图

3.2　打桩船的选择

本工程采用起重船吊打、IHC S1800 液压锤锤击沉桩工艺法兰进行钢管桩的沉桩，立桩过程采用主、辅起重船抬吊的方式完成。

主吊起重船完成单桩结构的起吊、立桩、稳桩、定位等作业，根据最大单桩规格要求起重船起重能力 1000t，吊高 90m 以上，舷外吊距大于 20m，本工程选用 1500t 起重船施工，该起重船的参数见表 2。

表 2　　1500t 起重船参数

	臂　角	固定作业	75°	70°	65°	60°	55°	50°	45°	40°	35°	30°
1°2°	作业半径/m	31	33.1	40.68	48	54.8	61.3	67.5	73.1	78.3	82.9	87
双钩	允许负荷/t	1350	1200	1100	1000	800	680	600	550	450	300	250
	水面以上吊高/m	97	95.16	92.82	89.2	85.2	80.6	75.6	70	63.9	54.5	51
3°	作业半径/m	33	36	44	51.6	59	65.8	72.3	78.2	83.6	88.5	93

续表

	臂　角	固定作业	75°	70°	65°	60°	55°	50°	45°	40°	35°	30°
单钩	允许负荷/t	650	600	580	550	550	450	400	350	300	300	300
	水面以上吊高/m	100	104.5	102	98.2	93.7	88.8	83.3	77.3	70.7	63.8	57
副钩	作业半径/m		40.4	49.3	57.7	65.8	73.4	80.5	87	93	98.3	103
	允许负荷/t		250	240	230	220	210	200	200	200	200	200
	水面以上吊高/m		116	113	109	104.2	98.7	92.5	85.7	78.6	70.8	63

船长	118.6m	主钩起重量	600t×3
型宽	32.2m	副钩起重量	250t
型深	8m	起吊高度	主钩 97m
船吃水	4m		副钩 116m
船吃水	4m	起吊跨度	主钩 31m/1350t
平均吃水	4m		副钩 40m/250t
总吨	9989	起升速度	主钩 0～1.2m/min
过桥高度	48m		副钩 0～6m/min
抗风能力	抗风 8 级	变幅范围	12°～75°　约 25min

辅吊起重船协助主吊起重船完成单桩结构起吊、翻身等辅助作业，要求起重能力600t，吊高 60m，舷外吊距大于 20m，本工程选用 600t 起重船施工，参数见表 3。

表 3　　600t 起 重 船 参 数

总长	99.60m	船长	98.80m	满载水线长	98.80m
船宽	27.60m	型深	6.60m	空载吃水	2.367m
满载吃水	3.855m	满载排水量	10077.301t	空载排水量	4432.650t
参考载货量	—t	航区	近海	营运海区	A1+A2
船体材料	钢质	甲板材料	钢质	甲板层数	1
水密横舱壁数	9	双层底位置		—	
结构型式	纵骨架式	补充加强结构		吊机座	
货舱的数量	0	货舱盖型式		—	

	臂　角	固定作业	75°	70°	65°	60°	55°	50°	45°	40°	35°	30°
主钩	作业半径/m	29	29	29	34	38	43	48	52	56	62	56
	允许负荷/t	600	500	470	410	380	340	300	240	170	130	100
	水面以上吊高/m	81	81	80	78	75	72	69	65	61	57	52
副钩	作业半径/m		33	40	47	53	59	65	70	74	78	83
	允许负荷/t		150	150	150	150	150	130	120	100	80	80
	水面以上吊高/m		109	107	103	100	96	91	86	80	75	69

3.3 打桩锤的选择

根据风场区域地质详勘资料、桩基设计要求（桩基持力层、桩身结构、质量等），选用 IHC S1800 液压锤沉桩，经可打性分析，能满足本工程法兰式单桩沉桩要求。IHC S1800 锤如图 4、图 5 所示 。

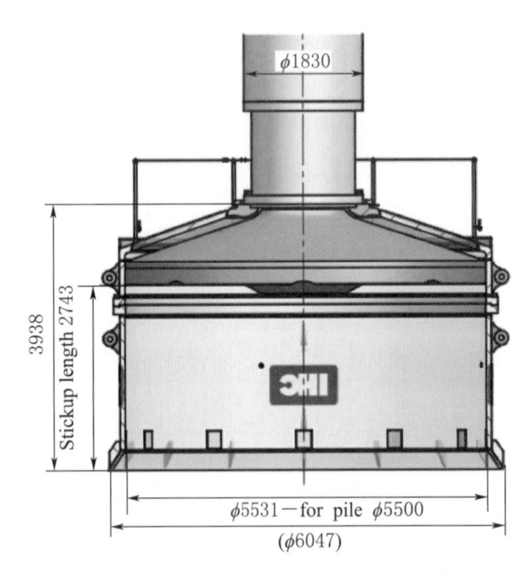

图 4 IHC S1800 液压锤相关尺寸

图 5 IHC S1800 液压锤

3.4 桩顶保护工艺

钢管桩沉桩过程中，IHC S1800 液压锤直接锤击桩顶法兰，会对桩顶法兰外观以及与桩体对接的环焊缝造成损伤。

针对法兰式单桩结构特点，通过对沉桩过程中不同断面的建模分析，设计专用工艺法兰，作为桩顶法兰保护装置。该工艺法兰既可有效传递锤击能量，又可起到保护桩顶法兰的作用。沉桩完成后均须进行桩顶法兰焊缝的超声波探伤，确保钢管桩未受到损坏。

工艺法兰根据桩顶法兰、液压锤替打设计，整体锻造，材质选用 Q345E－Z35。工艺法兰与桩顶法兰连接采用 26 枚 8.8 级高强度螺栓连接，双螺母紧固，紧固力矩为 800～1000N·m。工艺法兰如图 6、图 7 所示。

3.5 沉桩施工

单桩沉设工艺流程：稳桩平台就位—主、辅起重船舶进点驻位—钢管桩起吊—移船立桩—垂直度监测—锤击沉桩。

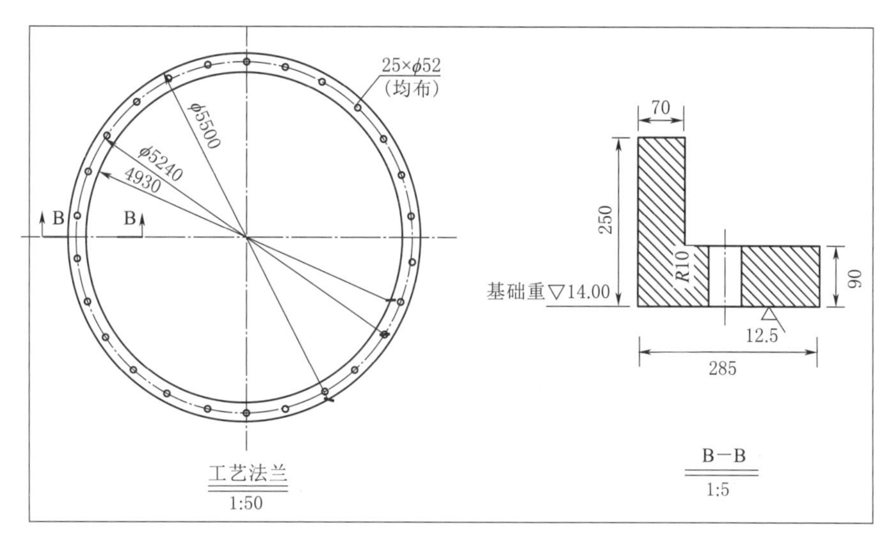

图 6　工艺法兰结构图

3.5.1　船舶及稳桩平台就位

稳桩定位平台作为基础桩打入过程用于调整垂直度的扶正装置平台，导管架稳桩平台重约 170t，用 4 根工艺桩支撑，其上设置扶正、导向装置，导管架稳桩平台的安装位置决定了以后钢桩沉桩的桩位，所以必须严格控制导管架稳桩平台定位的准确度，特别要控制下桩龙口的定位精度。

图 7　桩顶工艺法兰

导管架稳桩平台设计成可闭合的三层结构，整体尺寸为长 17m，宽 17m，高 6.5m；导管架稳桩平台主体结构的横纵撑、斜撑均采用 ϕ500mm 钢管，定位斜撑采用 50a 工字钢；工艺桩设计 4 根，通过计算采用 ϕ2000mm 钢管桩，壁厚 22mm，单根桩长 54m。导管架稳桩平台如图 8 所示。

导管架稳桩平台就位后，主、辅起重船均沿顺流方向就位与导管架稳桩平台同一侧，工艺桩运输驳则靠泊于辅起重船外侧。船舶就位抬吊、翻桩如图 9 所示。

3.5.2　起吊立桩

钢管起吊立桩过程由主、辅起重船以抬吊的方式完成。钢管桩共设置 3 个吊点，桩顶附近设有两个水平吊点，桩尖附近位置在桩侧壁顶端设有一个吊点，主吊起重船两点吊，吊索挂在桩顶附近位置，辅吊起重船一点吊，吊索挂与桩尖附近位置，钢管桩被抬起后，运输桩驳缓慢离开辅起重船，然后主、辅起重船相互配合，慢慢将钢管桩竖立，钢管桩起吊如图 10 所示。

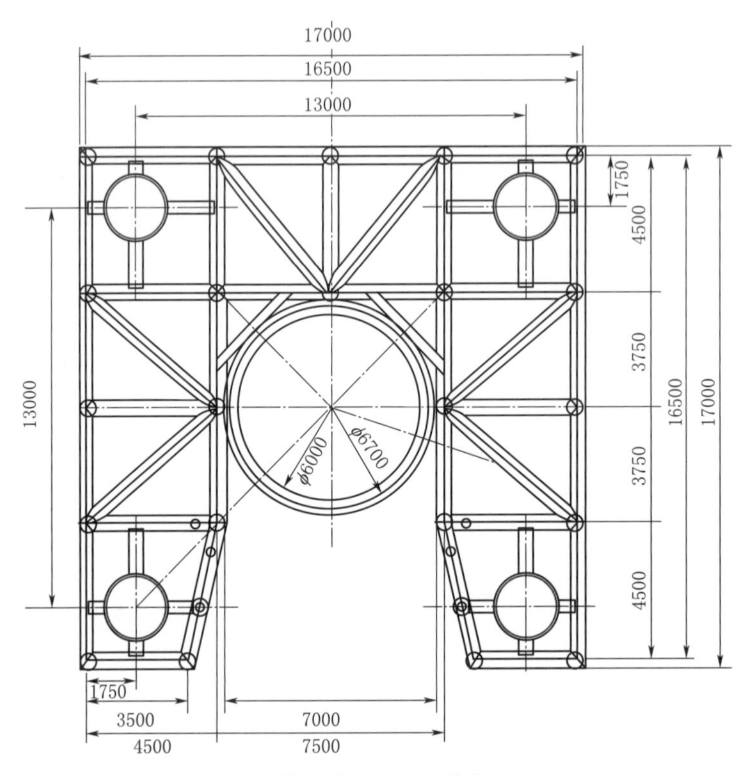

图 8　导管架稳桩平台（单位：mm）

钢管桩起吊后，由主吊起重船缓慢旋转吊机臂架，使钢管桩顺利进入导管架稳桩平台龙口，利用平台上设置的缓冲滚轮装置使其慢慢稳定下来，然后封住导管架稳桩平台龙口。在钢管桩稳桩的过程中，利用导管架稳桩平台的扶正、导向精定位装置调整，并实时检查松紧程度，保持桩身垂直。

图 9　船舶就位抬吊、翻桩

3.5.3　垂直度监测

稳桩完成后，主吊起重船缓慢下落吊钩，从施工工艺、风浪影响、实时性操作等角度出发，本工程最终采用“高精度数显水平尺进行粗调，全站仪进行精调”的监测技术，以及为消除制桩及锤击时产生的偏差，在开锤前监测垂直度要求在 1‰

以内，主要措施如下：

图 10　钢管桩起吊

（1）稳桩完成后，主吊起重船缓慢下落吊钩，在钢管桩入泥前，采用 2 把高精度数显水平尺（精度 0.5mm）测量桩身正交两个轴线的垂直度，也可测量多个不同侧面进行比较，同时利用稳桩平台的扶正装置及时调整桩身垂直度；在入泥过程中实时反映测量数据，确保垂直度控制在 1‰以内。高精度数显水平尺观测如图 11 所示。

（2）钢管桩入泥后，采用 2 台 90°方向布置的全站仪观测桩身切边倾斜度，并计算垂直度，在桩身垂直度不大于 1‰条件下让钢管桩缓慢自沉；沉桩过程中按上述方法全程监测，若垂直度偏差过大，立刻停止自沉或沉桩利用扶正装置及时调整。全站仪观测图如图 12 所示。

图 11　高精度数显水平尺观测

图 12　全站仪观测图

3.5.4　锤击沉桩

自沉结束后，且在钢管桩垂直度不大于 1‰的情况下，主吊起重船钢丝绳缓慢下降脱钩，然后将液压锤起吊缓慢套入桩顶，在此过程中要实时监测钢桩的垂直度，确保钢桩垂直度不大于1‰。利用桩锤自重压桩结束后，以最小的能量启动液压锤，以“一锤一测”的方式，缓慢锤击，连续5组锤击以上没有出现溜桩、垂直度变大且贯入度小于10mm时，缓慢增加液压锤能量，以“三锤一测”的方式继续锤击，贯入度控制在10～25mm，连续5～10组锤击后没有出现溜桩、垂直度异常等情况时，逐渐增加桩锤能量连续锤击，贯入度控制在20～50mm直至桩顶标高距设计标高1.5m时，相应降低锤击能量，贯入度控制在20mm以内直至沉桩结束。沉桩施工详情如图13所示。

图13　沉桩施工

沉桩施工时，注意确保导向架中心与施打桩设计中心吻合、起重机吊点合力中心与导向架中心在同一投影点上才能下桩、选择水流平缓时下桩、桩尖入泥后下桩速度要缓慢保证桩身垂直、加强桩身垂直度和吊点中心观测等。

在锤击过程中应注意以下事项：

（1）锤击沉桩时，密切注意桩与平台及液压锤的工作情况。

（2）潮流过急、涌浪过大时暂停沉桩。

（3）密切注意起重船锚缆位置。

（4）施工过程中如出现贯入度反常、桩身突然下降等现象，应立即停止锤击，及时查明原因，采取有效措施。

（5）沉桩期间要注意过往船只航行，避免由于航行波对沉桩正位率影响或造成沉桩质量事故。

4 沉桩验收

4.1 垂直度控制

所有沉设的单桩基础的垂直度均满足设计要求，具体统计见表 4。

表 4　　具 体 统 计 表

序号	桩位编号	桩顶偏位/mm				桩身斜度/‰
		纵向		横向		
1	37	北	30	西	100	1.3
2	38	北	280	东	190	1.5
3	39	南	330	东	220	1.0
4	40	南	240	东	210	1.7
5	41	南	180	西	50	1.4
6	48	北	110	东	200	1.3
7	49	南	160	东	150	1.8
8	50	南	380	西	260	2.1

4.2 法兰焊缝检测

所有沉设的单桩基础的法兰焊缝检测由有资质的第三方进行检测并出具检测报告，报告表明检测结果均满足设计要求，具体报告如图 14 所示。

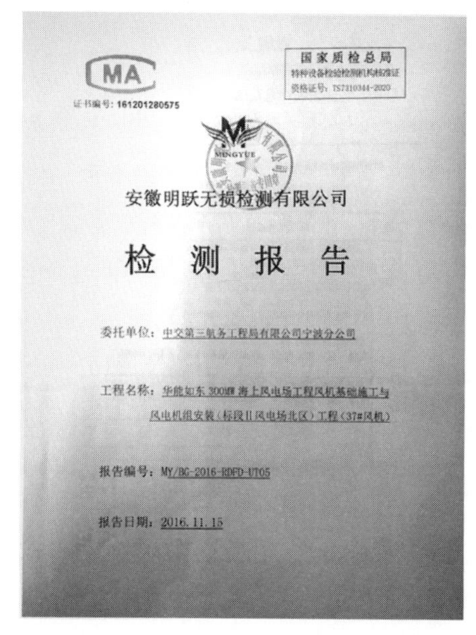
CMA

证书编号：161201280575

国家质检总局
特种设备检验检测机构核准证
资格证号：TS7310344-2020

安徽明跃无损检测有限公司

检 测 报 告

委托单位：中交第三航务工程局有限公司宁波分公司

工程名称：华能如东300MW海上风电场工程风机基础施工与风电机组安装（标段Ⅱ风电场北区）工程（37#风机）

报告编号：MY/BG-2016-RDFD-UT05

报告日期：2016.11.15

安徽明跃无损检测有限公司

超声波焊接接头检测报告

MY/JZ-16　　NO:MY/BG-2016-RDFD-UT05

检测结论及说明：

1、本工程法兰与桩体对接焊缝质量经检测，符合验收标准要求，结果合格。

2、检测位置，返修部位，检测评定情况见超声波检测位置示意图和超声波检测评定表（附后）。

图 14　法兰焊缝无损检测报告

5 结语

通过对本工程法兰式超大直径单桩基础桩顶法兰与桩身焊接环形焊缝区域 100% UT 探伤、桩身垂直度检测结果均满足设计要求。这对法兰式单桩基础解决桩顶打桩疲劳损伤保护、桩身垂直度控制等难题的起到一定积极的作用，并对以后海上风电场无过渡段单桩基础超大直径钢管桩沉桩施工具有一定的参考价值。

参 考 文 献

中华人民共和国国家质量监督检验检疫总局，中国国家标准化管理委员会. 海上风力发电工程施工规范：GB/T 50571—2010 [S]. 北京：中国计划出版社，2010.

海上风电单桩基础护底砂被整体铺设工艺技术研究

朱亚波　周小兵　王玉斌

（华能如东八仙角海上风力发电有限责任公司，江苏　南通　226408）

【摘　要】 华能如东300MW海上风电场工程位于辐射沙洲中部黄沙洋尾部的北侧，受两大潮波系统辐合的影响，潮差大、潮流强，动力环境相对复杂，工程区濒临黄沙洋水道，外海波浪的影响较直接。风电机组基础结构采用单桩基础，最大水深达15m，沉桩后，桩周基床地质极易受风、浪、流影响而导致冲刷严重。为确保工程结构安全稳定，设计要求基础泥面采用砂被工艺防护，为此，研发砂被整体铺设技术，使得砂被从充制到铺设完成全过程中质量得到有效可视化控制，特别是砂被铺设至海底后的平面位置。

【关键词】 海床演变冲刷；单桩基础；砂被；整体铺设

1　工程概况

华能如东300MW海上风电场示范项目风机布置区域的项目水深约为0～15.4m，约有30%区域属于水深小于5m的浅水区，部分退潮后露滩。该施工区域为远离岸线的无遮蔽外海海域，风大、浪高、流急，海况条件十分恶劣，受季风、突风、暴雨、寒潮等不利条件的限制，年可利用天数只有约160天。

根据海床演变研究显示：八仙角东部边缘靠近黄沙洋主槽与小洋港北汊的交汇部位，即风电机组布置区的东边界C-C′断面，1979年和2005年均有水深超过5m的情况，冲淤变化相对活跃，且目前水深较浅。2005年以来，八仙角东南向东发育水下沙脊，向黄沙洋南侧的河豚沙延伸，形成对黄沙洋主槽的阻隔，同时八仙角东北部受到冲刷。因黄沙洋主槽通向小洋港的水道在一定程度上受到阻隔，八仙角东北部以及巴巴珩东部的冲刷可能还会持续。因此，风电机组布置南区的东北部和北区的中东部，防冲刷问题应予以关注。

本工程共布置50台单机容量4MW和20台单机容量5MW海上风电机组以及2座110kV海上升压站，其中50台4MW风电机组基础采用法兰式单桩结构，单桩基础的防冲刷保护均采用砂被护底。砂被厚 0.4m，平面尺寸为 18m×30m，由 2 张 18m×16m 砂被组成，搭接宽度约 2m，东西方向顺潮流向布置。本工程共需铺设 18m×16m×0.4m 砂被 78 块，8m×6m×0.4m 砂被 39 块，设计要求砂被充填后平均厚度为 0.4m，允许误差±50mm；施工完成后砂被平面位置容许误差±500mm。砂被防冲刷保护平面布置图如图 1 所示，砂被防冲刷保护剖面图如图 2 所示。

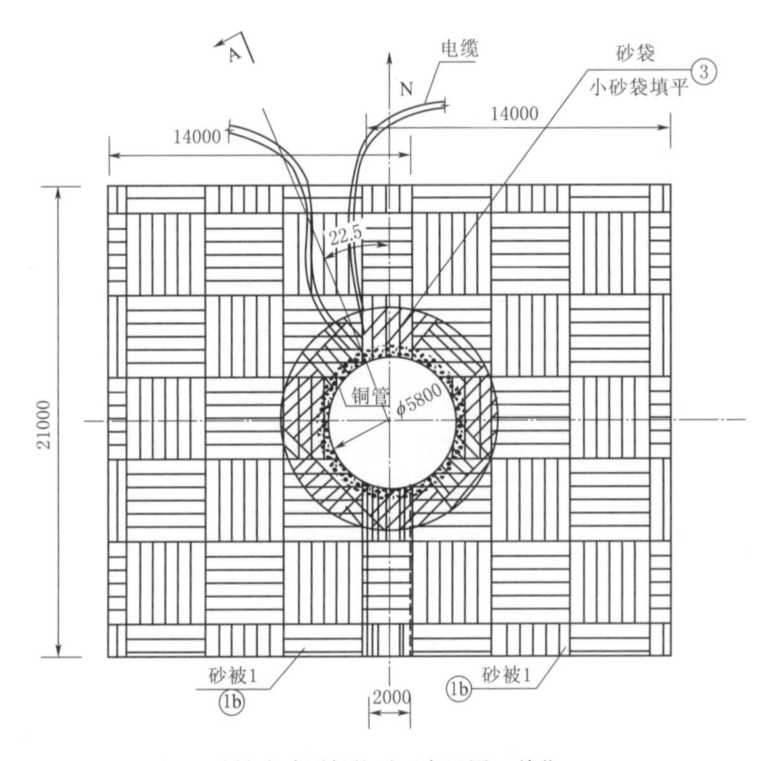

图 1　砂被防冲刷保护平面布置图（单位：mm）

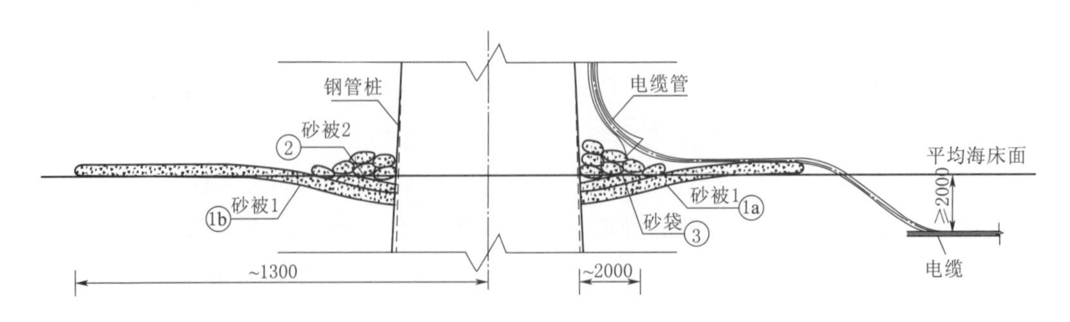

图 2　砂被防冲刷保护剖面图

2 砂被传统铺设工艺与存在问题

2.1 砂被传统铺设工艺

根据以往的施工方法，砂被铺设一般采用水下边充边铺的施工方案，该方案是将土工布铺设船定位在施工区域，运砂船靠泊在铺设船一侧，砂被铺在铺设船的翻板上，利用泥浆泵现场进行砂被充灌。边充灌边利用铺设船上的翻板将砂被放下海底，等砂被到达海底后移动敷设船舶，使砂被平躺海底泥面。砂被铺设示意图如图3所示。

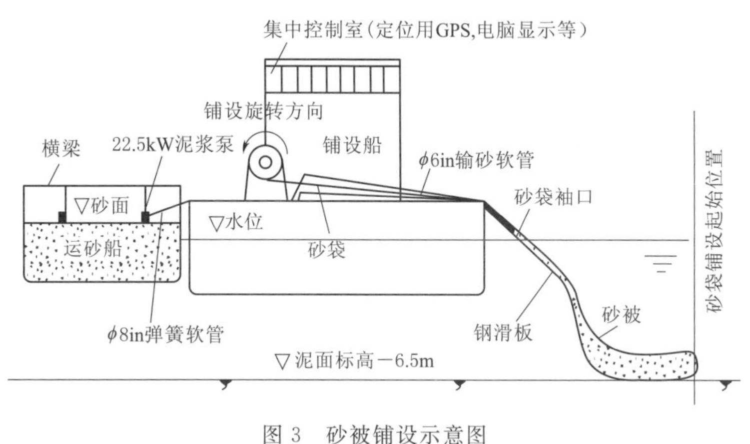

图3 砂被铺设示意图

2.2 存在问题分析

（1）砂被铺设传统工艺需潜水员水下配合施工，该施工区域水深、浪急，且单桩基础附近易形成旋流，存在很大的安全隐患。

（2）铺设船必须避开工程桩位，对砂被的铺设位置精度影响较大。

（3）为保障砂被铺设时不被水流冲移位就必须选择水流较缓的低平潮时段施工，作业时间大大受限；若单个时段无法完成单块砂被的充填，受潮流的冲刷，易造成砂被移位和扭折，不利于后续的施工。

（4）水下充砂，砂被质量不易检查，受充灌压力的影响，压力太低出砂管口易发生堆积，影响充填效果；压力太高易造成充填袋爆裂，很难保证砂被充填均匀、饱满。

（5）要确保充灌前砂被首部已到达泥面，必须在铺设时即时测量水深，施工环节较为烦琐、不便。

（6）这种水下边充边铺的施工工艺不易控制砂被的铺设方向，很容易造成砂被铺设时出现偏移，且难以纠正。

（7）该方案的施工工艺，铺设时需铺设船、运砂船紧密配合，根据以往施工经验，移船距离和间隔的关系为每 3～4min 移动 2m，移船较为频繁，存在很大安全隐患。

通过以上分析，砂被传统铺设工艺适合在水浅、浪小的江河水域施工，铺设面积较大且铺设精度要求不高的项目中应用。为降低安全隐患，提高砂被铺设效率，确保砂被铺设质量满足设计要求，考虑采用砂被整体铺设工艺来完成施工。

3 砂被整体铺设关键技术研究

3.1 砂被结构尺寸确定

设计要求砂被隔仓规格为 4m×3m，加筋带为纵横向布置，吊点沿砂被四周布置（图 4）；按照设计要求制作了一套 6m×8m 的砂被，并进行了 4 次整体吊装试验，试验发现整体起吊后砂被不平整，且普通尼龙绳索无法满足吊装；根据试验结果与受力，与设计沟通后，对 16m×18m×0.4m、6m×8m×0.4m 规格的砂被制作技术要求进行了调整，将砂被隔仓规格调整为 2m×1.5m，共设置 90 个隔仓；加筋带布置调整为隔仓对角线布置，且每一隔仓四角均布置吊点，共布置 113 个吊点（图 5）。调

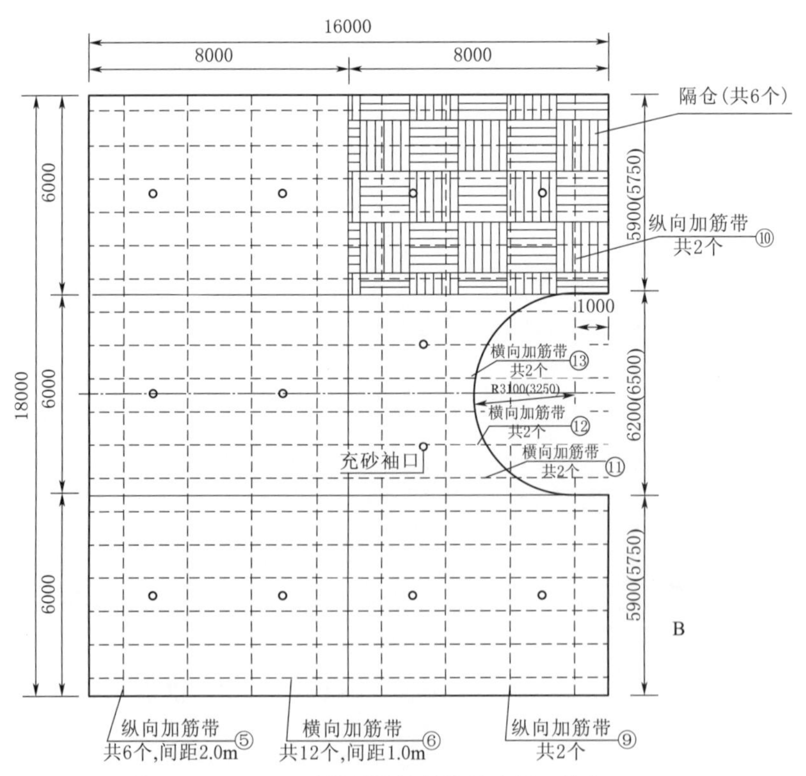

图 4　16m×18m 砂被原设计结构尺寸图（单位：mm）

整后我们重新制作了一套 6m×8m 的砂被，并做了整体吊装试验，试验发现，调整后的砂被整体起吊平整，且受力均匀，可以满足整体吊装。

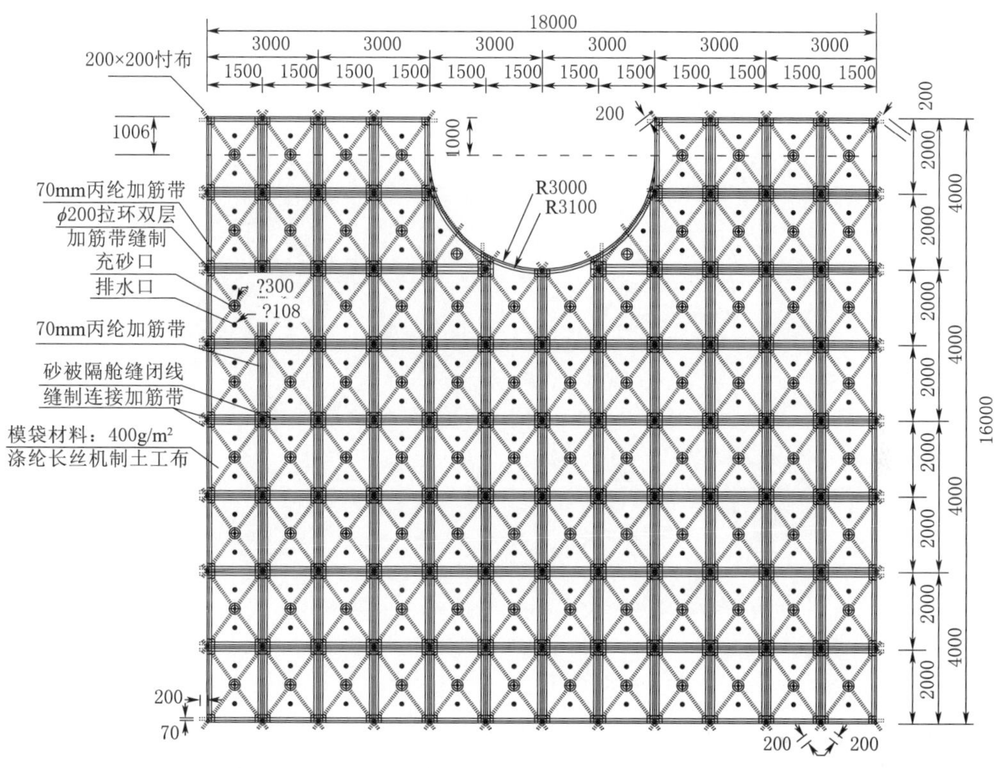

图 5　16m×18m 砂被调整后结构尺寸图（单位：mm）

3.2　吊架设计

根据砂被的外形尺寸、重量、特性设计专用砂被整体铺设吊架，吊架的强度满足 170t 砂被重量的起吊能力，并有 2 倍的安全系数，钢吊架上设置 8 个主吊点用于吊架起吊；根据砂被拉环的布置在吊架上设置吊点与之对应，确保砂被吊起后平整。制作完成的吊架如图 6 所示。吊架试吊砂被如图 7 所示。

图 6　制作完成的吊架

图 7　吊架试吊砂被

3.3 自动脱钩装置研发

积极借鉴、采纳国内先进技术经验，开展自动脱钩装置的研究与开发，经过多次的论证及试吊，成功研发出自动脱钩装置，试验成功后应用于现场实施。研发完成的自动脱钩装置如图 8 所示。

图 8　研发完成的自动脱钩装置

4　砂被整体铺设施工工艺

4.1　施工工艺流程

施工工艺流程图如图 9 所示。

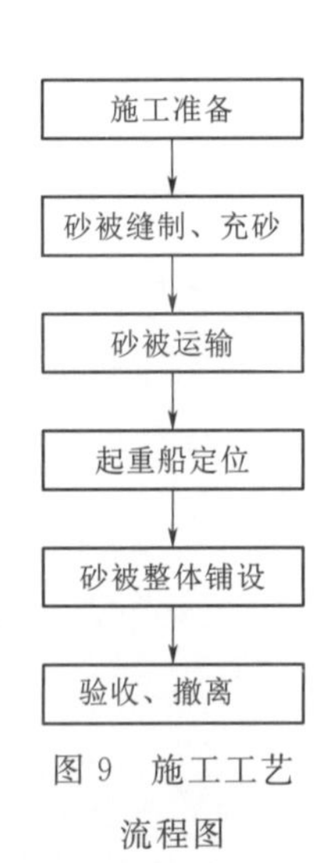

图 9　施工工艺流程图

4.2　砂被制作

砂被由 6 块 3.8m 宽的 $400g/m^2$ 涤纶土工布拼接而成（长 20.81m），砂被充填料采用渗透系数不小于 10^{-3} cm/s 的细砂或中粗砂进行充填。在陆域码头，将制作好的砂被平摊（图 10）至甲板驳上，运砂船停靠甲板驳一侧，利用泥浆泵逐个对每个隔仓充砂。单个砂被充灌完成后，沥水检查砂体饱满度是否符合设计要求，未达要求继续充灌，合格后进行下一个砂被的充填（图 11）。

4.3　砂被运输

选用有效甲板面为 60m（长）×20m（宽）、18 张砂被/每航次能力的自航驳作为砂被运输工具，能一次满足 9 根桩基砂被连续铺设作业。充填完成后，根据现场进度和天气情况，安排运输驳将砂被运送现场。运输前确定好运输线路，提前与海事部门沟通，确保砂被运输（图 12）顺利。

图 10　被体摊铺

图 11　砂被充填

图 12　砂被运输

4.4　砂被整体铺设

选用可以满足风电场现场海况作业的 600t 固定式复式起重船作为砂被整体铺设主吊。根据设计要求，合理安排起重船进点锚位，然后通过吊架将砂被整体起吊至桩基位置，利用两根浪风绳与运输驳上作业人员配合精确定位，砂被方向准确后，方可进行下放，待砂被下放至海床后，通过自动脱钩装置，完成砂被绳索脱钩，实现加工成型的砂被整体、连续地进行铺设。砂被整体铺设过程如图 13 所示。

铺设时需注意：

（1）绳索连接时，砂被拉环与钢吊梁上的自动脱钩装置必须一一对应，防止绳索交错不利脱钩。

（2）根据现场潮流方向选择适当的砂被进行铺设，起吊后严密观察起重船的方位，与砂被运输驳上作业人员配合，砂被方向准确后，方可进行下放。

图 13　砂被铺设过程

5　实施效果

该砂被铺设新工艺研发成功后，先于中广核如东项目正式开始应用 39 套，本项目已完成砂被铺设 27 套，且每套砂被均能顺利自动脱钩，全部是一次铺设完成，经潜水员现场水下探摸检测，铺设质量全部合格，具体数据见表 1。

表 1　　华能如东项目砂被铺设后平面位置偏差统计表

序号	桩位	砂被平面位置偏差				序号	桩位	砂被平面位置偏差			
		纵向/mm		横向/mm				纵向/mm		横向/mm	
1	#1	北	350	西	100	16	#16	北	230	东	110
2	#2	北	250	东	90	17	#17	南	200	西	10
3	#3	南	170	东	30	18	#19	南	130	南	130
4	#4	北	400	西	420	19	#20	北	120	东	30
5	#5	北	170	西	300	20	#37	北	170	西	230
6	#6	南	75	西	170	21	#38	南	75	西	120
7	#7	南	200	东	270	22	#39	南	180	东	300
8	#8	南	400	东	420	23	#40	南	30	东	40
9	#9	北	180	东	280	24	#41	北	320	西	410
10	#10	南	100	东	100	25	#48	南	20	西	250
11	#11	南	120	西	40	26	#49	北	60	西	310
12	#12	南	30	西	135	27	#50	北	70	西	140
13	#13	南	240	东	95						
14	#14	南	420	东	20						
15	#15	南	100	东	100						

6　结语

砂被整体铺设工艺，有效地解决了砂被传统铺设方案需候潮作业的施工难题，大大降低了安全隐患，提高了工作效率，缩短了工期，降低了施工成本。砂被整体铺设时可以做到准确定位，并实现可视化实时监控，确保砂被铺设质量满足设计要求，工艺适用性强，在类似工程和行业中推广价值较大。

参　考　文　献

[1]　中华人民共和国交通部. 水运工程土工合成材料应用技术规范：JTJ 239—2005 [S]. 北京：人民交通出版社，2006.

[2]　中华人民共和国国家质量监督检验检疫总局，中国国家标准化管理委员会. 土工合成材料　长丝机织土工布：GB/T 17640—2008 [S]. 北京：中国标准出版社，2008.

灌浆封隔器安装工艺优化

宋慧慧

（华能如东八仙角海上风力发电有限责任公司，江苏　南通　226408）

【摘　要】 灌浆封隔器作为导管架与基础桩之间的密封器，因其不可逆性，安装时的效果好坏对灌浆的成败起到至关重要的作用。而如何在安装时避免高温对封隔器中橡胶垫的影响是技术要点，本文主要讨论如何将在安装对封隔器橡胶垫的工作人员的影响降到最低。

【关键词】 封隔器；灌浆；橡胶垫；热影响

1　灌浆封隔器的定义

灌浆封隔器是由一个环形橡胶垫和上下两层夹板经螺栓固定而成的，隔断基础桩和导管架之间空隙的密封装置。

2　灌浆封隔器的作用

海上升压站的下部基础是由导管架和四根基础桩组成的，基础桩穿过导管架进入泥面固定后，由于管径的差别，两者之间会留下大面积的环形空隙，而海底泥沙会随着潮水的涨落发生变化，很有可能将导管架下部掏空，甚至形成悬空状态。而要解决这个问题，就需要将基础桩与导管架之间的环形空隙用特殊材料填满，增加两者的接触面积，让它们更可靠的结合成一个整体，进而增强整个下部基础的稳定性。灌浆封隔器的作用就是让基础桩通过导管架之后，把两者之间的环形缝隙密封住，从而为之后的灌浆施工创造条件。

3　灌浆封隔器的重要性

下部结构的施工是将导管架沉设至预定海底高程后，用 4 根基础桩将其固定的过程。图 1 所示为一根基础桩穿过导管架进入泥面固定后的示意图。

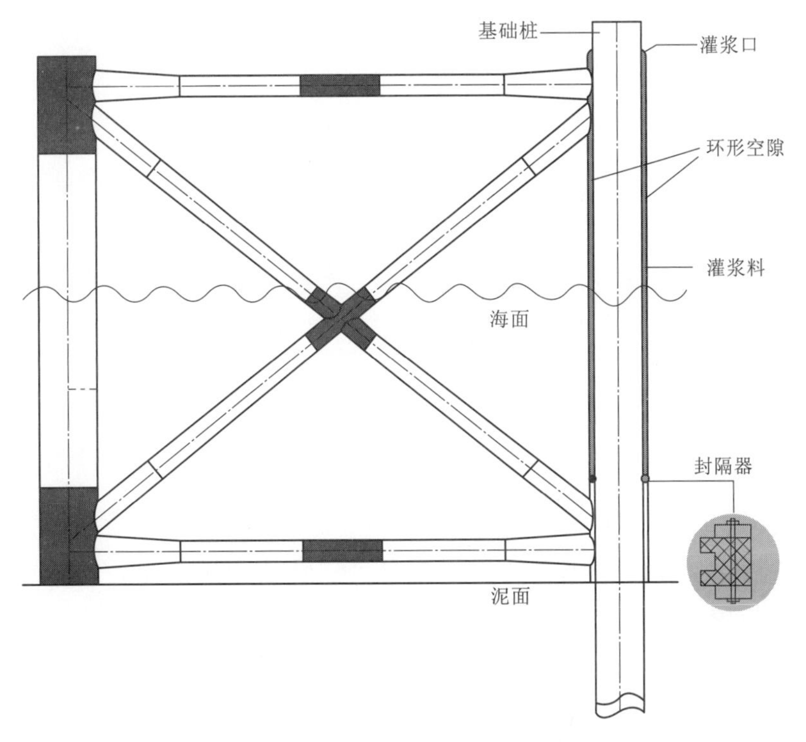

图 1　基础桩进入泥面固定示意图

在整个施工过程中，从沉设导管架开始，封隔器就已经进入海面以下，之后的整个基础桩沉桩过程，封隔器的状态是否正常都无法进行检测。直至基础桩沉桩到位之后，用水压试验的方法才能检测出封隔器的密封效果，进而判断是否能够继续进行灌浆作业。所以在整个灌浆施工中，最为关键的一个环节就是灌浆封隔器的安装。

4　灌浆封隔器的安装工艺

4.1　安装工艺一

图 2 所示工艺是先以熔透焊方式将封隔器上夹板焊接至导管架管芯内壁，再将超硬质橡胶垫放置在上夹板上（倒置施工）。橡胶垫就位后把下夹板对准位置放实，再进行熔透焊。就位后，用高强螺栓进行最终固定。整个上、下夹板焊接面积计算如下：

$$钢管管径\ \phi=2300\text{mm}$$

$$钢管厚度\ t=40\text{mm}$$

$$钢管内径\ \phi=2300-40\times2=2220\text{mm}$$

$$总焊接面积\ s=\pi\times2220\times60=418460mm^2$$

焊接时对橡胶垫的热影响为☆☆☆。

4.2 安装工艺二

图 3 所示工艺是对上夹板与导管架腿内壁间进行坡口深度 20mm 的非全焊透对接焊缝与角焊缝的组合焊（要求熔深检查大于 20mm 合格），再将超硬质橡胶垫放置在上夹板上（倒置施工）。橡胶垫就位后把下夹板对准位置放实，再进行非全焊透对接焊（要求熔深检查大于 20mm 合格）。就位后，用高强螺栓进行最终固定。整个上、下夹板焊接面积计算如下：

$$钢管管径\ \phi=2300mm$$

$$钢管厚度\ t=40mm$$

$$钢管内径\ \phi=2300-40\times2=2220mm$$

$$总焊接面积\ s=\pi\times2220\times60=418460mm^2$$

焊接时对橡胶垫的热影响为☆☆。

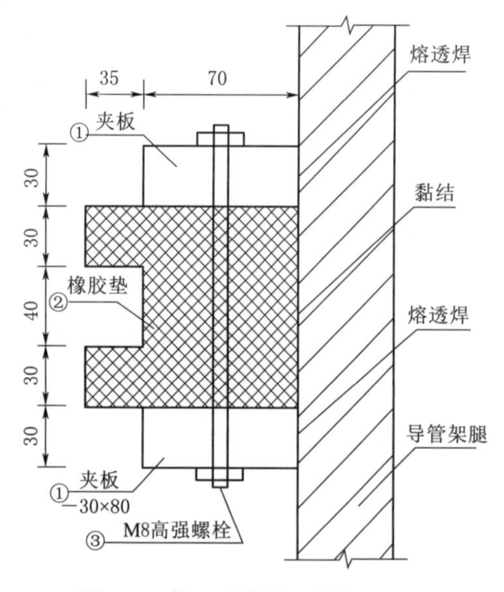

图 2　工艺一示意图（单位：mm）

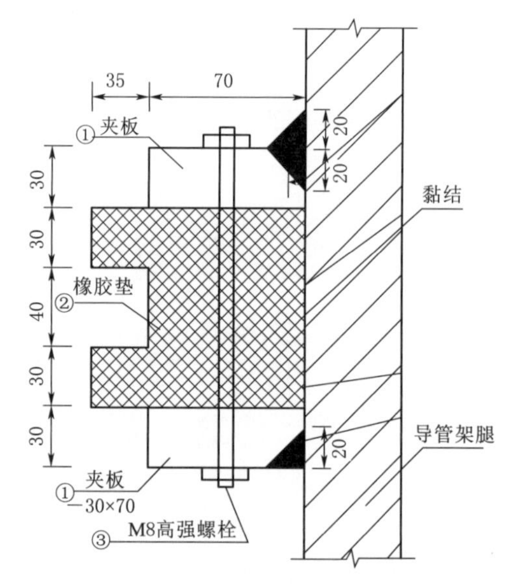

图 3　工艺二示意图（单位：mm）

4.3 安装工艺三

如图 4 所示，工艺三先以熔透焊方式将封隔器上夹板焊接至导管架管芯内壁，再将超硬质橡胶垫放置在上夹板上（倒置施工）。在将下夹板对准放实前，先预留 10mm 深坡口（焊接后要求熔深检查大于 10mm 合格）。按照图 4 所示预焊设置 24 块加劲版。每块加劲板厚度30mm，采用全焊透对接焊缝与角焊缝的组合焊（要求熔深检查大于20mm合格）。就位后，用高强螺栓进行最终固定。

整个上、下夹板焊接面积计算如下：

钢管管径 $\phi=2300\text{mm}$

钢管厚度 $t=40\text{mm}$

钢管内径 $\phi=2300-40\times2=2220\text{mm}$

上夹板焊接宽度 $w=30\text{mm}$

上夹板焊接面积为

$s=\pi\times2220\times30=209230\text{mm}^2$

下夹板10mm深环形焊接面积为

$s=\pi\times2220\times10=69743\text{mm}^2$

下夹板加劲板焊接面积为

$s=85\times(30+20+20)\times24=142800\text{mm}^2$

总焊接面积为

$s=209230+69743+142800=421773\text{mm}^2$

焊接时对橡胶垫的热影响为☆。

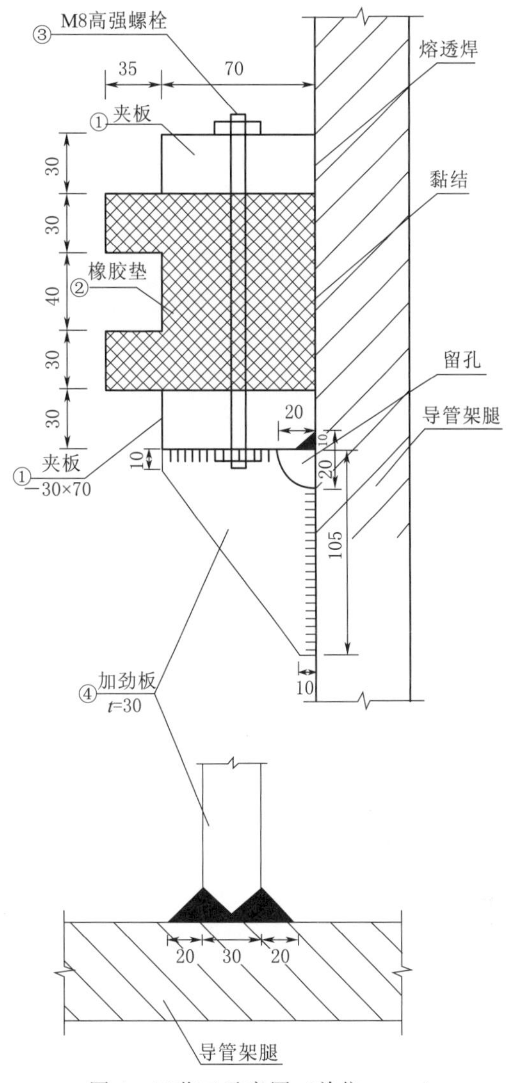

图4 工艺三示意图（单位：mm）

5 结语

评判灌浆封隔器的安装效果主要考虑两个方面。

5.1 整个灌浆封隔器在基础桩沉桩时的抗冲击能力

由于基础桩对封隔器的冲击力无法计算，可以把它看成一个定量 F，而基础桩对封隔器的冲击力基本上全部作用在封隔器和导管架内壁的焊接面上。焊接面积的大小（上面3种方案在焊接时已尽量将各种不同焊接方式的力学性能差异性降至最低）就决定了封隔器抗冲击能力 $\sigma=F/s$ 的大小。

基于以上3种方式计算出的 s 的大小基本一致。

5.2 安装下夹板时焊接产生的热量对橡胶垫的热影响

焊接时产生的热量很可能导致橡胶垫的变形从而影响安装后的密封效果。由于以上3种工艺都是先安装完上夹板之后再安装橡胶垫，然后再安装下夹板最终固定，所以只考虑焊接下夹板时对橡胶垫的热影响。钢材是优良的导热体，焊接的本质就是通过加压加热（通电加流）的方式将钢材加热至熔点，使两块金属熔化后再凝结成一个整体。那么通过下夹板与导管架内壁焊接面积以及焊接点与橡胶垫的距离就可以作为衡量焊接时对橡胶垫的热影响的判断标准。安装工艺一在焊接下夹板时采用熔透焊，持续加热时间最长，离橡胶垫最近，所以热影响最大；安装工艺二在焊接下夹板时采用非全焊透对接焊，焊接深度不深，对橡胶垫的热影响次之；安装工艺三在焊接下夹板时采用的非全焊透对接焊深度更浅，而辅助的加劲板方式由于加劲板分散，不持续加热，且离橡胶垫距离较远，基本可以忽略，所以对橡胶垫的热影响最小。

在抗冲击能力基本一致的情况下，安装工艺三对橡胶垫的热影响最小，所以最优。另外，安装工艺三已在华能如东海上风电工程海上升压站下部组块的灌浆施工中使用过并已得到证实。希望相关经验能够为以后的工程施工提供借鉴。

参考文献

[1] 朱宪辉，冯春健. 浅海导管架平台新型封隔器的开发与应用［J］. 石油规划设计，2000，11（6）：32-33.

[2] 汪冬冬，王成启，张悦然，等. 海上风电导管架的灌浆工艺：CN105604063A［P］. 2016.

[3] 郭伟宁，胡晓明，王乾. 海底管道非焊接接头设计与实验［J］. 中文科技期刊数据库（全文版）工程技术，2017：125-126.

运 行 篇

风电远程监控中心数据优化提升的探讨

陶 伟 陈 磊 严祺慧 秦雪妮

（华能国际电力江苏能源开发有限公司清洁能源分公司，江苏 南京 210015）

【摘 要】 随着我国风力发电技术日益成熟，国家推出了若干政策，鼓励风力发电产业的大力发展。但是大规模的风电场建设，不仅给风电公司的运营、维护、管理带来困难，也给电网调度带来很多问题。如每个风电场安装的风电机组监控系统、升压站综合自动化系统、风电场图像监控系统以及风功率预测系统又属于不同的厂商，各自为阵、独立运行，给风电场的运行维护带来极大的不便。华能江苏风电分公司于2015年10月成立了远程监控中心，针对风电远程监控中心存在的问题，通过统一分析，一一解剖，深入量化，从采集数据、采集周期、网络安全、防误操作等方面入手，对数据进行优化提升，保障实现风电场群综合利用效益最大化，帮助公司提高运营效率，从而提高经济效益。

【关键词】 电网调度；风电远程监控；采集数据；网络安全；防误操作

1 引言

华能江苏风电分公司目前所辖风电场中启东风电场装机容量185.5MW、如东风电场48MW、铜山风电场50MW，六合50MW已投运，地理位置最远距离南京市中心近400km。随着公司规模的扩大，后续铜山风电场二期、如东海上风电场、仪征风电场等项目会陆续开发建设，远景规划5～10年内公司所辖风电场数目将达到10个以上。

由于各风电场机型不同，每一种机型的控制系统都不一样，都需要一套独立的中央监控软硬件设备。随着风电场的扩建，多机型的现象在各个风电场都会出现，一个综合监控室内将会摆放多套中央监控系统。每个风电场安装的风电机组监控系统、升压站综合自动化系统、风电场图像监控系统以及风功率预测系统又属于不同的厂商，各自为阵、独立运行，给风电场的运行维护带来极大的不便。

华能江苏风电分公司贯彻落实股份公司“远程集控、自主检修、运维一体”的要求，梳理清洁能源生产管理“规范、示范、典范”的目标。南京远程监控中心设立于华能江苏风电分公司本部，更加便于管理与控制，真正实现安全、可靠、先进地集控运行。南京远程监控中心旨在将分散在各风电场内的监控系统数据、音频及图像远传至南京监控中心，在南京远程监控中心建立一套完善的风电场远程监控系统，对各风电场进行远程监视和集中控制，实现对各风电场数据整合管理，并可接受电网调度的统一调度指令（如 AGC、AVC 控制），优化风电场整体出力控制，实现风电机组效率最优化运行。

2 远程监控系统简介

远程监控系统主要实现对所属风电场生产设备的数据采集、监视和控制等，并满足上级调度部门通过本系统所属各风电场实现四遥（遥信、遥测、遥调和遥控）的功能。

2.1 数据采集及处理

数据采集及处理包含数据采集功能和数据处理功能。对接收的数据进行报警处理，生成各类报警记录，并能进行声光报警；生成历史数据记录；生成各类运行报表；生成各类曲线图表。具有数据统计能力，汇总风电机组运行时间、有功、无功、可用功率、电量累计、统计与分析，设备故障报警统计与分析等。

2.2 安全监视功能

安全监视是远程监控系统的重要功能之一。正常运行时，值班人员可通过系统的人机联系手段，对所属风电场各类设备的运行状态和参数进行监视管理。

2.3 画面显示

通过远程监控系统主机显示风电场各种信息画面，显示内容主要包括全部风电机组的运行状态，发电量，设备的温度等参数，各测量值的实时数据，各种报警信息，计算机监控系统，网络系统的状态信息。

2.4 报警及记录

当设备运行状态发生变更或参数超越设定值等情况发生时，对发生的异常情况进行记录，并发出声光及语音报警，及时报告运行人员，并可通过电话向场外人员报警。

2.5 控制功能

2.5.1 风电场控制系统层次

风电场控制系统采用分层分布式体系结构，整个控制系统分为三层：现地控制层、厂站监控层、远方监控层。

2.5.2 控制方式设置

远程监控系统的控制方式适用于对风电场设备的控制与操作，包括自动和操作员手动控制，分为“远程监控”和“风电场监控”两种方式，该控制方式的切换按各风电场分别进行。

2.5.3 控制操作

当风电场处于“远程监控”控制方式时，风电场及远程监控自动化系统操作员可通过远程监控系统对风电场升压站设备进行远方控制，控制操作包括：断路器的投、切，隔离开关的合、分等。

2.6 操作权限管理

具有操作权限等级管理功能，当输入正确操作口令和监护口令才有权限进行操作控制，参数修改，将信息给予记录，并具有记录操作修改人，操作内容的功能。

3 目前监控系统存在的瓶颈

由于各风电场机型不同，每一种机型的控制系统都不一样，都需要一套独立的中央监控软硬件设备。随着风电场的扩建，多机型的现象在各个风电场都会出现，一个综合监控室内将会摆放多套中央监控系统。每个风电场安装的风电机组监控系统、升压站综合自动化系统、风电场图像监控系统以及风功率预测系统又属于不同的厂商，各自为阵、独立运行，给风电场的运行维护带来极大的不便。远程监控中心成立之初，其数据量小，数据分类不明，所辖风电场升压站设备、风电机组设备故障、告警、报警均在实时信息这一个页面，存在查找故障、告警、报警步骤烦琐、时间长；风电场处于偏远开发地域，单网络运行，易网络中断；数据采样周期长；设备温度需逐台查看；220kV、35kV设备控制权限较低等问题。以上问题对远程监盘、数据分析带来很大困难。

4 数据优化提升

远程监控中心根据存在问题，统一分析，一一解剖，深入量化，从采集数据、采集周期、网络安全、防误操作等方面入手，对数据进行优化提升。

4.1 数据分类

通过对所采集的数据进行分类管理，对不同风电场进行逐一分类，设置一级告警

（包括风电机组箱变跳闸、通信中断、保护动作）、二级告警（包括风电机组故障停机故障信息）、三级告警（包括风电机组主要机械部件温度告警、压力超限告警）、四级告警（包括非引起风电机组停机的需处理的故障信号）、事故信息（包括升压站故障、开关跳闸、保护动作）、故障信息（包括保护空开跳闸）、正常越限（包括 220kV 或 110kV、35kV 电压越限）、操作信息、SOE、保护报文，如图 1、图 2 所示。对故障类别进行梳理，不仅减少了故障、告警、报警的查找时间（查询时间缩短为原有时间 50%），还提高了日常监盘质量。

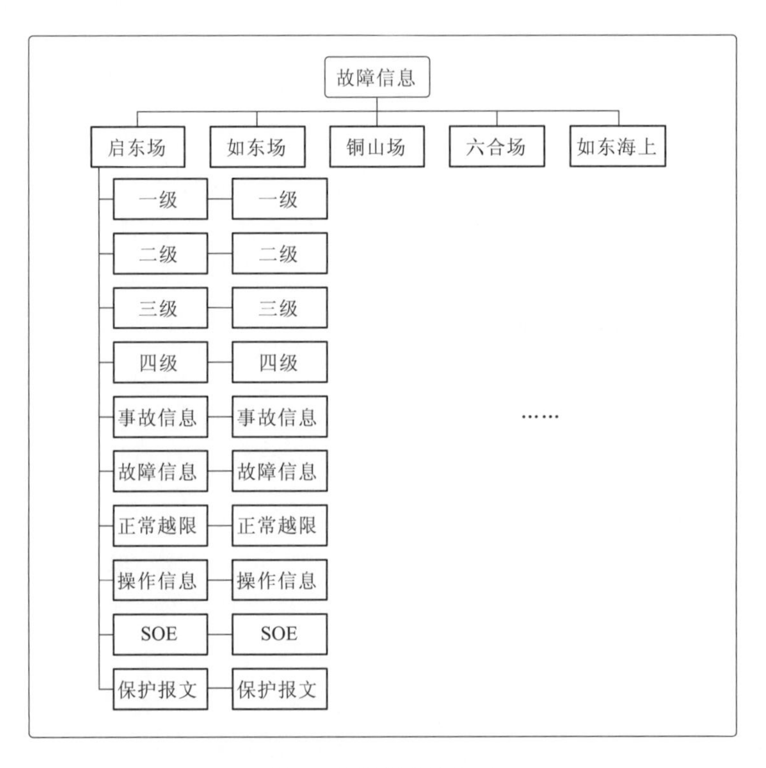

图 1　故障信息结构图

4.2　主备通道

针对各风电场处于偏远开发地域，现场施工较多，提出增加两条移动专线作为备用通道，采用主备专线的方式，确保网络畅通，提高设备远程监控可靠性。

4.3　软件升级

远程监控中心之初，数据采样周期为 5min，通过对存储设备的扩容及软件的升级，采样周期已可提升至 30s，对开展数据分析工作提供了更加精确可靠的数据。

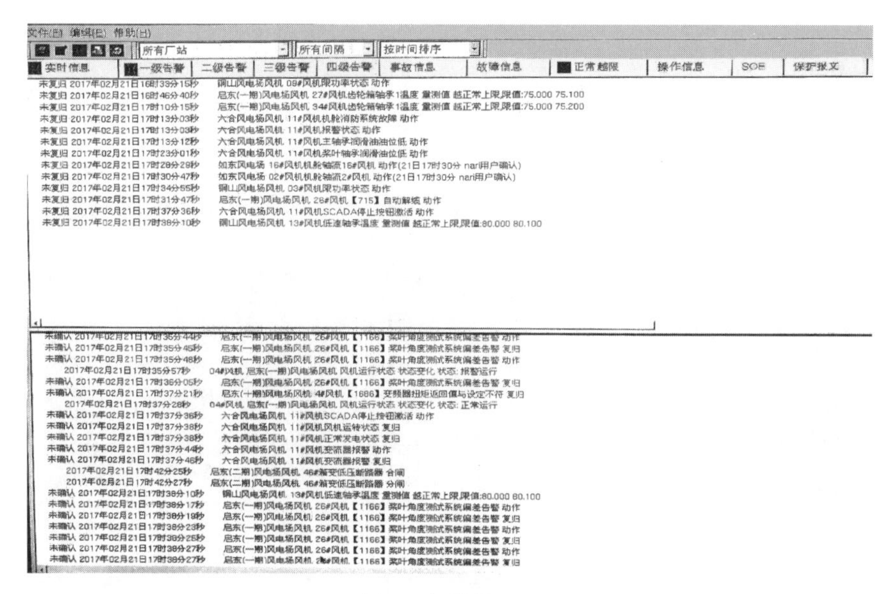

图 2　实施效果图

4.4　温度监控

对风电机组主要机械设备温度进行统计采集，便于与全场、相邻风电机组比较，如图 3 所示。

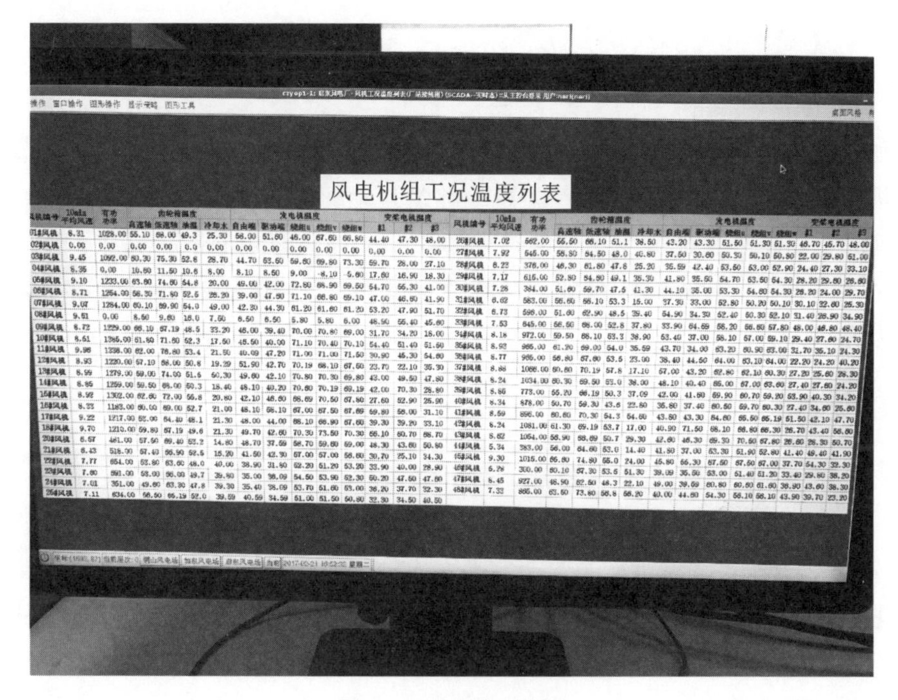

图 3　工况温度列表图

4.5 防止误操

添加 220kV、35kV 线路远程允许遥控按钮，防止误操作，如图 4 所示。

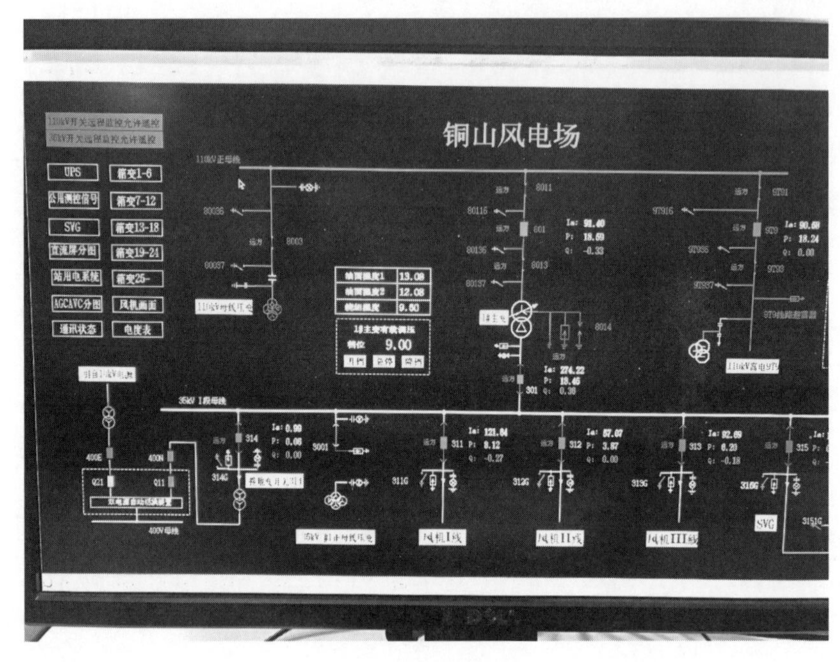

图 4　场站结构图

4.6 便捷调控

增加风电机组整组使能控制功能，实现风电机组的整组启停控制，大大节省了操作时间提升工作效率，增强了远程监控中心的自动化控制功能。在 2016 年春节调度调峰期间，缩短启停机时间，由原来计划的 30min 缩短至 10min 内完成。调峰期间启东、如东风场处于大风期间，保守估计减少弃风电量 20 万 kW · h，保证了公司的经济效益。

4.7 效果归纳

经过半年设备运行，数据量稳定，安全可靠。

（1）对不同风电场报文进行逐一分类，缩短 50%查询告警时间；缩短采样周期至 30s，提高工作效率，为开展数据分析工作提供了更加精确可靠的数据；并在系统中增加风电机组温度一览表，方便与相邻风电机组进行对比，增加监盘质量，从根本上解决了查找故障告警步骤繁琐时间长、温度数据不直观无法比较、数据采样周期长的问题。

（2）增加 2 条移动专线作为备用通道，主备专线，确保网络畅通，提高设备远程监控可靠性。基本解决风电场处于偏远开发地域，单网络运行，易网络中断的问题。

（3）增加风电机组整组使能控制功能。实现风电机组的批量起停控制，提高远程监控的自动化控制水平。

5 结语

为了提高风电信息化管理，降低运维成本，对采集数据进行数据优化是必然方向。风电企业应该结合自身特点和发展需求，搭建现代化风电远程监控中心。本文针对风电远程监控中心存在的问题，通过统一分析，一一解剖，深入量化，从采集数据、采集周期、网络安全、防误操作等方面入手，对数据进行优化提升，保障实现风电场群综合利用效益最大化，通过华能江苏风电远程监控中心实践证明了该方案的有效性。

风电场变频器参数优化后评估分析

李鑫鑫　蒋　宁　王有超　陈佳志

（华能国际电力江苏能源开发有限公司清洁能源分公司，江苏　南京　210015）

【摘　要】 如东风电场在风电机组优化运行工作中对部分变频器99.06参数由1840改为1900。满负荷状态下发现，进行参数修改后的13台风电机组（＃01～＃12、＃24风电机组），除＃06、＃11风电机组外，其余11台风电机组满发功率均达到2130kW左右，＃06、＃11风电机组满发功率维持在2080kW左右。经评估分析，参数调整后风电机组可以维持正常运行，未见超温现象，同时对＃06、＃11风电机组有功功率未达到预期效果进行分析。

【关键词】 风电机组；变频器；参数优化；分析

1　机组满发期间变频器参数已调整与未经参数调整风电机组对比分析

1.1　相同高风速下（调整与未调整做对比）

调整变频器参数风电机组为＃01～＃12、＃24风电机组，共13台。

经表1～表5对比发现，在相同高风速满发情况下，调整后风电机组功率明显高于未调整风电机组。

表1　＃01～＃05风电机组在相同风速下有功功率　单位：kW

10min平均风速/（m/s）	WT01有功功率	WT02有功功率	WT03有功功率	WT04有功功率	WT05有功功率
11	2130.36	2124.89	2132.28	2130.42	2127.14
12	2130.31	2127.45	2130.94	2130.71	2130.85
13	2129.57	2129.6	2128.37	2131.33	2129.82
14	2131.58	2126.73	2130.7	2131.78	2126
15	2126.03	2127.25	2127.01	2131.23	2125.37

续表

10min 平均风速 / (m/s)	WT01 有功功率	WT02 有功功率	WT03 有功功率	WT04 有功功率	WT05 有功功率
16	2131.95	2125.88	2126.61	2129.58	2125.77
17	2128.45	2124.27	2129.67	2131.11	2127

表 2　　♯06～♯10 风电机组在相同风速下有功功率　　单位：kW

10min 平均风速 / (m/s)	WT06 有功功率	WT07 有功功率	WT08 有功功率	WT09 有功功率	WT10 有功功率
11	2085.52	2128.11	2127.88	2127.01	2126.05
12	2083.8	2127.04	2128.36	2127.84	2131.38
13	2085.76	2124.45	2127.24	2129.83	2128.48
14	2085.58	2125.91	2127.5	2126.86	2130.64
15	2082.65	2124.43	2128.5	2126.5	2127.32
16	2082.6	2126.19	2127.18	2124.73	2125.69
17	2082.28	2120.37	2125.31	2127	2127.9

表 3　　♯11～♯15 风电机组在相同风速下有功功率　　单位：kW

10min 平均风速 / (m/s)	WT11 有功功率	WT12 有功功率	WT13 有功功率	WT14 有功功率	WT15 有功功率
11	2085.06	2128.4	2086.05	2086.13	2083.13
12	2085.42	2127.19	2084.29	2086.28	2084.39
13	2087.12	2128.89	2082.13	2086.3	2085.22
14	2083.79	2127.48	2081.45	2086.08	2083.67
15	2079.81	2125.64	2086.06	2081.28	2081.93
16	2082.22	2126.43	2084.98	2086.01	2085.34
17	2083.8	2128.97	2082.39	2086.11	2084.76

表 4　　♯16～♯20 风电机组在相同风速下有功功率　　单位：kW

10min 平均风速 / (m/s)	WT16 有功功率	WT17 有功功率	WT18 有功功率	WT19 有功功率	WT20 有功功率
11	1282.55	2084.62	2086.94	2088.01	2084.41
12	1318.54	2084.77	2085.5	2087.31	2083.17
13	1314.54	2083.5	2085.72	2086.44	2082.73
14	1283.17	2083.86	2082.48	2084.9	2081.26
15	1288.08	2081.66	2084.04	2084.87	2080.05
16	1305.79	2083.81	2086.07	2082.77	2080.36
17	2083.47	2077.71	2083.73	2080.12	2081.98

表 5　　　　　　　　　　♯21～♯24 风电机组在相同风速下有功功率　　　　　　　　　　单位：kW

10min 平均风速 /（m/s）	WT21 有功功率	WT22 有功功率	WT23 有功功率	WT24 有功功率
11	2085.22	1771.45	2082.86	2124.78
12	2082.63	2081.49	2084.90	2124.82
13	2085.42	1549.91	2084.90	2129.62
14	2084.91	1539.77	2081.69	2128.88
15	2086.26	1537.96	2083.06	2124.88
16	2084.21	2052.46	2080.31	2128.09
17	2084.06	2080.43	2078.08	2125.52

注　由于♯22 号风电机组触发 H102N－2.0MW 风电机组降容保护，故其有功功率偏低、♯16 触发变桨角度不一致故障，停机。

1.2　风电机组变频器温度、传动部件温度比较

1.2.1　变频器温度

由于修改了 13 台风电机组，♯01～♯12 风电机组排布沿海堤路边一侧，♯24 与陆上龙源风电机组毗邻。所以根据地理位置抽取，♯01、♯06、♯12、♯15、♯21、♯24 为样本，进行比较，如图 1～图 6 所示。

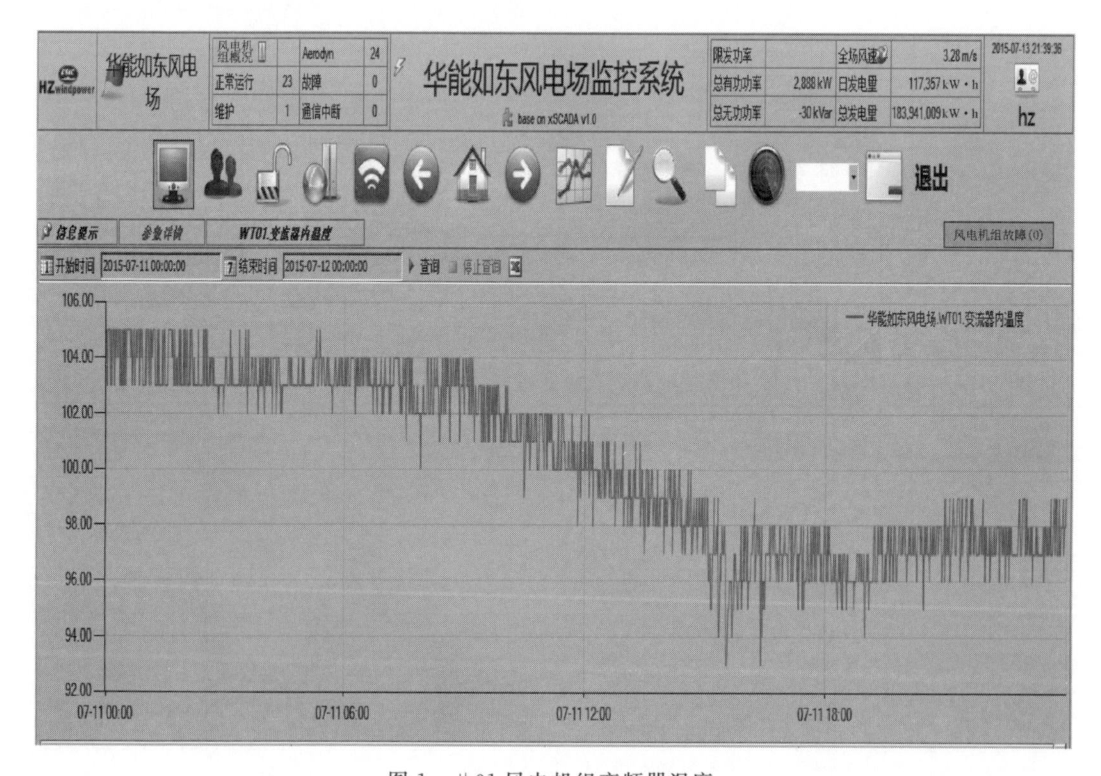

图 1　♯01 风电机组变频器温度

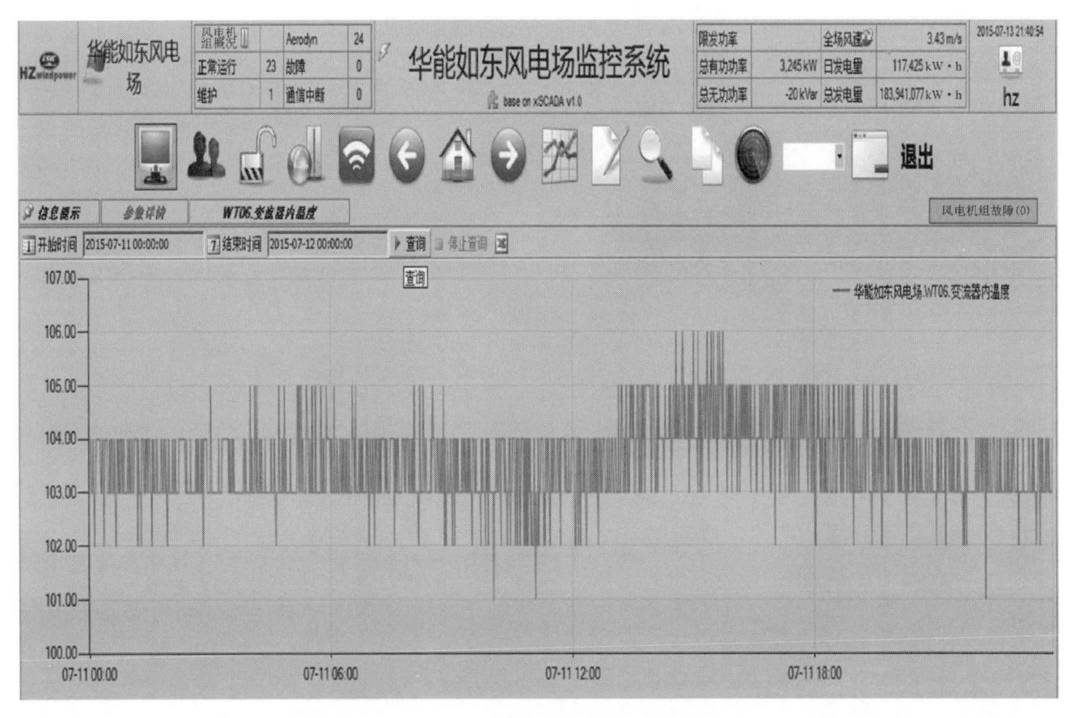

图 2　#06 风电机组变频器温度

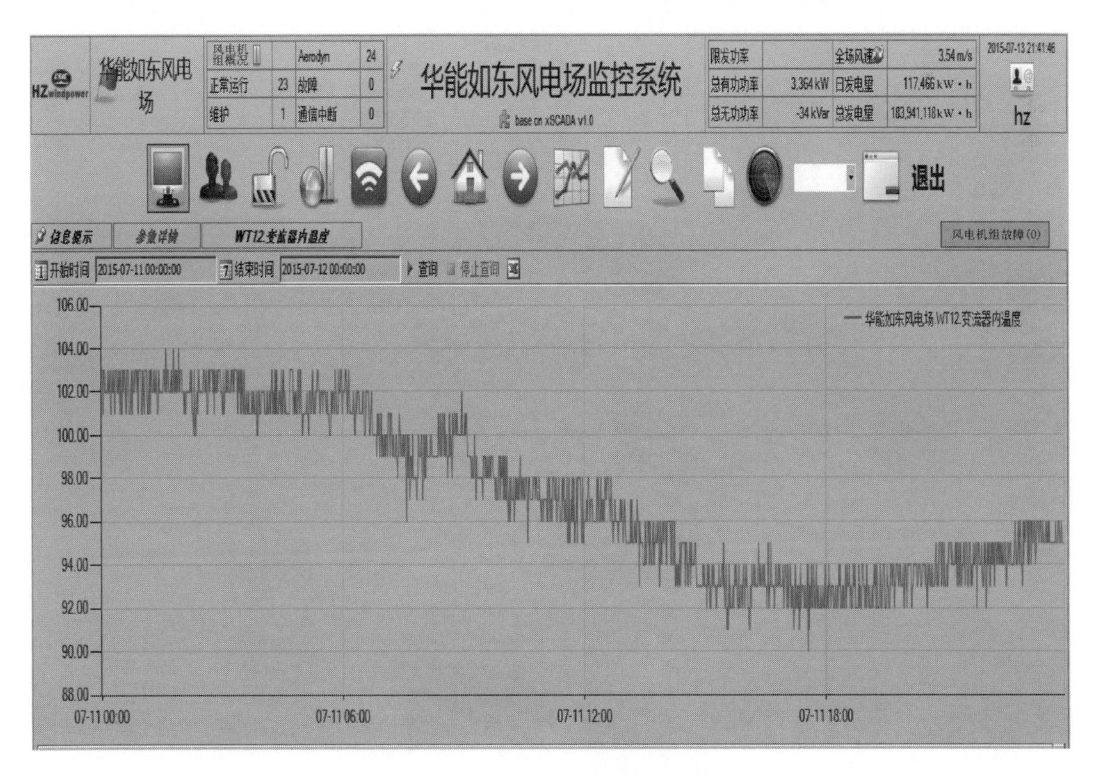

图 3　#12 风电机组变频器温度

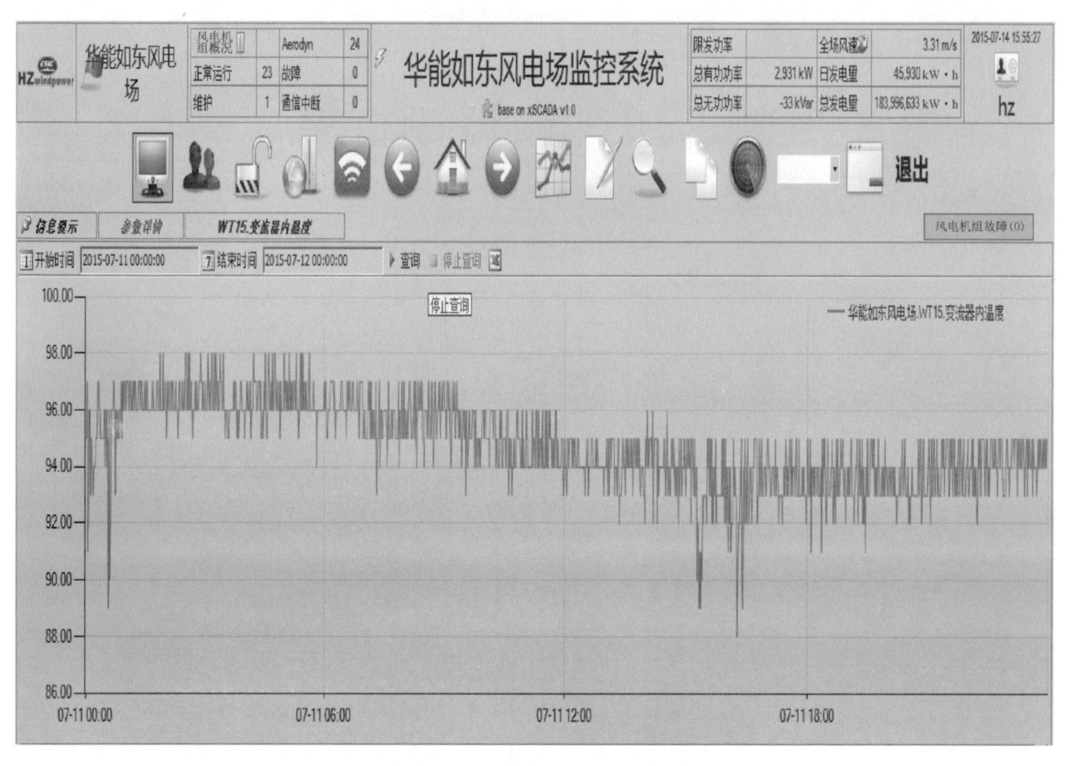

图 4　#15 风电机组变频器温度

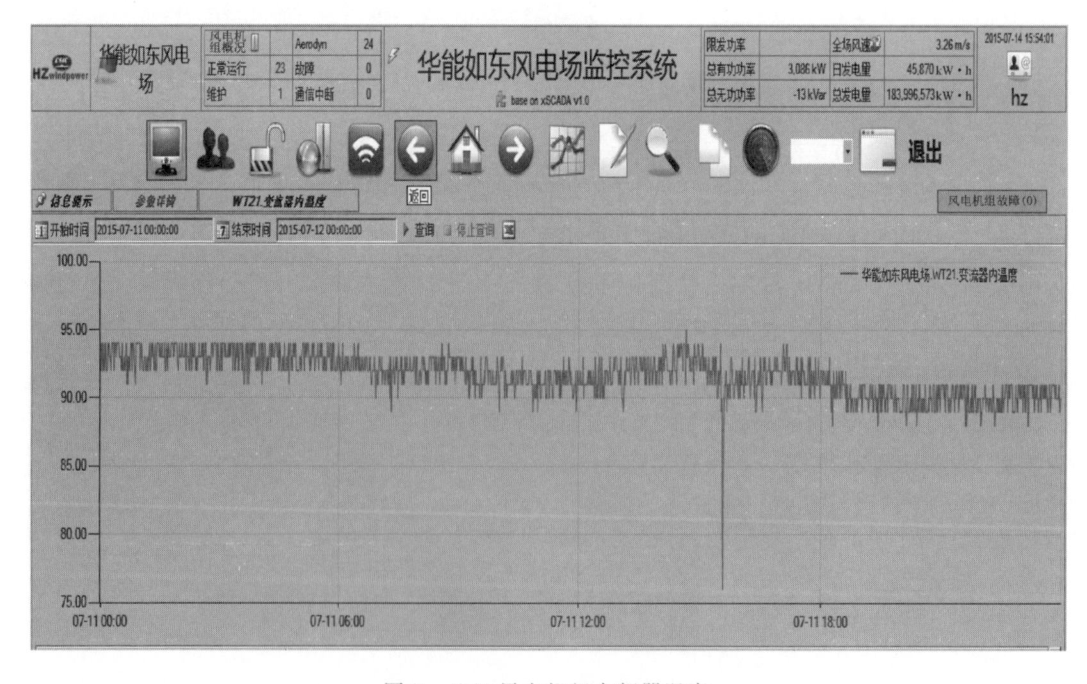

图 5　#21 风电机组变频器温度

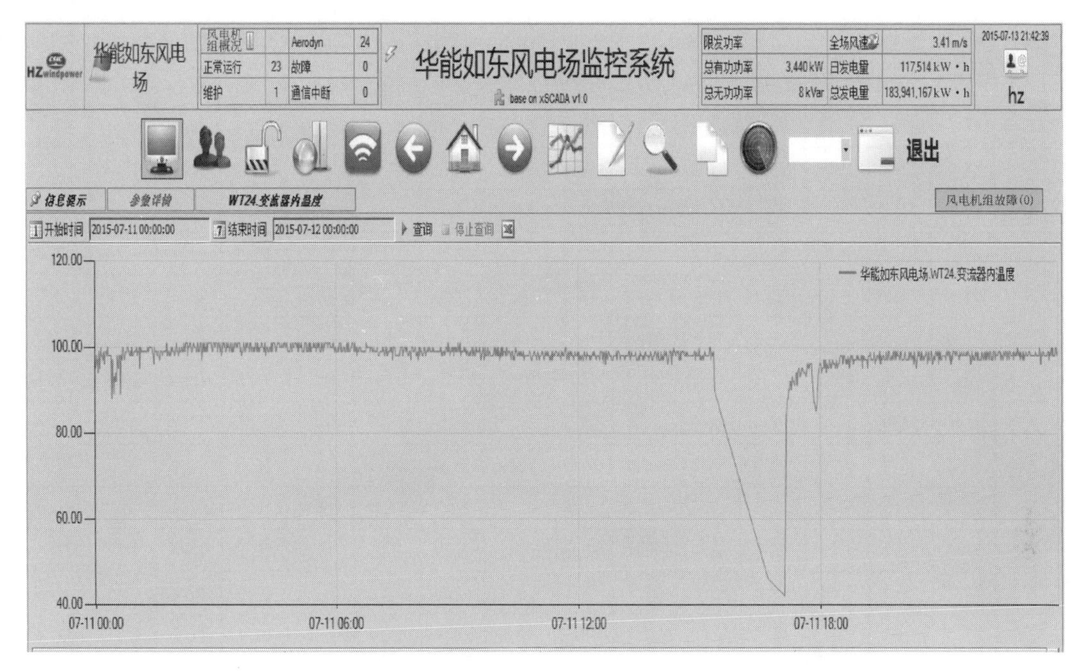

图 6　#24 风电机组变频器温度

可以判断出，变频器参数调整风电机组在满发阶段时，高于其他风电机组变频器温度 5℃左右，且参数调整风电机组变频器温度基本保持在 100℃左右，属于正常温度变化范围，变化较为平稳。（ABB ACS800－67 型变频器限值：变频器过温报警值为 115℃、变频器超温报警值为 130℃、变频器超温停机值为 140℃）。

1.2.2　风电机组工况温度

风电机组工况温度见表 6。

表 6　　风电机组工况温度列表

ID	有功功率	齿轮箱温度			发电机温度			主轴温度		变频器	变桨驱动器 IGBT			变桨后备电源		
		前轴承	后轴承	进口油	前轴承	后轴承	滑环	前轴承	后轴承	温度	1#叶片	2#叶片	3#叶片	1#叶片	2#叶片	3#叶片
01	2129	72.1	76.0	55.4	71.9	61.4	68.9	57.0	59.1	102.0	45.0	39.0	46.0	42.0	45.8	42.5
02	2122	71.3	75.2	52.8	57.6	63.5	71.5	48.0	55.8	101.0	42.0	42.0	56.0	40.8	41.2	44.1
03	2127	68.5	71.6	50.6	62.4	61.8	67.2	52.3	57.3	101.0	47.0	49.0	47.0	42.3	42.6	43.0
04	2129	71.1	70.6	58.5	76.8	65.1	69.0	54.1	57.0	96.0	46.0	45.0	49.0	42.8	42.6	42.9
05	2129	68.8	73.5	51.3	59.3	65.5	56.3	47.3	51.4	95.0	44.0	43.0	45.0	40.1	40.0	40.0
06	2086	65.8	70.5	48.5	61.2	56.8	58.3	51.5	57.1	103.0	43.0	43.0	41.0	41.1	41.4	41.3
07	2119	69.0	73.8	51.9	56.7	55.6	60.3	42.6	50.5	105.0	35.0	40.0	40.0	39.2	39.5	39.5
08	2127	71.2	71.7	52.6	54.0	56.2	58.3	52.9	56.9	103.0	43.0	47.0	47.0	43.2	43.5	43.3
09	2128	69.3	72.2	49.8	51.7	55.3	52.0	43.0	50.0	95.0	45.0	43.0	42.0	40.1	40.1	40.1

续表

ID	有功功率	齿轮箱温度			发电机温度			主轴温度		变频器	变桨驱动器 IGBT			变桨后备电源		
		前轴承	后轴承	进口油	前轴承	后轴承	滑环	前轴承	后轴承	温度	1#叶片	2#叶片	3#叶片	1#叶片	2#叶片	3#叶片
10	2118	66.7	71.1	57.3	49.9	54.8	57.3	50.0	54.8	97.0	42.0	44.0	47.0	41.6	40.8	41.0
11	2083	68.7	71.3	49.7	53.7	57.6	63.9	47.0	52.6	95.0	53.0	38.0	42.0	42.0	39.3	39.1
12	2115	67.0	74.6	50.5	57.9	59.3	65.1	50.9	54.3	98.0	47.0	49.0	41.0	42.4	42.8	41.6
13	2076	79.1	83.1	50.7	52.0	60.5	70.3	49.3	55.9	94.0	42.0	45.0	45.0	42.9	43.3	41.6
14	2067	76.9	75.9	47.3	58.2	53.7	57.5	49.6	55.5	94.0	42.0	47.0	48.0	42.9	43.5	43.0
15	2072	75.0	71.7	51.5	59.8	56.0	60.0	45.8	53.5	95.0	40.0	41.0	45.0	41.1	41.5	52.1
16	2090	73.6	64.1	47.3	63.4	61.7	63.2	46.1	52.0	97.0	39.0	43.0	40.0	42.3	43.1	41.3
17	2086	69.1	74.8	53.4	56.0	52.0	59.7	50.6	57.0	95.0	43.0	56.0	49.0	43.8	47.0	43.7
18	2078	68.5	75.8	63.5	56.7	65.0	58.9	47.9	52.8	99.0	56.0	43.0	55.0	46.0	43.1	47.0
19	2076	70.5	74.5	53.9	52.9	55.5	57.5	50.6	54.9	94.0	49.0	44.0	45.0	42.6	42.2	42.5
20	2083	70.2	78.3	53.9	52.8	58.6	60.0	49.8	57.7	99.0	47.0	47.0	42.0	41.6	41.1	41.3
21	2079	78.5	73.0	50.4	55.6	59.9	67.1	48.5	53.7	92.0	41.0	39.0	40.0	39.8	42.2	40.0
22	0	57.0	59.5	52.3	47.5	56.0	50.7	48.5	56.0	0.0	37.0	37.0	39.0	41.7	45.5	41.3
23	2066	75.4	80.0	51.6	75.5	56.1	62.6	48.6	57.8	93.0	56.0	54.0	44.0	45.8	45.5	42.6
24	2128	80.8	78.0	51.5	54.6	59.1	61.2	50.4	56.8	100.0	45.0	43.0	45.0	43.3	42.9	45.8

经过对比可以发现，经过参数调整的风电机组和未经过调整的风电机组在齿轮箱温度、发电机轴承温度、主轴温度、变频器温度等参数上均相差不大，且都在允许运行范围之内。

1.3 风电机组绕组温度比较

根据如东风场风电机组地理位置，抽取#01、#06、#12、#15、#21、#24为样本，进行比较，如图7～图12所示。

可以分析出，#01号风电机组发电机绕组温度与其他风电机组相比略高，但在正常范围之内，属于个体数据正常偏差（发电机任一绕组温度大于140℃将进行降容，任一绕组大于145℃将停机）。综合比较分析，风电机组变频器无论参数是否调整，发电机绕组温度变化不大。参数调整的风电机组处于满发阶段时，发电机绕组温度基本保持在120～130℃，属于正常温度变化范围，但是运行值班人员依然要关注在大风期间发电机绕组是否处于超温状态。

1.4 变频器线电流比较

根据如东风电场风电机组地理位置，抽取#01、#06、#12、#15、#21、#24为样本，进行比较，如图13～图18所示。

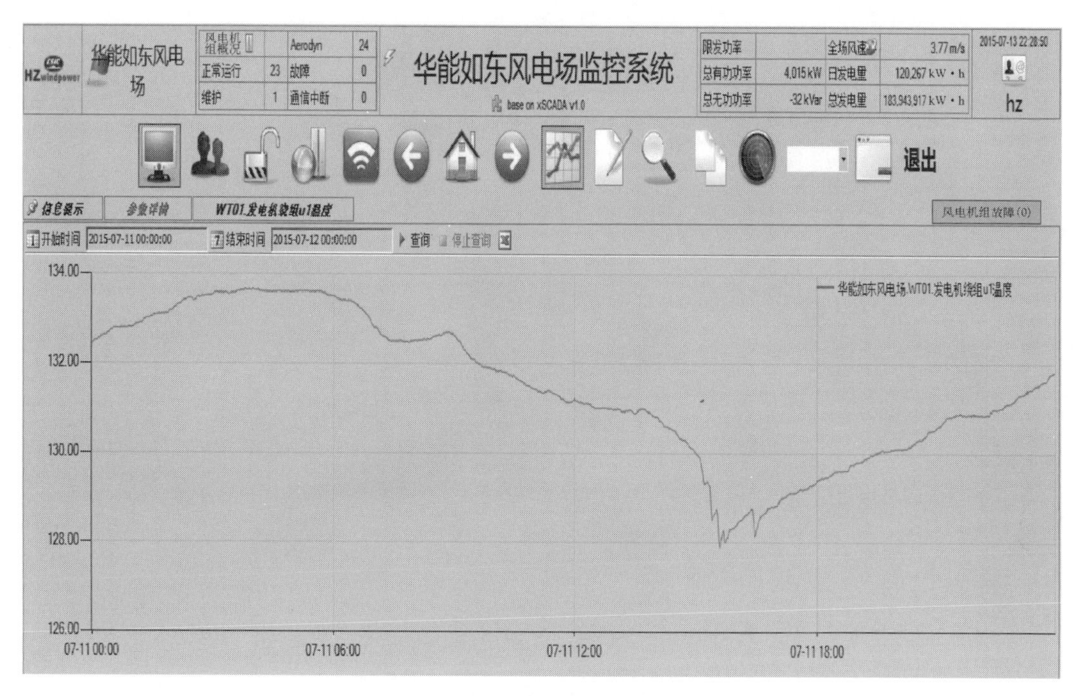

图 7　#01 风电机组绕组温度

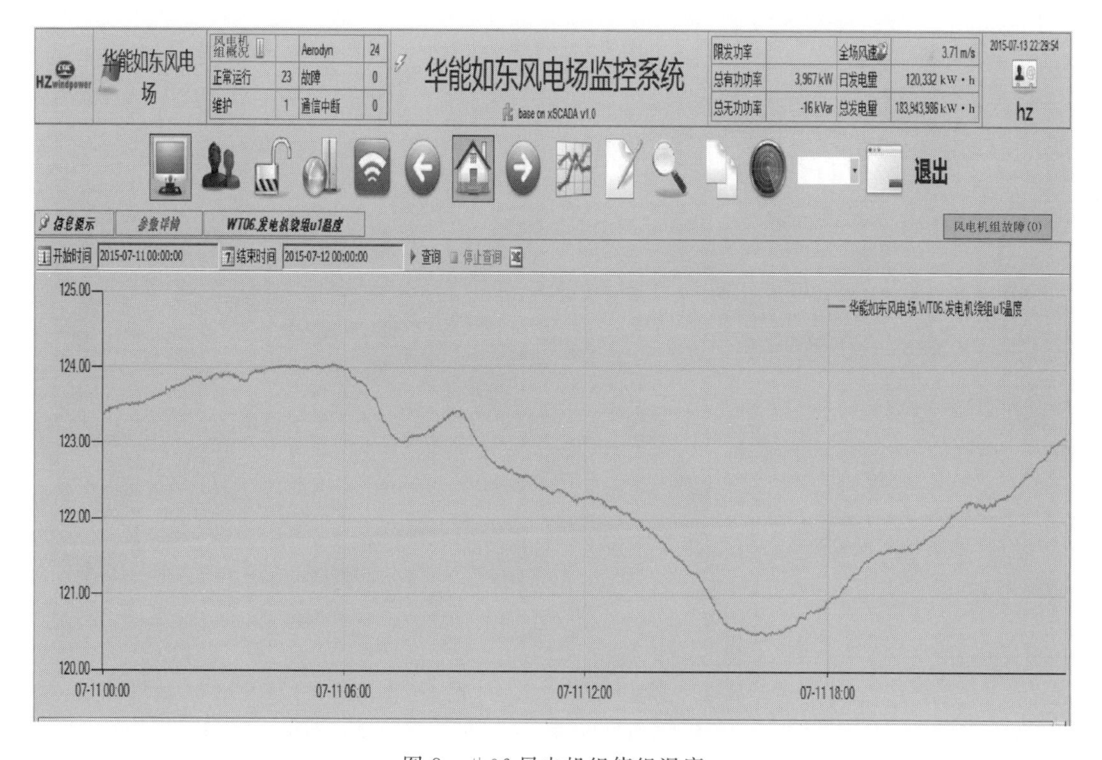

图 8　#06 风电机组绕组温度

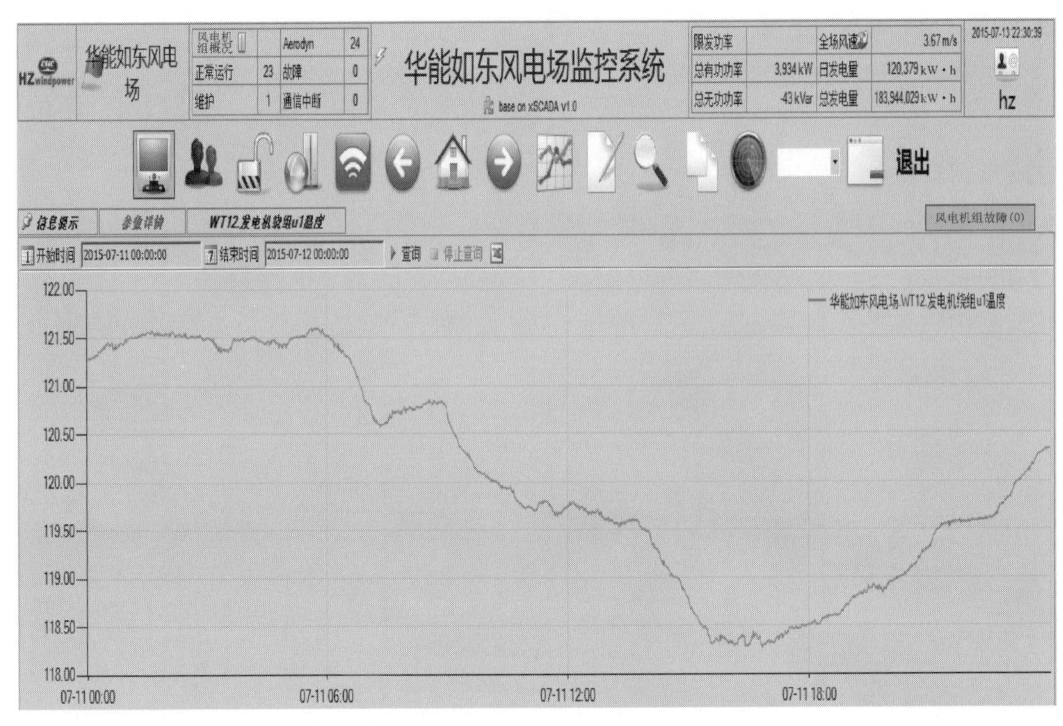

图 9　♯12 风电机组绕组温度

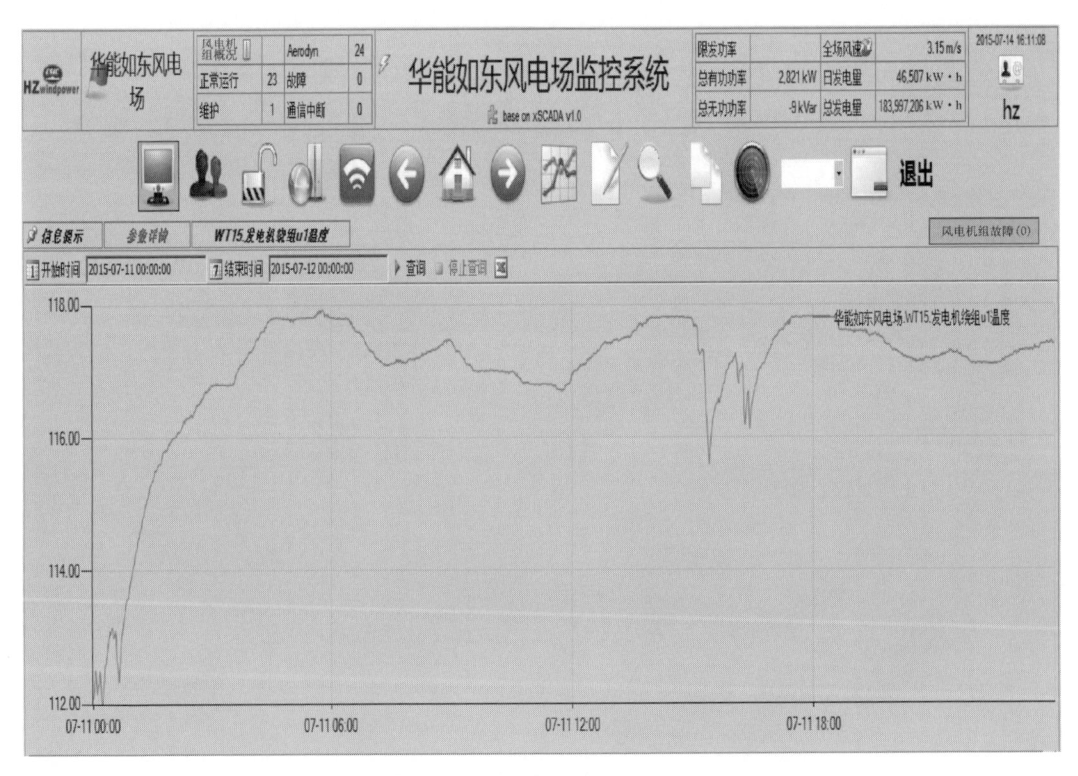

图 10　♯15 风电机组绕组温度

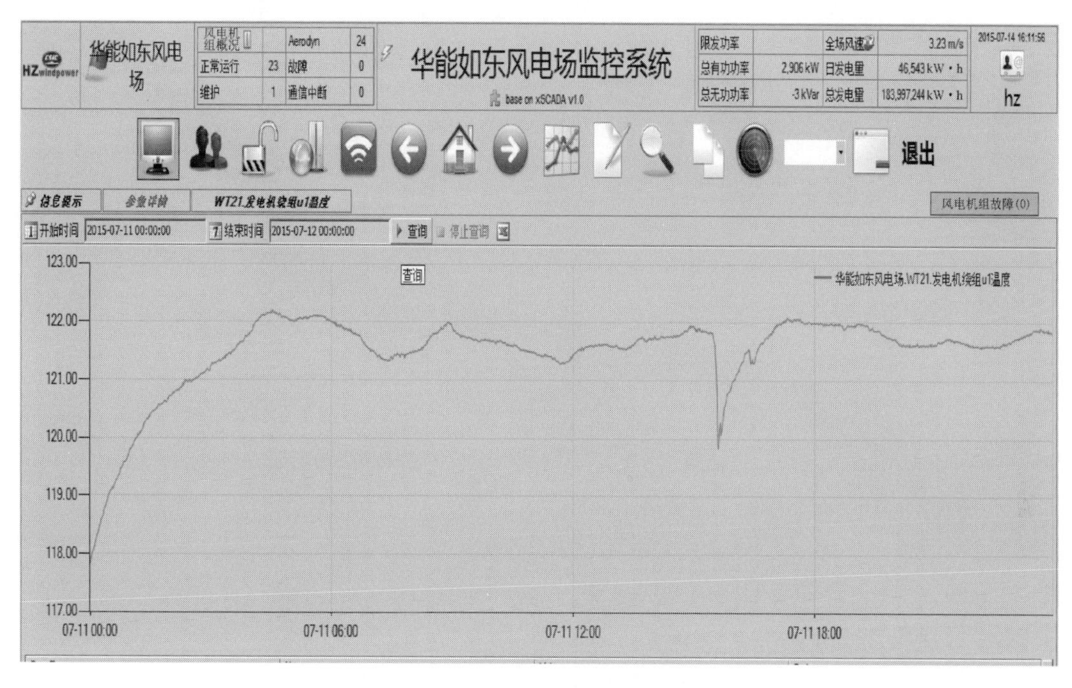

图 11　#21 风电机组绕组温度

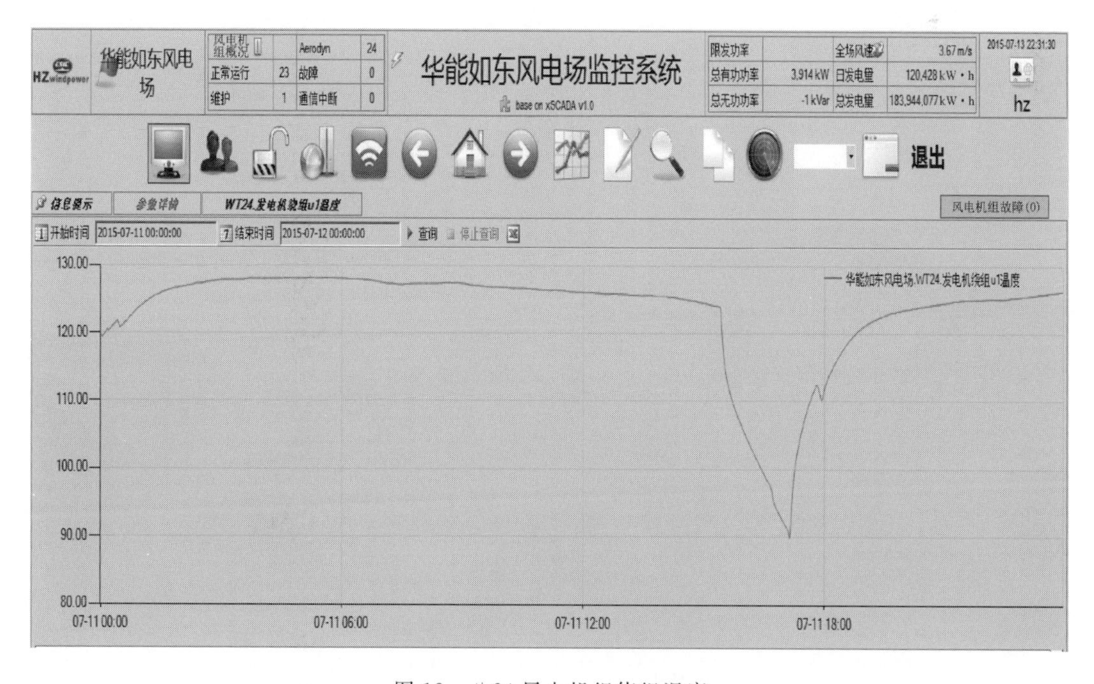

图 12　#24 风电机组绕组温度

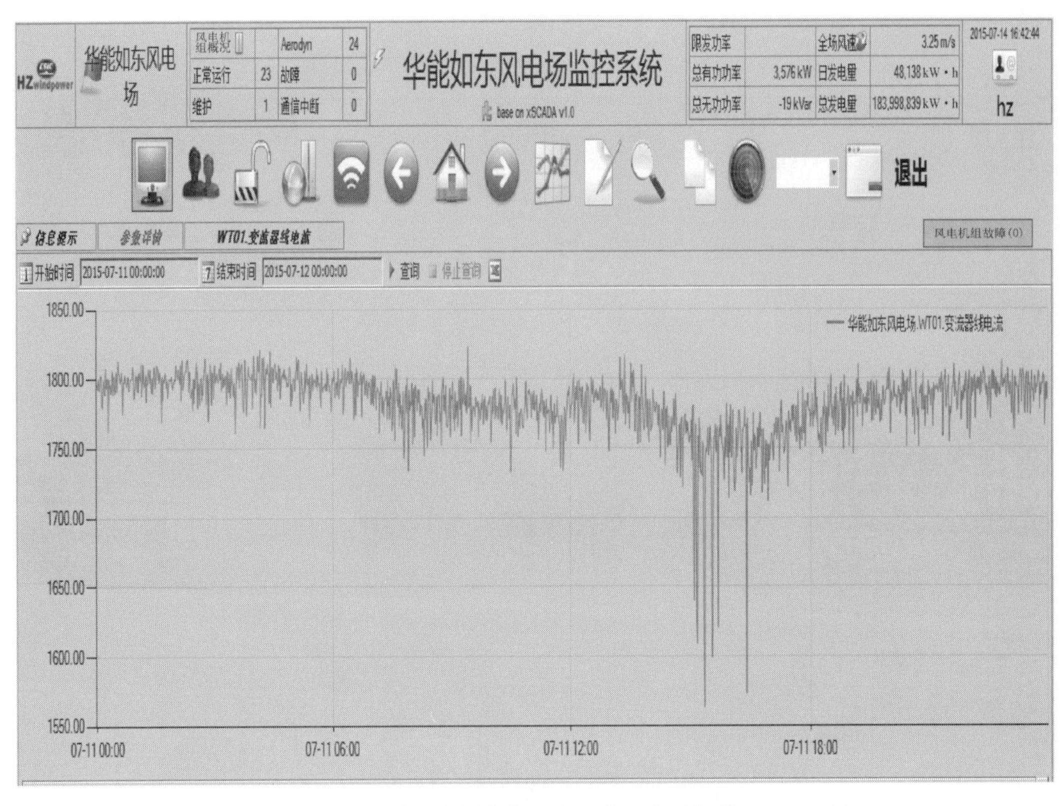

图 13　＃01 风电机组变频器线电流（线电流平均值 1782.66A）

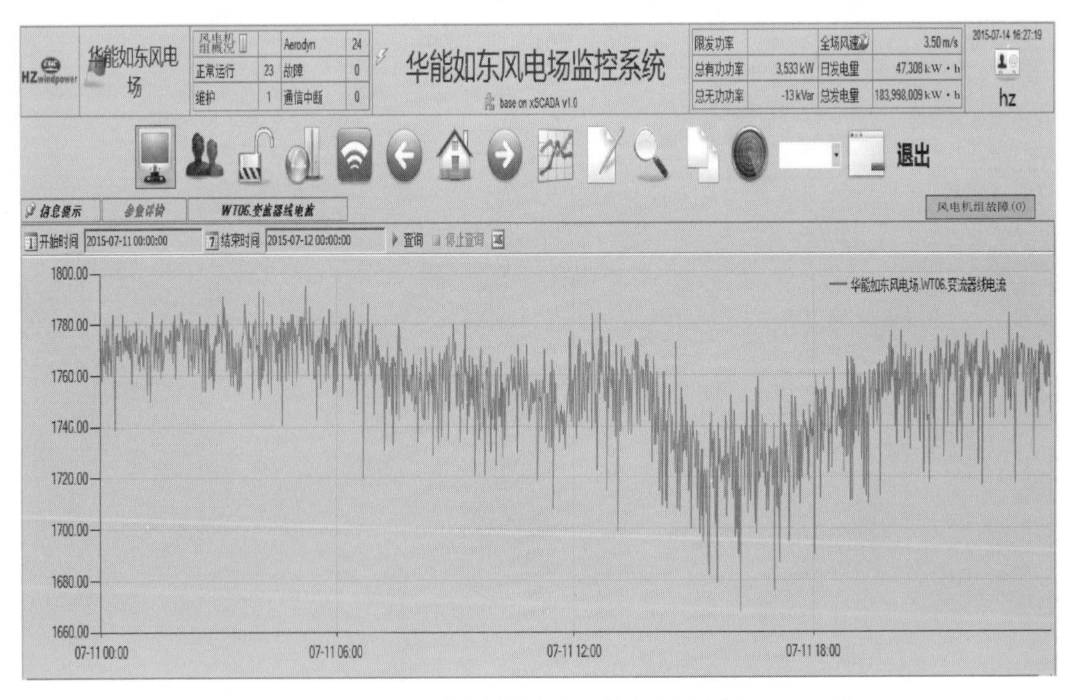

图 14　＃06 风电机组变频器线电流（线电流平均值 1755.23A）

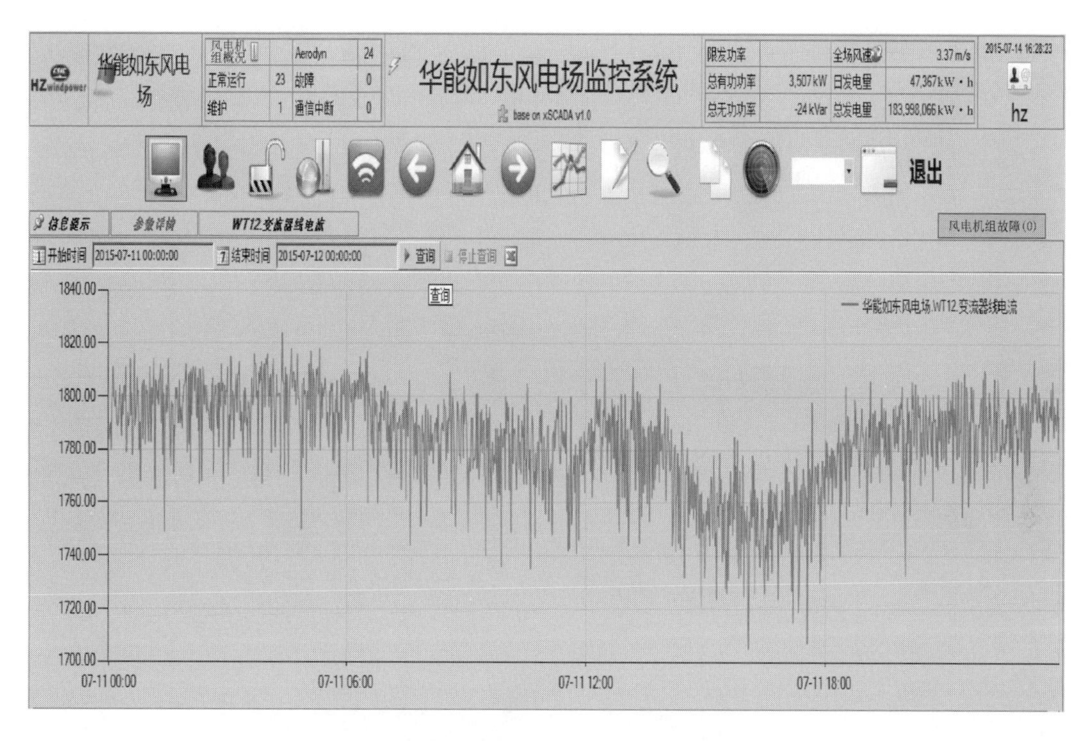

图 15　#12 风电机组变频器线电流（线电流平均值 1783.23A）

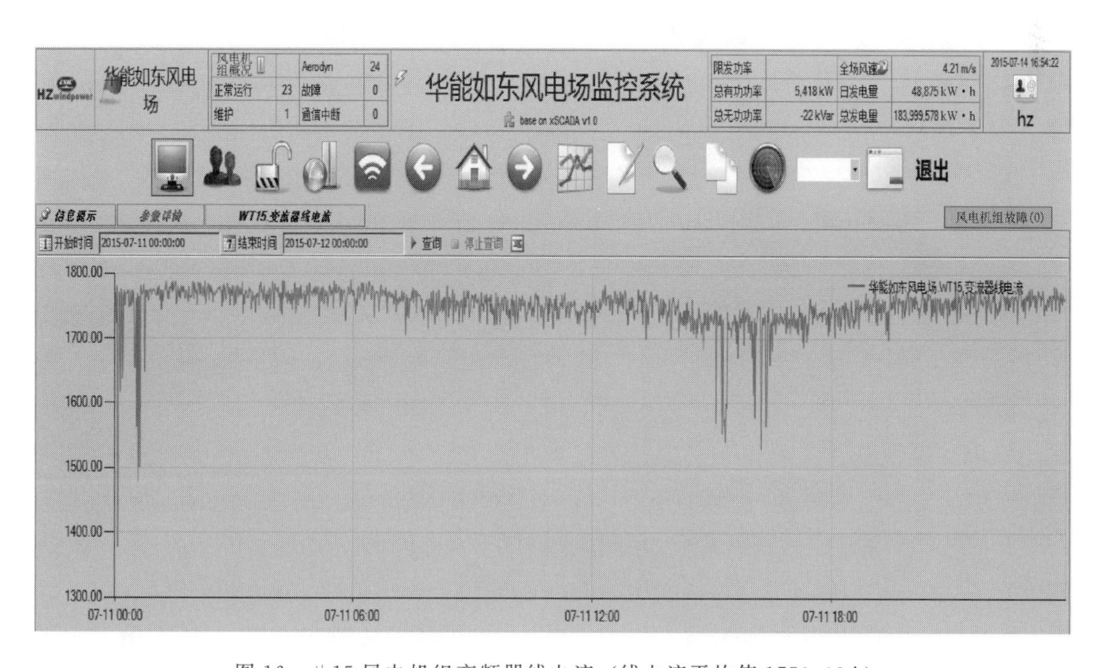

图 16　#15 风电机组变频器线电流（线电流平均值 1750.09A）

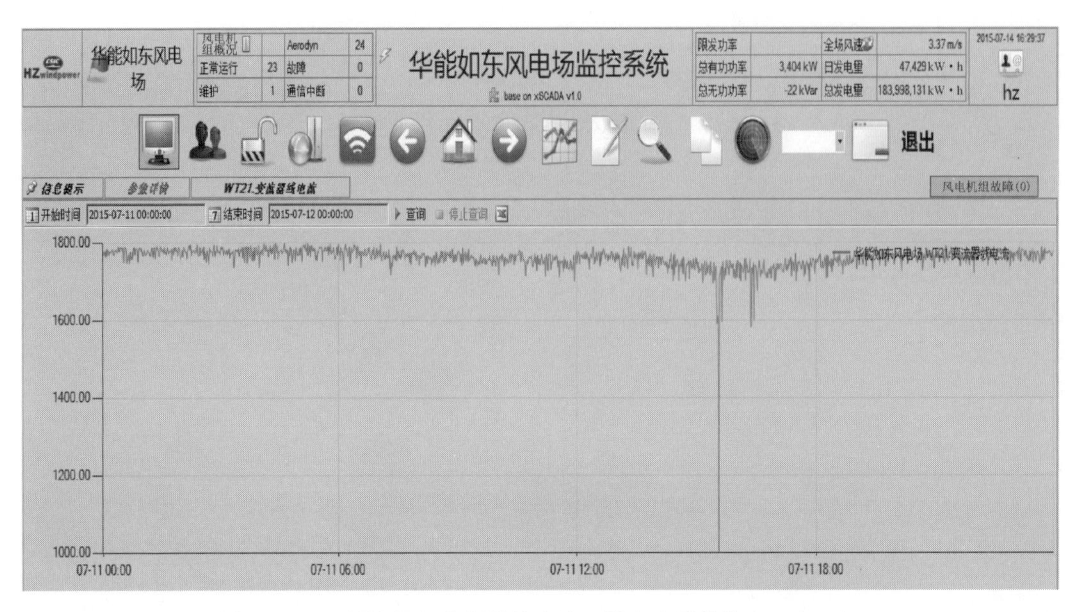

图 17　#21 风电机组变频器线电流（线电流平均值 1759.49A）

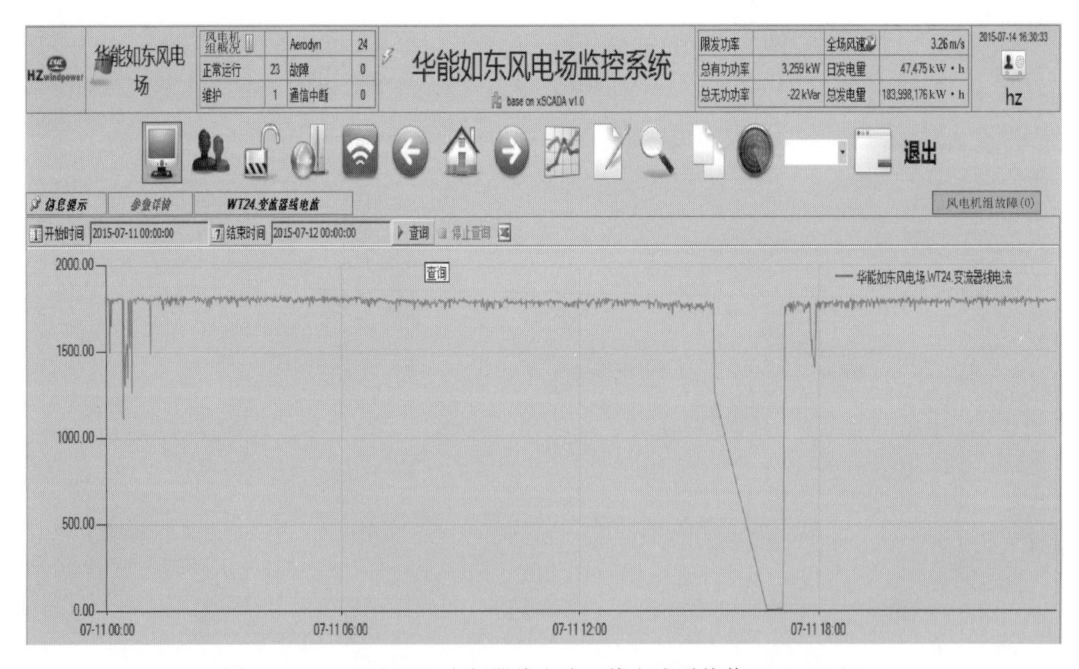

图 18　#24 风电机组变频器线电流（线电流平均值 1768.78A）

经过对比可以发现，当大风天满负荷时，风电机组变频器线电流平均值相差不大，变频器参数调整对变频器线电流整体影响不大，但是通过表 7 可知，参数调整使得变频器线电流最大值有所提升，需要运行值班人员加强对变频器线电流的监测。

表 7　　抽样风电机组在 7 月 11 日变频器线电流最大值

风电机组编号	＃01	＃06	＃12	＃15	＃21	＃24
变频器线电流（最大值）/A	1823	1795	1824	1790	1798	1821

1.5　发电机转速比较

根据如东风电场风电机组地理位置，抽取＃01、＃06、＃12、＃15、＃21、＃24 为样本，进行比较，如图 19～图 29 所示。

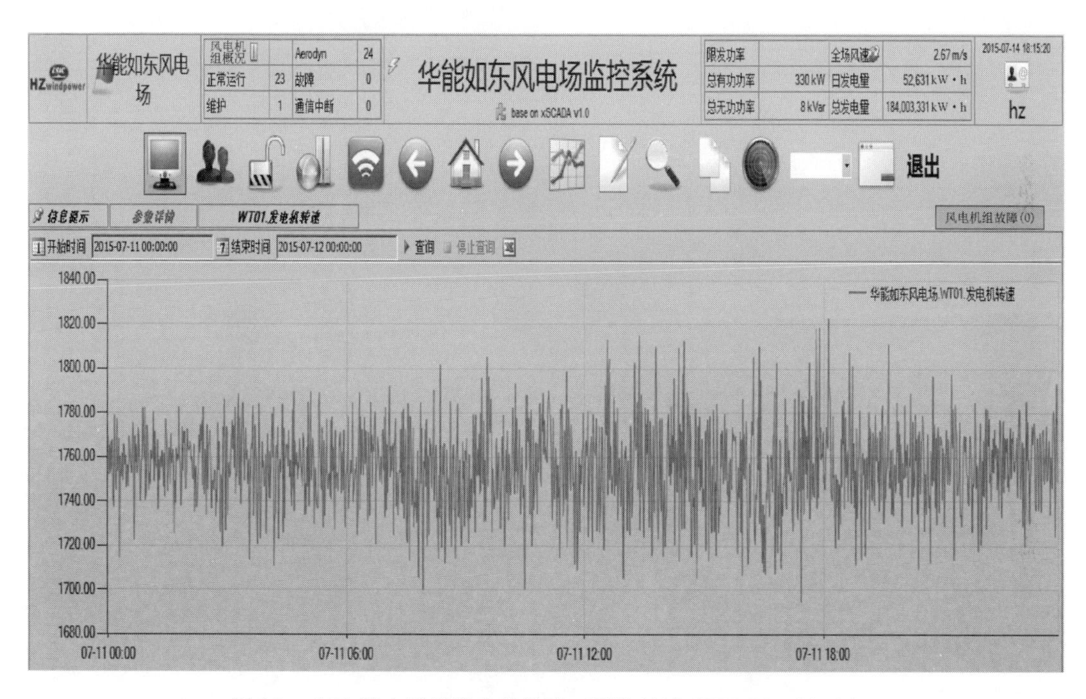

图 19　＃01 风电机组发电机转速（平均转速 1755.73rad/min）

抽样风电机组发电机转速最大值（2015 年 7 月 11 日）见表 8。

表 8　　抽样风电机组发电机转速最大值（2015 年 7 月 11 日）

风电机组编号	＃01	＃06	＃12	＃15	＃21	＃24
发电机转速（最大值）/（rad/min）	1822.6	1834.2	1848.2	1846.7	1824.1	1839.7

注：＃24 风电机组触发偏航电机 1 保护故障，停机，故平均转速较低。

经对比可以发现，风电机组无论是已经过参数调整还是未经过参数调整，发电机转速平均值和发电机转速最大值没有明显差距。变频器参数调整所引起的温度，转速变化均在正常范围内，对传动系统未见明显影响。但是转矩因素对传动机构所造成的隐形伤害和长期影响还需进一步跟踪分析。

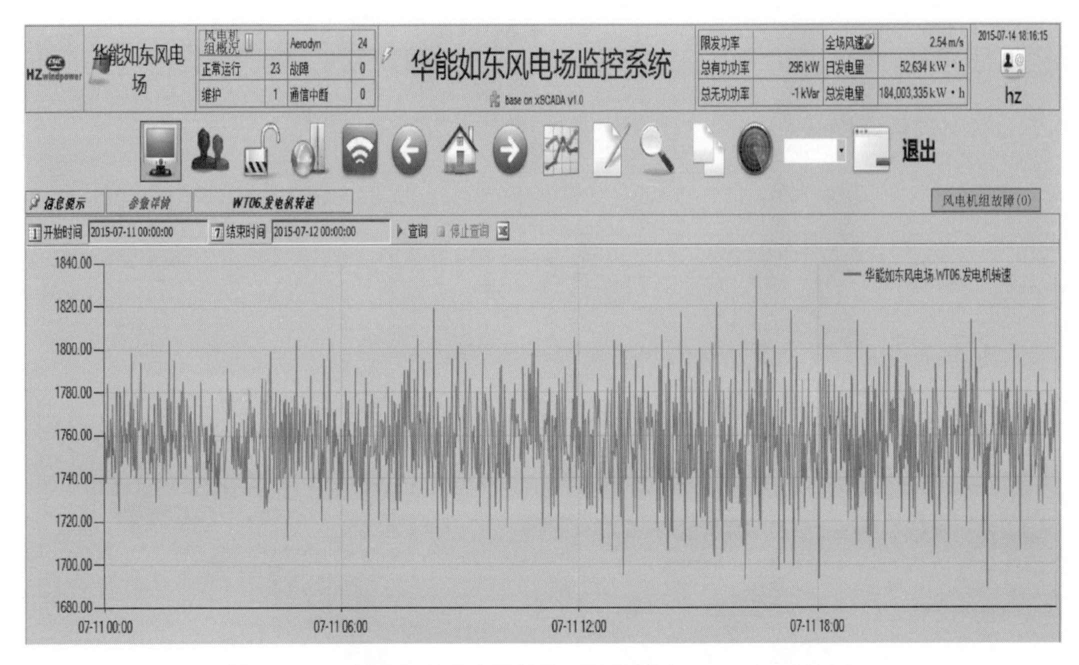

图 20　#06 风电机组发电机转速（平均转速 1757.35rad/min）

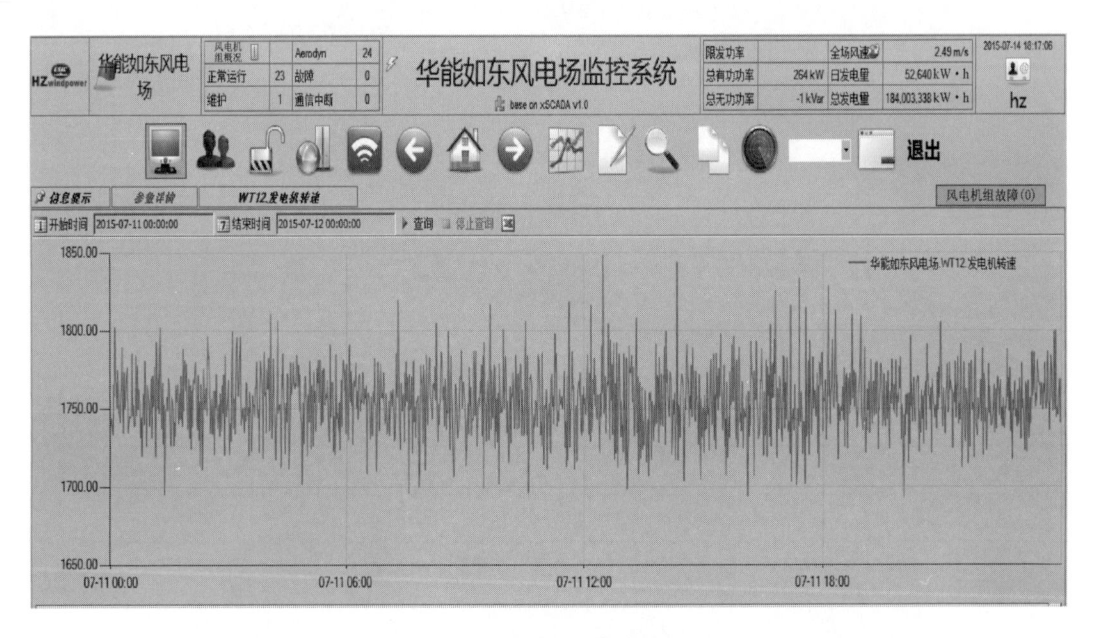

图 21　#12 风电机组发电机转速（平均转速 1754.70rad/min）

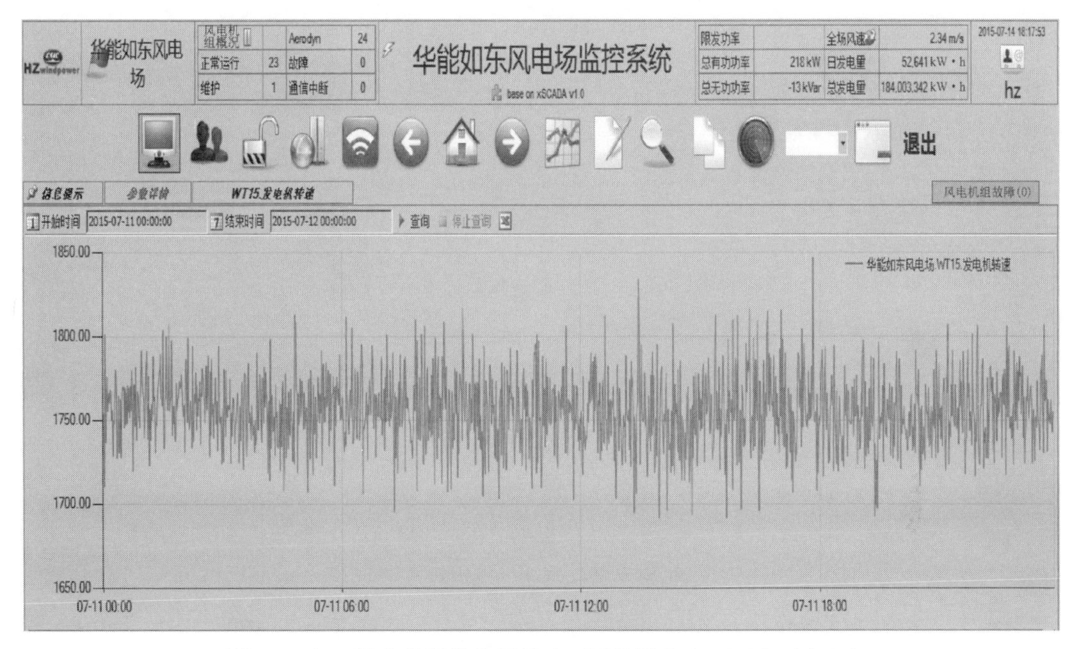

图 22 ＃15 风电机组发电机转速（平均转速 1755.28rad/min）

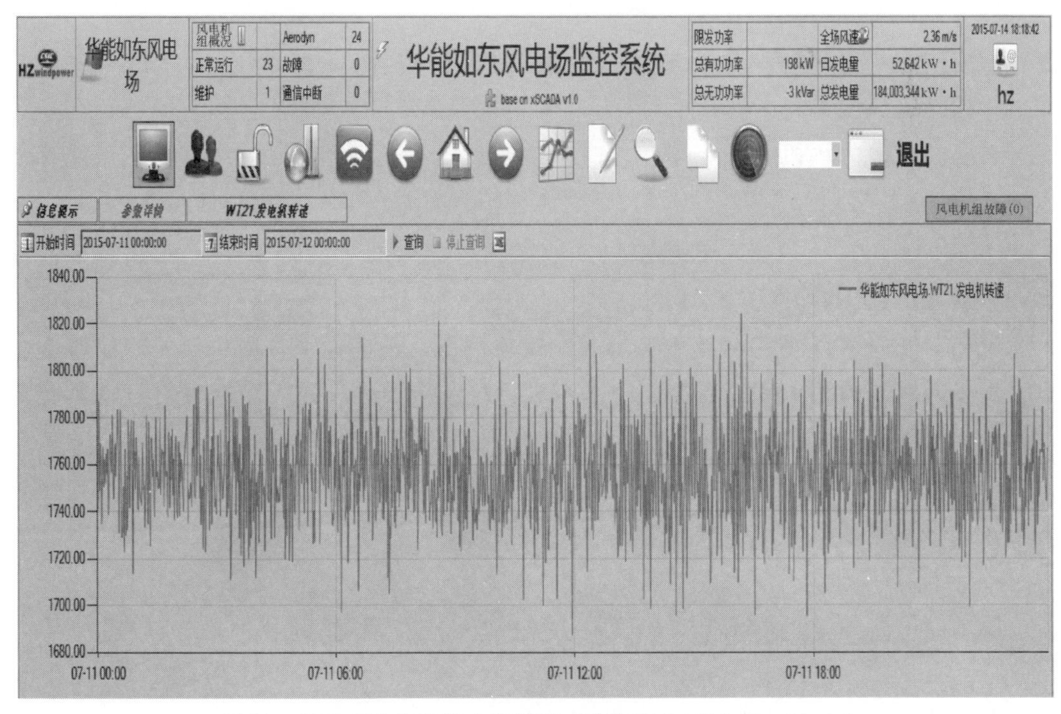

图 23 ＃21 风电机组发电机转速（平均转速 1756.20rad/min）

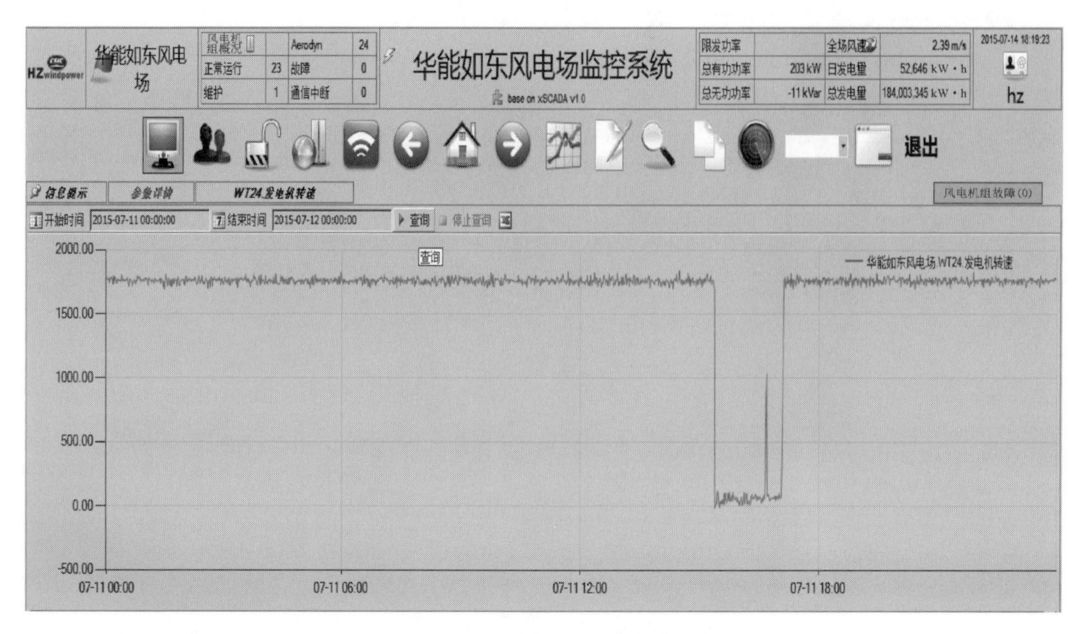

图 24　#24 风电机组发电机转速（平均转速 1636.32rad/min）

综上分析，变频器参数调整会导致变频器线电流有所提高，但对风电机组的温度、转速、均无明显影响。

2　已进行调整但是没有达到满发的风电机组（#06、#11）分析

在已经修改的风机中，#06、#11 风电机组没有达到预期功率，经分析可能存在以下几点原因：

（1）#06、#11 风电机组修改后参数未生效。近期对#06、#11 变频器参数进行确认是否已由 1860 修改为 1900。

（2）#06、#11 风电机组变频器控制策略问题，从前面对发电机转速的比较中可以看出没有明显差距，变频器控制中是否对转矩有所限制导致无法通过对发电机转矩的控制而提高发电机功率。

（3）#06、#11 风电机组发电机自身内部制造缺陷，导致励磁磁场无法达到变频器参数调整预期功率所需强度要求。

3　风电机组全部进行参数调整优缺点及注意事项

经过前面的分析，可以看出当风电机组处于满发状态时，调整后风电机组（除#06、#11 风电机组）平均功率为 2127.84kW，未调整风电机组（除#16、#22 风电

机组）平均功率为2083.89kW，单台风电机组可以提高43.94kW，若24台风电机组均进行调整，当处于满发时，风电机组整体有功功率可以提高1054.56kW，若全天24台风电机组处于满负荷时，可以提高发电量2.53万kW·h，主变高压侧有功功率最大可以达到4.8MW。

全天实际发电量（2015年7月11日）见表9。

表9　　全天实际发电量（2015年7月11日）

风电机组	开始时间	结束时间	发电量/(kW·h)	平均风速/(m/s)
WT01	2015-07-11 00：00：00	2015-07-12 00：00：00	50992	17.1222
WT02	2015-07-11 00：00：00	2015-07-12 00：00：00	50207	16.6489
WT03	2015-07-11 00：00：00	2015-07-12 00：00：00	51031	16.3258
WT04	2015-07-11 00：00：00	2015-07-12 00：00：00	51078	16.6648
WT05	2015-07-11 00：00：00	2015-07-12 00：00：00	50972	16.8069
WT06	2015-07-11 00：00：00	2015-07-12 00：00：00	49944	16.4875
WT07	2015-07-11 00：00：00	2015-07-12 00：00：00	47868	16.4632
WT08	2015-07-11 00：00：00	2015-07-12 00：00：00	50664	17.9779
WT09	2015-07-11 00：00：00	2015-07-12 00：00：00	50970	16.6993
WT10	2015-07-11 00：00：00	2015-07-12 00：00：00	50891	17.3736
WT11	2015-07-11 00：00：00	2015-07-12 00：00：00	49765	16.7766
WT12	2015-07-11 00：00：00	2015-07-12 00：00：00	50954	17.2332
WT13	2015-07-11 00：00：00	2015-07-12 00：00：00	49917	16.1034
WT14	2015-07-11 00：00：00	2015-07-12 00：00：00	49953	16.0993
WT15	2015-07-11 00：00：00	2015-07-12 00：00：00	49866	16.9832
WT16	2015-07-11 00：00：00	2015-07-12 00：00：00	25624	15.7606
WT17	2015-07-11 00：00：00	2015-07-12 00：00：00	20834	15.3436
WT18	2015-07-11 00：00：00	2015-07-12 00：00：00	49927	15.7877
WT19	2015-07-11 00：00：00	2015-07-12 00：00：00	49961	16.3403
WT20	2015-07-11 00：00：00	2015-07-12 00：00：00	42346	15.8694
WT21	2015-07-11 00：00：00	2015-07-12	49902	17.0359
WT22	2015-07-11 00：00：00	2015-07-12 00：00：00	42905	16.0589
WT23	2015-07-11 00：00：00	2015-07-12 00：00：00	49914	15.6636
WT24	2015-07-11 00：00：00	2015-07-12 00：00：00	47186	15.7716
			合计：1133671	平均风速：16.4749

注：#07风电机组触发暴风停机；#16风电机组触发变桨角度不一致，停机；#17风电机组触发变桨角度不一致故障，停机；#20风电机组触发偏航软启动故障，停机；#22风电机组触发齿轮箱油池温度报警，停机；#24风电机组触发偏航电机1保护故障，停机。

从表9中可以看出，参数调整风电机组（除去＃06、＃07、＃11）平均发电量为50752.4kW·h；参数未调整（除去＃16、＃17、＃20、＃22、＃24）平均发电量为49920kW·h。调整后一台风电机组全天发电量可以提高832.4kW·h，若全场均进行调整，全天发电量可以提高2万kW·h。

调整后，风电机组有功功率得到显著提高，可以有效地提高经济效益，但是当高风速时，风电机组可能因为长时间处于超发状态，从而对发电机绕组及滑环、变频器、齿轮箱等传动部件造成一定损伤。

为了在保证设备合理运行的前提下，创造更多的经济效益。运行值班人员应注意以下几点：

（1）在满负荷下，运行人员应当变频器参数修改机组的发电机绕组温度、发电机滑环温度、变频器转子侧IGBT温度、变频器电压、电流等数据加强监视，做好预判及手动干预，防止出现超温对设备产生损害。

（2）在日常巡检中，需要对塔基变频器散热风扇的冷风进风口、热风排风口进行检查，防止有异物或者鸟巢堵塞风道进、出风口。

（3）在机舱巡检中，注意观察发电机冷却水泵压力是否正常、发电机冷却风扇及滑环风扇是否正常工作，风扇叶片有无污迹，影响散热效果。

4 结语

由于由于双馈异步发电机与变频器的参数匹配不当，会造成很多问题，例如运行不经济、系统的效率降低、资源浪费、还会增加机组运行的风险性。所以，对它们之间的参数匹配关系进行研究，实现最佳匹配，非常重要。

调整变频器参数可以有效提高风电机组发电量，参数调整对风电机组的温度、转速等方面均无明显影响，但转矩因素对风电机组所造成的隐形伤害和长期影响还需进一步观测和评估。＃06、＃11风电机组参数调整后未达到预期，最有可能的原因是参数修改未生效，近期需确认＃06、＃11变频器参数是否已由1860修改为1900。

可以考虑对全场变频器参数进行调整，但需保留部分样机为日后数据分析提供参照。更改后需要运行人员，加强对风电机组温度、转速、变频器线电流等数据监控，同时应定期对参数调整后机组进行运行分析，并与样机对照，评估参数调整对机组所造成的影响，针对所发现的问题，及时提出有效控制措施。

参 考 文 献

王东，鲁志平，赵双喜，冯红岩，杨东．双馈风力发电机与变流器的参数匹配研究［J］．微电机，2011，44（5）：68－72.

拟合风电机组实际功率曲线合理化计算弃风电量

姜　东

（华能国际电力江苏能源开发有限公司，江苏　南京　210015）

【摘　要】 功率曲线是风电机组输出功率随风速变化的关系曲线，直接反应风电机组在不同风速条件下的出力能力。由于风电机组地理位置、周围环境各不相同，实际功率曲线与设计功率曲线会出现偏差，本文就如何将实际运行数据通过傅里叶变换计算出实际功率曲线关系式，并通过计算出的功率曲线积分精确计算弃风电量这一过程进行简要介绍，经过核算，此计算方法可将偏差控制在±3%范围内。

【关键词】 功率曲线；偏差；弃风

1　引言

风电机组在运行过程中，影响功率曲线的因素主要分为两个方面，即外在因素和内在因素影响，外在影响因素主要是尾流效应、地表粗糙度、湍流强度、空气密度等。内在影响因素主要是技术改造、系统更新、设备老化、传动链效率降低等。随着时间的推移，实际功率曲线与设计功率曲线偏差逐渐明显，在设备运行状态分析、风能资源转化效率对比、弃风电量计算等方面均有较大影响，若一直沿用设计功率曲线分析设备性能，分析结果将会产生较大偏差。

2　背景

目前风电机组主机厂家后台监控系统均可自动采集数据并绘制实际功率曲线，但无法计算出风速—功率对应的关系式，仅以图片形式显示，只能看出实际功率曲线与设计功率曲线偏差概况，无法准确计算不同风速下风电机组出力能力。在机组故障无功率输出时，通过图片无法准确计算故障期间电量损失情况，如图1所示。

通过风机后台监控系统导出的实际功率曲线统计表也是非连续数据，以离散点形式体现。将离散点绘制成散点图如图 2 所示。

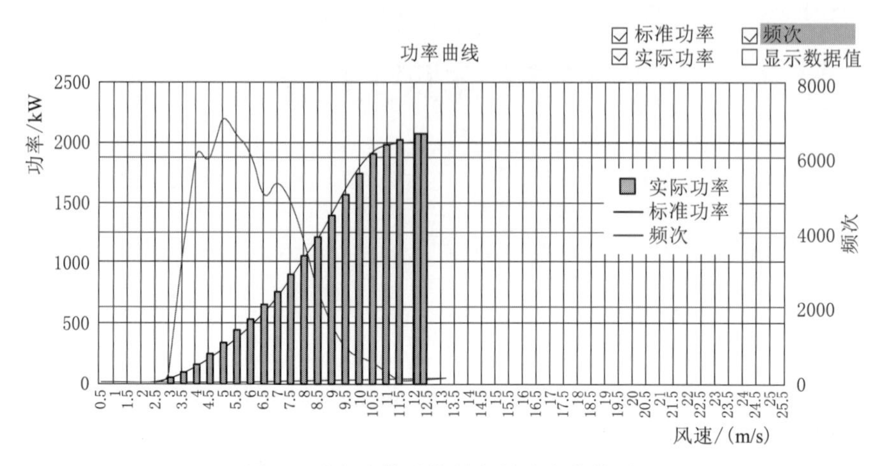

图 1　后台监控系统导出的功率曲线图

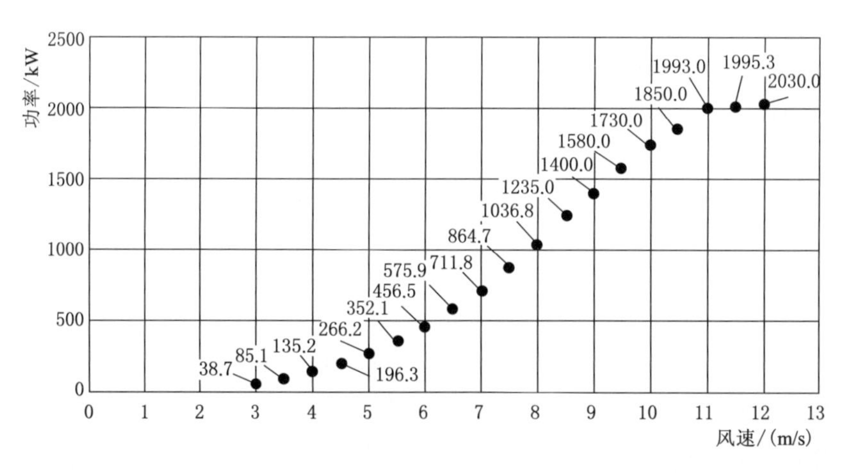

风速/（m/s）	实际功率值/kW	风速/（m/s）	实际功率值/kW	风速/（m/s）	实际功率值/kW
3.0	38.70	3.5	85.10	4.0	135.20
4.5	196.30	5.0	266.20	5.5	352.10
6.0	456.50	6.5	575.90	7.0	711.80
7.5	864.70	8.0	1036.80	8.5	1235.00
9.0	1400.00	9.5	1580.00	10.0	1730.00
10.5	1850.00	11.0	1993.00	11.5	1995.30
12.0	2030.00				

图 2　风速功率数据散点图

3 计算原理

现通过软件将该风机风速—功率散点图拟合成曲线，并通过傅里叶变换将曲线以多项式形式体现出来，从线性关系开始，逐渐增加多项式次数，拟合结果如图 3 所示。

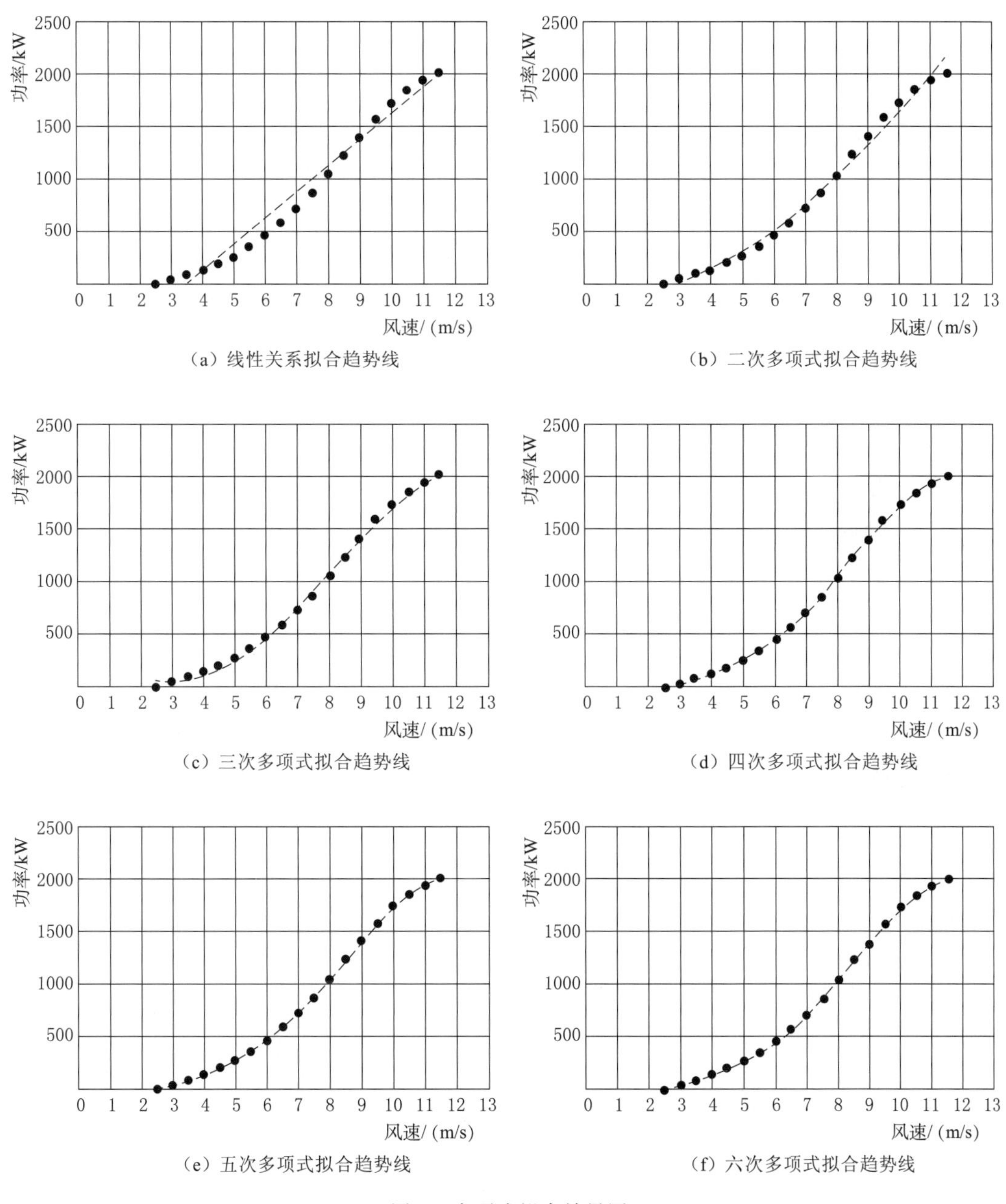

（a）线性关系拟合趋势线

（b）二次多项式拟合趋势线

（c）三次多项式拟合趋势线

（d）四次多项式拟合趋势线

（e）五次多项式拟合趋势线

（f）六次多项式拟合趋势线

图 3　多项式拟合效果图

从拟合效果可以看出，经过傅里叶变换，多项式次数约高，所拟合的效果越接近于实际情况，为保证精度，本文选用六次多项式拟合实际曲线，得到计算功率曲线为

$$P(v) = 0.0302v^6 - 1.2568v^5 + 20.034v^4 - 156.23v^3 + 653.14v^2 - 1316.7v + 988.75$$

式中　P——风电机组功率，kW；

v——风电机组风速，m/s。

结合切入切出风速可得到该机组任何风速条件下风速—功率对应关系

（1）阶段一。风速小于切入风速 $P(v)=0$。

（2）阶段二。风速在切入风速和额定风速之间。

（3）阶段三。风速在额定风速和切出风速之间 $P(v)=2030$。

（4）阶段四。风速大于切出风速 $P(v)=0$。

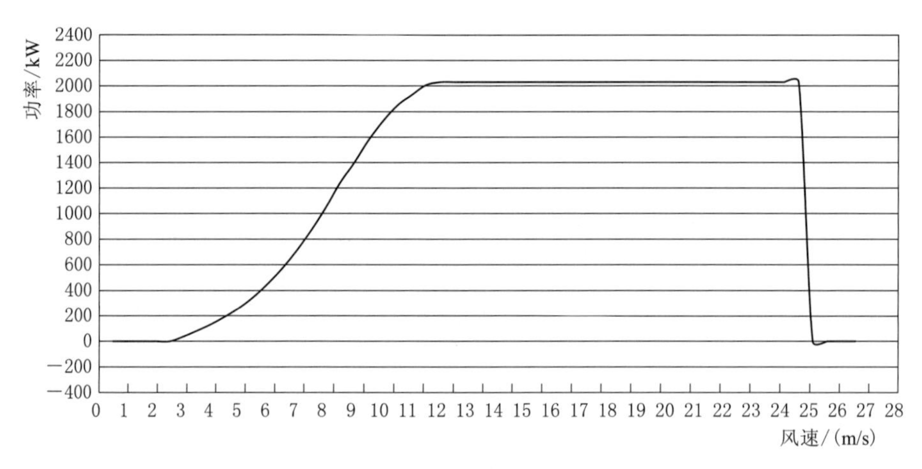

图 4　计算功率曲线图

4　误差校验

将风速代入实际功率曲线关系式中，计算有功功率，并将计算结果与后台监控系统统计值进行对比，计算偏差与偏差率。通过计算得出表 1 数据。

表 1　　计算偏差与偏差率

风速/（m/s）	实际功率/kW	计算功率值/kW	偏差绝对值/kW	偏差率/%
3.0	38.70	38.07	0.63	1.63%
3.5	85.10	84.68	0.42	0.50%
4.0	135.20	138.91	−3.71	−2.74%
4.5	196.30	200.04	−3.74	−1.91%
5.0	266.20	270.63	−4.43	−1.66%

续表

风速/（m/s）	实际功率/kW	计算功率值/kW	偏差绝对值/kW	偏差率/%
5.5	352.10	354.66	−2.56	−0.73%
6.0	456.50	456.11	0.39	0.09%
6.5	575.90	577.76	−1.86	−0.32%
7.0	711.80	720.42	−8.62	−1.21%
7.5	864.70	882.42	−17.72	−2.05%
8.0	1036.80	1059.54	−22.74	−2.19%
8.5	1235.00	1245.18	−10.18	−0.82%
9.0	1400.00	1430.93	−30.93	−2.21%
9.5	1580.00	1607.46	−27.46	−1.74%
10.0	1730.00	1765.75	−35.75	−2.07%
10.5	1850.00	1898.67	−48.67	−2.63%
11.0	1993.00	2002.90	−9.90	−0.50%
11.5	1995.30	2030.00	−34.70	−1.74%
12.0	2030.00	2030.00	0.00	0.00

经过计算，偏差在±3%以内，已基本满足实际需求，若想缩小偏差可以使用次数更高的多项式进行拟合。

引用焦耳定律，即

$$W=Pt$$

式中 W——电能，kW·h；

P——功率，kW；

t——时间，h。

将功率沿时间轴进行积分，即可得到电能为

$$W=Pt=\int P(v)\mathrm{d}t$$

只需记录风电机组故障期间风速参数，并确定采样时间间隔，代入实际功率曲线关系式，通过积分即可计算出风电机组停机期间损失电量。

以某风电场风电机组巡检为例，13：05 停机开始巡检，14：50 巡检结束启机。期间风电机组未发电，现调取实时风速，录入函数关系式进行计算风电机组有功输出，见表 2。以时间点 13：10：00 为例，将实时风速 $v=4.15$m/s 代入函数 $P(v)$ 中，P（4.15）=153.46kW，即对应风速下的功率为 153.46kW。将 P（4.15）代入 $W=Pt=\int P(v)\,\mathrm{d}t$ 中，dt 取 5min，有 $W=P$（4.15）×dt=12.79kW·h，即 13：07：30—13：12：30 损失 12.79kW·h，首尾时间点 dt 取 2.5min。

表 2　　　　功率与损失电量

时间	风速/(m/s)	功率/kW	损失电量/(kW·h)	时间	风速/(m/s)	功率/kW	损失电量/(kW·h)
13:05	4.23	163.0736437	6.794735156	13:10	4.15	153.4550681	12.78792234
13:15	4.87	248.1512265	20.67926887	13:20	4.42	186.7185836	15.55988197
13:25	4.71	225.3206208	18.7767184	13:30	4.57	206.2716807	17.18930673
13:35	4.08	145.1902177	12.09918481	13:40	3.68	100.4532586	8.371104882
13:45	3.82	115.6438185	9.636984876	13:50	3.94	129.0616297	10.75513581
13:55	4.11	148.7154246	12.39295205	14:00	4.06	142.8538979	11.90449149
14:05	4.09	146.3625077	12.19687564	14:10	4.83	242.3305933	20.19421611
14:15	3.71	103.6662013	8.638850109	14:20	3.62	94.09758416	7.841465346
14:25	3.94	129.0616297	10.75513581	14:30	3.93	127.9293649	10.66078041
14:35	4.79	236.586728	19.71556066	14:40	5.24	306.0223161	25.50185967
14:45	4.46	191.8516655	15.98763879	14:50	4.89	251.091015	10.46212563
累计损失电量		298.9021956					

经过计算，此次风电机组巡检累计弃风约 298.90kW。巡检期间功率曲线积分如图 5 所示。

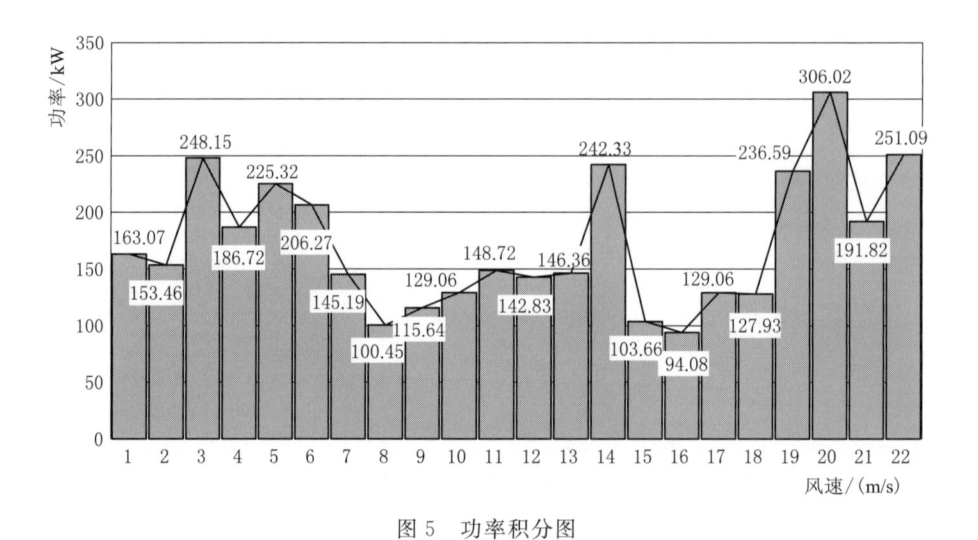

图 5　功率积分图

5　结语

将实际风速—功率曲线转化为函数关系，其作用不仅适用于精准计算弃风电量，随着系统计算能力的增强，拟合效果的优化和数据信息的不断积累，在设备状态评估和运行分析工作中都会发挥出重要作用。风电行业发展迅速，风电场“智慧”运维已成为必然趋势，而“智慧”源于数据的分析与处理，保证数据的合理性和准确度是实现精准管理、智慧运维的必要条件，风电机组故障弃风损失电量也是衡量运维质量、划分责任和索赔等相关工作的重要支撑。

参 考 文 献

[1] 许昌，韩星星．风电场微观尺度空气动力学——基本理论与应用［M］．北京：中国水利水电出版社，2010.

[2] 金道年，黄在静．快速傅里叶变换［M］．北京：机械工业出版社，2016.

基于多气象源多时间尺度风功率预测技术研究及应用

姜　锂

（华能国际电力江苏能源开发有限公司清洁能源分公司，江苏　南京　210015）

【摘　要】 通过分析风功率预测现状，运用最新快速更新循环同化技术、CALMET降尺度方法、中长期气象预报等技术，开发满足电网调度、电力交易需求的多气象源混合订正、多时间尺度风功率预测技术。多时间尺度精细化风功率预测技术在降低风功率考核，以及电力交易辅助决策中作用非常大。该技术在南通地区启东风电场进行了测试运行，对提升该场站功率预测准确率，降低《江苏电网统调发电机组辅助服务管理实施办法》和《江苏电网统调发电机组运行考核办法》（以下简称“两个细则”）考核，促进电力交易，最大限度地提高风电场投资收益具有重要意义。

【关键词】 风电场；风速预测；多时间尺度；空间微尺度；上下游联动

1　研究背景

风电场输出功率具有波动性和间歇性，风电的大规模接入导致发电计划制定难度大大增加，给电力系统的调度运行带来巨大挑战。风功率预测是以风电场历史功率、历史风速、地形地貌、数值天气预报、风电机组运行状态等数据建立风电场输出功率的预测模型，对接入大量风电的电力系统运行有重要意义，是提高风电接纳能力的有效手段之一。

随着江苏电网新版“两个细则”考核的执行，次日短期功率预测按96点进行合格率考核，合格率应不小于90％；超短期功率预测第15min功率预测合格率应不小于97％，被称为全国“最严考核”。新版本在考核精度和罚款力度上有所加强，江苏地区新能源场站面临的考核压力越来越大。进行精细化风功率预测研究，将是提高风功率预测准确率，降低风电场考核，促进风电发展，缩小弃风限电率的重要一环。

此外，根据《关于开展电力现货市场建设试点工作的通知》（发改办能源〔2017〕1453号），江苏省是全国第二批11个电力现货市场建设试点地区之一。2021年1月，国家能源局江苏监管办公室会同江苏省发展和改革委员会印发《江苏省电力中长期交易规则》，江苏省已正式实现电力市场化运行，并已建立与电力现货市场相适应的电力中长期交易市场。此时，进行满足江苏省电力市场化交易要求的多时间尺度精细化功率预测技术研究，可以辅助新能源场站进行电力交易决策，提升电场收益，具有现实且深远的意义。

2 研究内容

2.1 气象预报频次的提升

快速更新循环同化方法通过高频次的资料同化吸收电场所有可获得的最新观测信息，不断更新模式背景场，可形成准确的初始场并进行不同时间尺度的气象预报。综合考虑计算资源和业务需求，快速更新循环同化方法可将气象预报频次提升为 1 次/h，更为贴近超短期预测频率要求，大大提升了预测精度。快速更新循环同化技术流程示意图如图 1 所示。

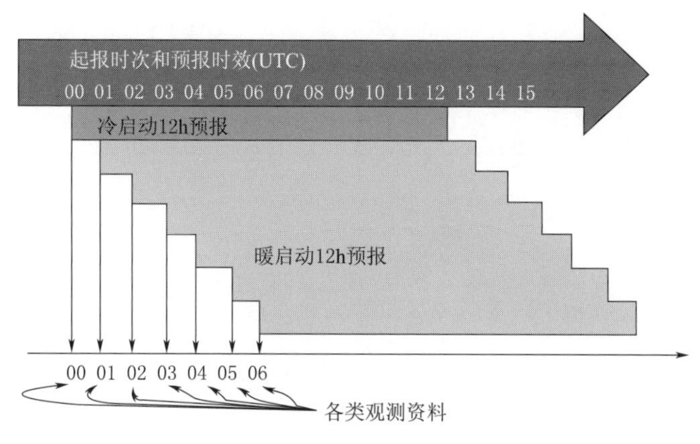

图 1 快速更新循环同化技术流程示意图

2.2 空间分辨率的提升

CALMET 模型能根据气象观测、地形数据和土地利用数据等观测数据对三维风速和温度场进行降尺度诊断，得到精度更高的 100m 微尺度风速场和温度场，大大提升预报准确度。某场站降尺度效果示例如图 2 所示。

2.3 预报时间范围的延长

对比气候模式和中尺度模式历史同期数据，利用数学建模方法找到两个模式结果的规律，确定关系模型，将关系模型应用到全球气候模式 0～45 天风速预报中，可获得目标风电场 0～45 天中长期气象预报。中长期气象预报流程示例如图 3 所示。

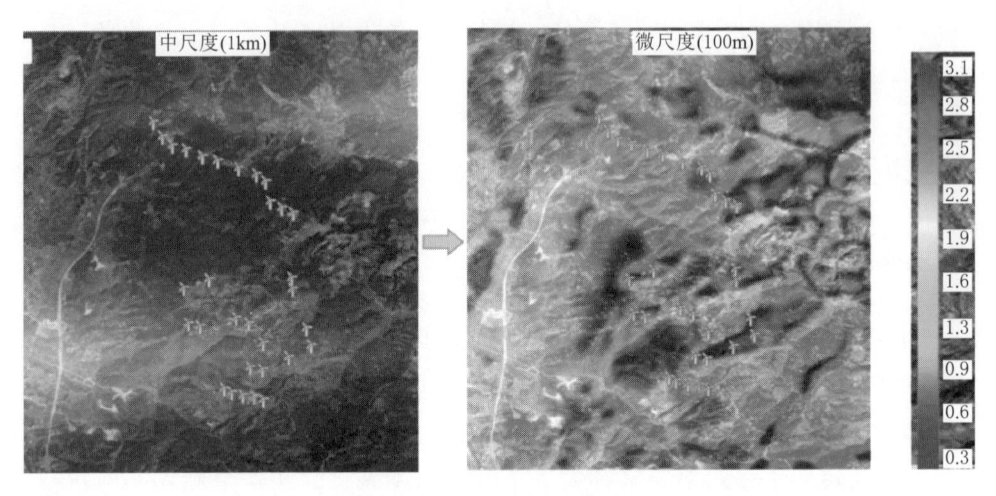

图 2　某场站降尺度效果示例

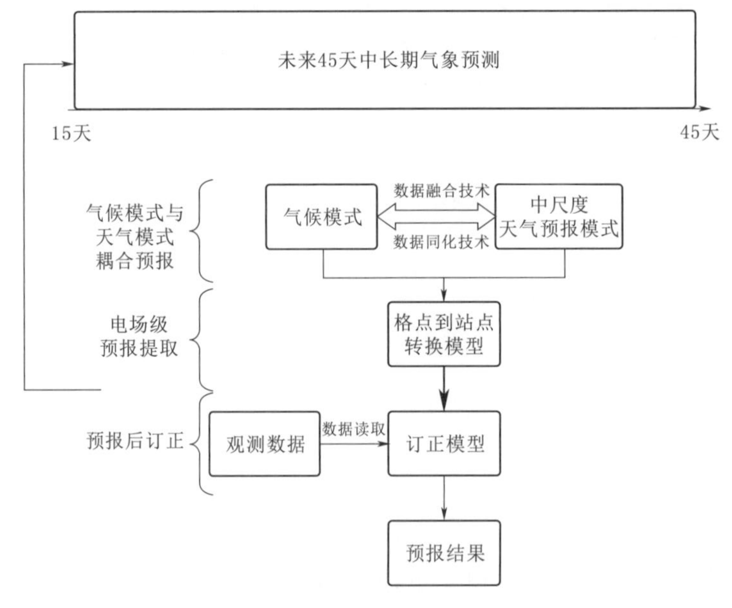

图 3　中长期气象预报流程示例

2.4　上下游风场数据进行风速和误差订正的利用

自然界中，近地面风速变化具有传递性，即上下游联动效应。根据上游风电场观测到的风速突变和误差变化，考虑中间地形、风向和时间的影响，可以指导下游风电场未来一定时间的风速和功率预测。

目前大部分风电场功率预测系统采用独立运行策略，各电场之间测风数据和风电机组运行数据未能有效共享。对于大型集群风电场而言，通过获取上游风电场数据，对改善下游风电场短期和超短期预报准确率，辅助进行电力交易决策具有显著的作用。

集群风电场数据共享示意图如图 4 所示。

图 4　集群风电场数据共享示意图

2.5　多种观测数据订正模式初始场的利用

风电场在运行过程中会实时采集测风塔和风电机组机舱风速风向数据，同时，通过和权威气象机构合作，还可获得多种地面以及高空观测资料、实时卫星遥感数据和气象站观测数据。受预报频率、数据传输和计算资源限制，目前大部分风电场在功率预测过程中未能有效利用上述观测数据。

混合资料同化技术可结合全球预报背景场数据，利用三维变分、集合卡尔曼滤波等数据同化算法，利用上述多种观测数据修正模式初始气象场，使得预报结果更符合风电场所在区域的实际值。

混合资料同化流程示意图如图 5 所示。

2.6　进行多气象源混合订正

基于风电场多气象源预报资料，利用弹性网络、K 临近点、支持向量机、线性回归等多种机器学习算法，建立多种混合订正模型，通过模型选择和均方根误差评价等方法选择最优模型，对多气象源集合预报进行混合订正，最终输出一种多气象源混合订正结果。该混合订正结果相比单一气象源、单一模式或单一初始条件，可以有效集成各气象模式及各数据源优势，提升数值天气预报准确度。集合预报流程图如图 6 所示。

2.7　适应不同时间尺度的深度学习功率预测算法

随着智能电网电力大数据技术与云计算技术的发展，传统的机器学习算法与时间序列分析方法的数据挖掘能力难以满足实际需求。相应的，深度学习算法可以从海量数据中通过特征学习与提取挖掘到数据的本质特征，是目前机器学习的主流研究方向。常见的深度学习模型有深度信念网络（DBN）、卷积神经网络（CNN），循环神经网络（RNN），长短时记忆网络（LSTM），生成对抗网络（GAN）、灰色模型等。CNN 网络结构构想图如图 7 所示。

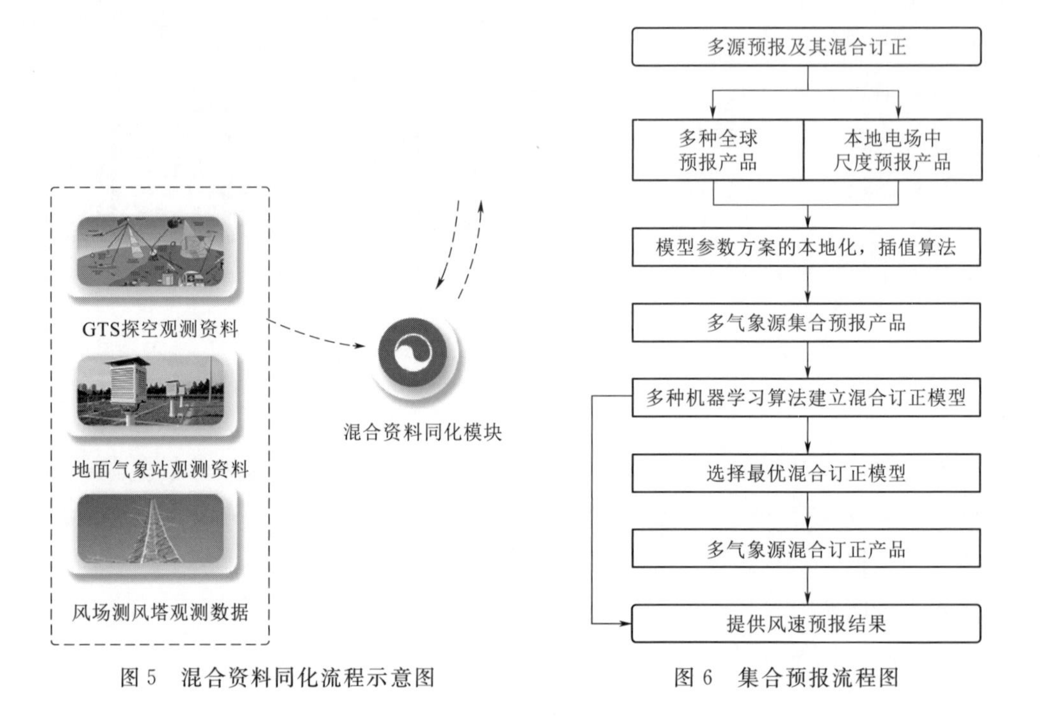

图 5　混合资料同化流程示意图

图 6　集合预报流程图

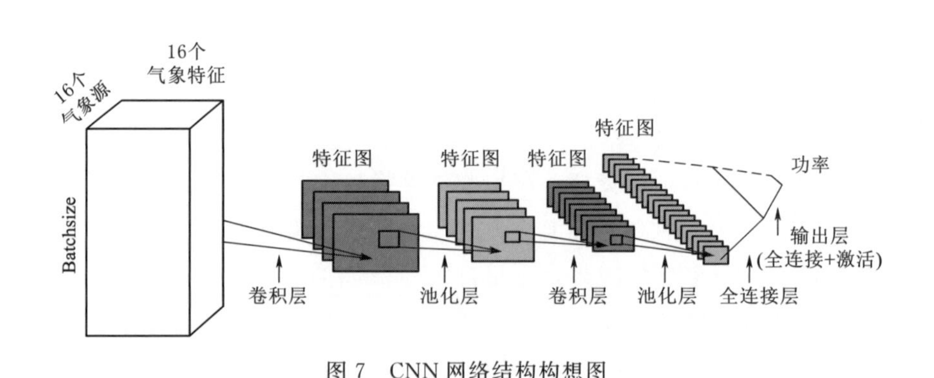

图 7　CNN 网络结构构想图

通过将数值天气预报变量构成特征图，利用卷积神经网络进行特征选择，建立基于卷积神经网络的短期预报模型。

超短期预测建模中，为充分利用实际功率实际风速包含的时序信息，通过 LSTM 神经网络，挖掘特征之间的时序信息，并充分捕捉序列变化的波动规律，利用 LSTM 进行超短期预测建模，建立高精度的超短期预测模型。超短期 LSTM 预测模型结构图如图 8 所示。

3 算例分析

测试验证对启东风电场已有历史实测数据，结合模拟的多源混合订正气象数据进行功率预测建模测试；测试结果表明，通过创新的建模方案，评价指标基于江苏考核指标以及常规的均方根准确率指标，数据的测试结果较好，相比于江苏区域的其他预报场站，可以优于历史预报效果，见表 1。

表 1　　数　据　对　比

时　间	启　东　场　站		对　比　场　站	
	达标率	准确率	达标率	准确率
一期 6—7 月	72.79%	88.92%	65.30%	86.53%
二期 4—5 月	55.39%	81.56%	58.51%	83.67%
二期 9—10 月	67.79%	86.57%	68.89%	88.61%

数据情况：一期 61 台单风电机组数据，总装机容量 91.5MW，将每台风电机组数据统一后，全场风速取每台风电机组平均风速、功率取总功率；二期 48 台风电机组，取有功功率数据，总装机容量 93.5MW。

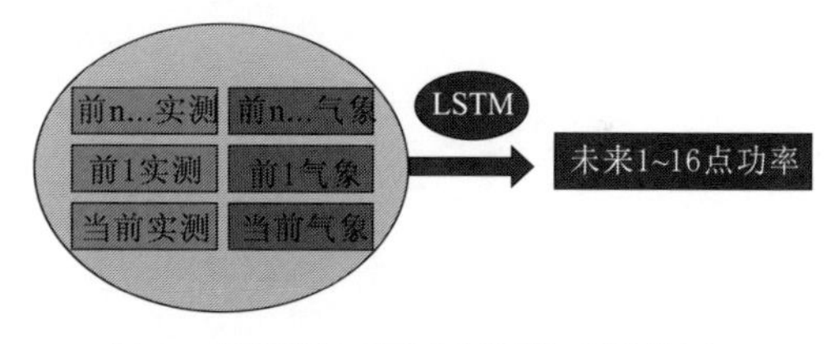

图 8　超短期 LSTM 预测模型结构图

（1）相比原系统，测试项目的风场在短期功率预测准确率和超短期功率预测准确率提高 2%～4%，一定程度上解决了功率预测经常产生考核的问题。

（2）经技术创新投入实施，可减免单场站每月考核费用 1 万～2 万元。

（3）技术创新成果可作为电力交易的重要参考指标，开展电力交易后可总体提升交易收益 5 万～10 万元。

4 结语

该技术实用价值高，适合在相关新能源场站推广。推广工作需要新能源功率预测厂家进行配合，接入多源混合订正的气象数据，用于对比、选用最适合的订正方法；推广中增加新能源场站数据回传至功率预测系统云端的设备和通信通道，用于在更小的时间尺度上监控、反馈、修正功率预测微尺度模型，以达到更佳的应用效果。

参 考 文 献

[1] 叶林，赵金龙，路朋，等．从气象特征因素选取与波动过程关联的角度出发，探索短期风电功率组合预测新方法［J］．电力系统自动化，2021，45（4）：54－62.

[2] 凡航，张雪敏，梅生伟，杨忠良．基于时空神经网络的风电场超短期风速预测模型［J］．电力系统自动化，2021，45（1）：54－62，28－35.

[3] 万灿，宋永华．新能源电力系统概率预测理论与方法及其应用［J］．电力系统自动化，2021，45（1）：2－16.

机 务 篇

海上风电机组大直径单桩竖向承载力试验成果分析

马　强　朱亚波　周小兵

（华能如东八仙角海上风力发电有限责任公司，江苏　南通　226408）

【摘　要】通过海上大直径单桩试桩分析，利用现有标准推荐的土层参数计算的地基承载力明显高于试桩结果，试桩结果对修正海上土层参数是有效的。通过运用分布式光纤检测技术进行的轴力分布检测是可行的，桩身轴力分布与理论吻合。

【关键词】大直径打桩；竖向承载力；试桩

目前，直径为3～8m的超大直径单桩基础在欧洲海上风电场广为应用，更被挪威船级社（DNV）标准推荐为0～30m水深海上风电机组的最优基础型式。华能如东300MW海上风电场工程分别选用直径6m的单桩和直径为2m（8根）的高桩承台作为风电机组基础，并通过现场试桩方式确定地基承载力，由于受到目前国内海上试桩设备能力限制，该项目选用2m直径钢管桩作为试验桩。

1　土层及试验桩参数

1.1　工程地质条件

本工程位于江苏省如东县小洋口北侧海域，拟建场区中心离岸距离约23km。海底滩面地形变化较大，高程－18.60～0.60m。场区内地基土表层以粉土、粉砂为主，场区土均为第四系沉积物，为冲积、海积及河口～海陆相沉积，按地质时代、成因类型及工程特性，可分为6大层7亚层，上部①～③层为第四系全新统（Q4）冲海相粉土、粉砂，下部为上更新统（Q3）陆相、滨海相沉积物（表1）。

1.2　试桩参数

本次两台试桩工程每座风电机组基础利用8根工程桩中的4根作为锚桩（编号

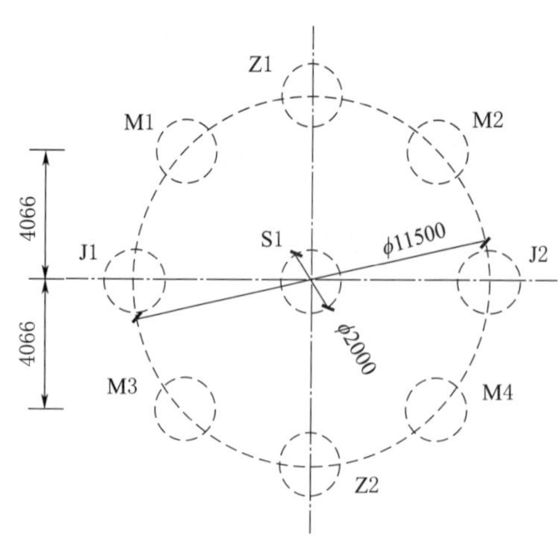

图1 桩位图（单位：mm）

M1～M4)、2根作为基准桩（编号J1～J2)，而中心位置设置试验桩（编号S1～S2)，开展现场试桩试验。试桩工程机位的各桩基设计参数如下：

（1）S1桩。试验桩，桩径2000mm钢管桩，用于高应变检测和轴向抗压、轴向抗拔及水平静载荷试验。

（2）M1～M4桩。工程桩作为锚桩，桩径2000mm斜钢管桩，用于高应变检测。

（3）J1、J2桩。工程桩作为基准桩，桩径2000mm斜钢管桩。

（4）Z1、Z2桩。工程桩，桩径2000mm斜钢管桩。

桩信息见表2。

表1　　土　层　信　息

土层编号	土层名称	钢管桩建议值	
		极限侧阻力标准值/kPa	极限端阻力标准值/kPa
①	粉砂	6m以上18/6m以下30	
②	粉砂夹粉土	35	
③	粉土夹粉砂	50	
③-1	淤泥质粉质黏土夹粉砂	25	
④	粉质黏土	80	
⑤	粉质黏土夹粉土	55	
⑥-1	粉砂	65	5000
⑥-2	粉质黏土	50	
⑥-3	细砂	80	5500

表2　　桩　信　息　表

桩型	编　号	桩基规格	桩顶标高/m	桩尖标高/m	备　注
试桩	S1	ϕ2000钢管桩	+9.46	−63.00	直桩/桩尖开口
锚桩	M1～M4	ϕ2000钢管桩	+11.00	−63.52	斜桩/斜度5∶1/桩尖开口
基准桩	J1、J2	ϕ2000钢管桩	+11.00	−63.52	
限位桩	X1、X2	ϕ2000钢管桩	+11.00	−63.52	

2 竖向静载试验方案和数据分析

2.1 传感器设置

本次试验采用 BOTDR 分布式光纤检测技术，对基桩试验过程中桩身的应变及其变化进行连续检测。检测系统主要由两部分组成，一是布里渊分布式光纤解调仪，二是分布式光纤传感器，本次检测采用铜带式传感光缆。传感光纤的布设与桩身的受力方向一致，将传感光纤平铺在打磨面上，用点焊机以“定点”的方式固定传感光纤，沿铺设线路使用环氧黏结剂以“全面粘贴”方式将传感光纤覆盖，使其与打磨面牢固粘贴。为防止桩土间的动态摩擦力使传感光纤受摩擦挤压后脱落，在钢管桩两侧各焊接一条槽钢对传感光纤进行保护（图 2）。

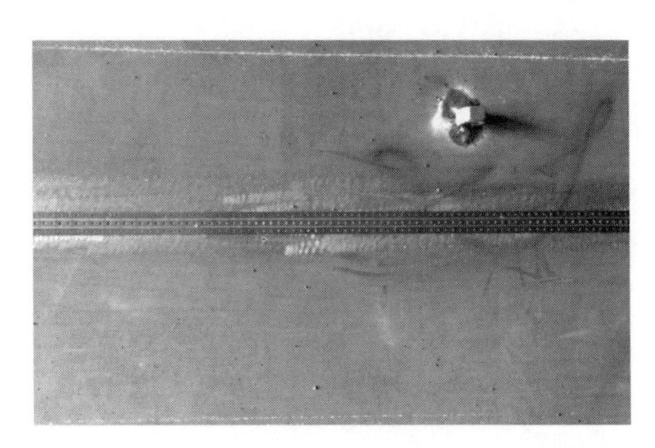

图 2　光纤布设图

2.2 轴向抗压静载荷试验

本次试验反力系统采用 50000kN 级反力梁系统，由四根锚桩提供试验反力，如图 3、图 4 所示，加载系统由 14 只 5000kN 级油压千斤顶、70MPa 超高压油路和油泵组成，数据采集由 RS－JYC 基桩静载荷测试系统自动完成。加卸载时荷载由经标定合格的精密油压表控制。

图 3　液压千斤顶

图 4　反力系统

2.3 单桩轴向抗压沉降曲线分析

S2 桩试验时，桩顶处于自由无约束状态，试验加载先按每级 3000kN 加载至

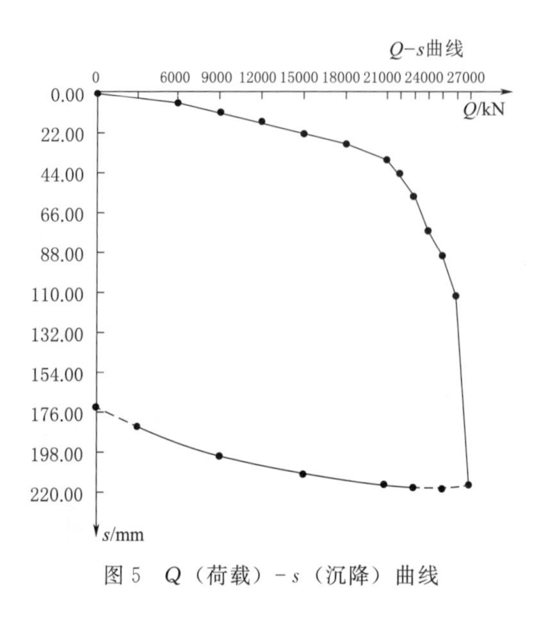

图5　Q（荷载）-s（沉降）曲线

21000kN，再按每级1000kN进行加载，直至桩周土体破坏。试验从3000kN加载至21000kN时，荷载-沉降曲线基本保持线性，继续加载，曲线出现拐点，当荷载加至27000kN时，荷载-沉降曲线出现明显陡降段，桩顶总沉降量增加至216.12mm。本级测试完毕后开始分级卸载，卸载至零后的桩顶残余沉降量为172.92mm。当加载量为22000kN时，沉降量为44.94mm，判定S2桩单桩竖向抗压极限承载力推荐值为21000kN。根据现场加载和沉降试验数据分析，得到轴向抗压Q（荷载）-s（沉降）曲线（图5）。

2.4　单抗压侧摩阻力及桩端阻力

根据分布式光纤传感器测试结果，得到抗压试验桩的桩身轴力（图6）和各级荷载下的桩身抗压侧摩阻力值（图7），并通过计算得出桩身抗压侧摩阻力与桩端阻力值（表3）。通过试验结果分析，大型直径单桩的轴力分布呈近似梯形，并且线性递减，并具有一定的端阻力，与理论数据趋势基本吻合。侧摩阻力值分布与土层分布较一致，但浅层土层侧摩阻力值明显低于设计提供的标准值。与设计参照建筑桩基技术规范给出的抗压承载力极限特征值28500kN相比，通过试桩试验所得的竖向极限承载力仅为设计值的60%。笔者分析原因与场区土体恢复期和桩尖外设ϕ25mm的钢筋环扩孔装置有关。

表3　　桩抗压侧摩阻力及桩端阻力数值

层顶标高/m	层底标高/m	土层编号	土层名称	侧摩阻力/kPa	端阻力/kN	备注
−16.50	−24.89	②	粉砂夹粉土	34（35）	2204	括号中值为设计值
−24.89	−26.39	③-1	淤泥质黏土夹粉砂	36（50）		
−26.39	−29.59	④	粉质黏土	28（80）		
−29.59	−40.39	⑤	粉质黏土夹粉土	39（55）		
−40.39	−49.89	⑥-1	粉砂	68（65）		
−49.89	−60.80	⑥-3	细砂	97（80）		

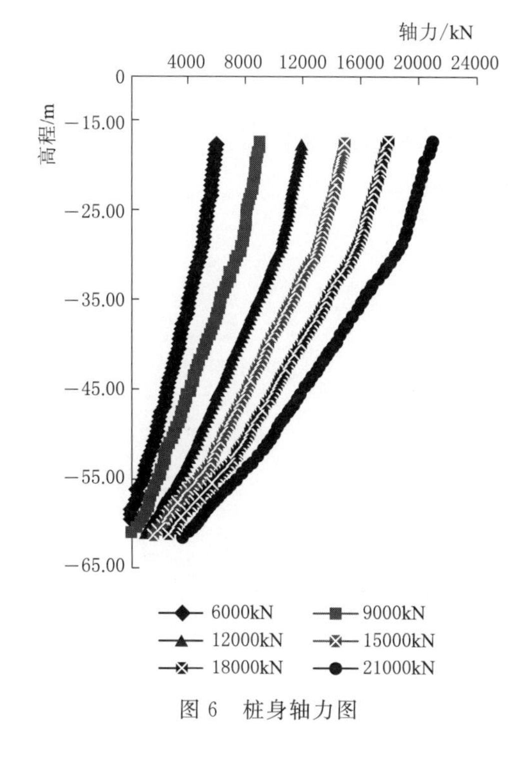

图6 桩身轴力图

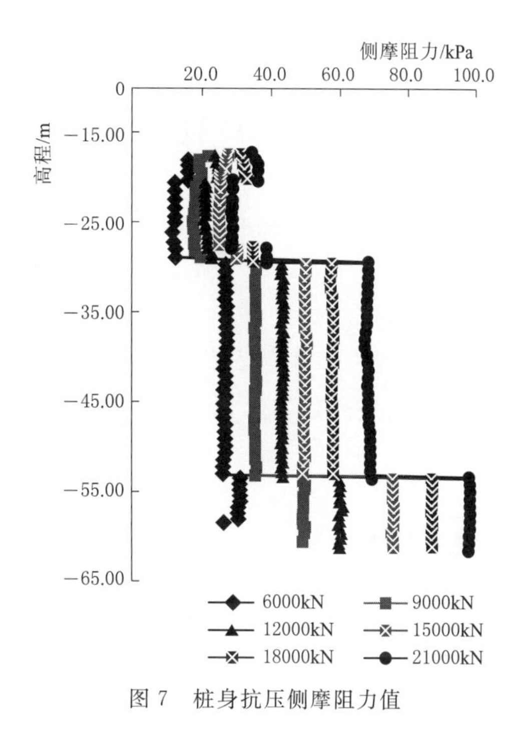

图7 桩身抗压侧摩阻力值

3 结语

(1) 随着近海大直径单桩的逐步应用，有必要对不同地质环境下的管桩进行试桩，以确定地基承载力，并通过试桩进行土层参数修正。

(2) 结合建筑桩基技术标准估算的承载力极限值明显高于现场实测大直径单桩竖向极限承载力。

(3) 分布式光纤检测技术在试桩中运用是可行的。

(4) 大型直径单桩的轴力分布呈近似梯形，并且线性递减，并具有一定的端阻力。在承载力极限状态时，依然会有沉降陡降段。

参 考 文 献

[1] DNV. Offshore Standard DNV - OS - J101 Design of offshore wind turbine structures [S]. Hovek, Norway: DetNorske Veritas, 2011.

[2] 朴春德，施斌，魏广庆，等. 分布式光纤传感技术在钻孔灌注桩检测中的应用 [J]. 岩土工程学报，2008 (7): 976 - 981.

[3] 胡庆立，张克绪. 大直径桩的竖向承载性能研究 [J]. 岩土工程学报，2002 (4): 491 - 495.

[4] 董淑海. 水下大直径桩的竖向承载特性研究 [D]. 上海：上海交通大学，2008.

海上单桩风电机组桩内防毒防腐探讨与应用

刁新忠

（华能盐城大丰新能源发电有限责任公司，江苏　盐城　224100）

【摘　要】 及时进行海上单桩风电机组桩基内的微生物清理，消除腐烂发酵源头，能有效减小有毒气体对人员的伤害、对设备的损害，是保证人身安全、保证风电机组寿命的有效途径；将单桩内海水排尽、淤泥清理、表面固化，是一种简单可行、经济实用的防毒防腐措施。

【关键词】 海上风电；单桩基础；有毒气体；防毒防腐

1　引言

为了实现碳达峰、碳中和的目标，中国的海上风电进入了高速发展阶段，到2021年中，中国的海上风电装机容量已超11GW。因为单桩基础适合于0～25m的水深，统计数据表明海上风电机组中单桩基础形式所占比例在65%以上。但单桩基础内有毒气体对人体损害、对设备腐蚀的报道屡见不鲜，如何经济有效地消除毒腐气体，是必须解决的问题。

2　背景

华能大丰海上风电场有91台风电机组，其中2台为多管桩基础，89台为单桩基础，单桩风电机组塔底与其下部桩基依靠密封处理后的底部平台盖板隔离。在打桩时遗留在桩基内的淤泥及微生物等发酵腐烂，导致塔底有强烈的刺激性气体。工作人员经常会说："进入塔底筒不能睁眼，不能呼吸！强制通风半小时以后，勉强可以坚持进塔筒。"此气体严重危及人身安全，也腐蚀了塔筒内电气设备（如接触器、开关、母线铜牌等），引发了设备跳闸、短路、保护失效等故障。

3 试验

为了验证毒腐气体对风电机组地影响，风电场在所有风电机组塔底和一层平台悬挂了崭新铜片进行测试，2 个月后进行了复查，发现铜牌已经产生不同程度的腐蚀，检查结果如图 1 所示。

（a）新铜片

（b）腐蚀铜片

图 1 标准铜牌腐蚀情况对比

气体聚集原因示意图如图 2 所示。

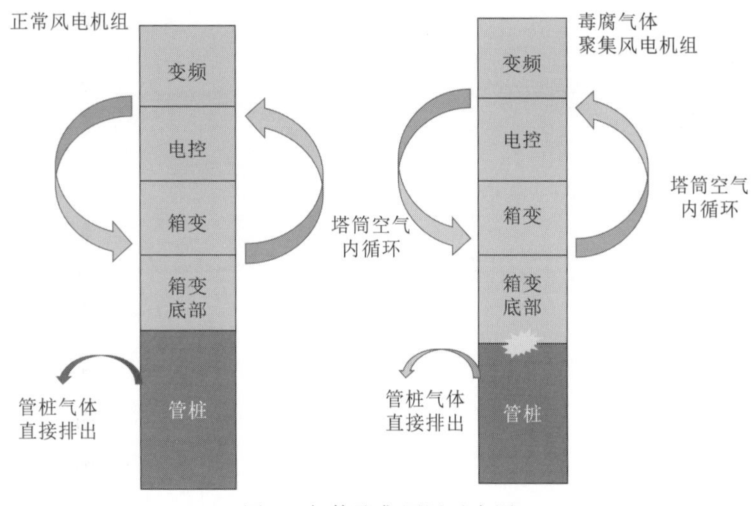

图 2 气体聚集原因示意图

4 解决方案

4.1 安全措施

做好充分的保人生保设备的安全措施，如通风、停电等

4.2 积水清理

（1）桩内水面至桩顶法兰高 H_1。

（2）桩内泥面至桩顶法兰高 H_2。

（3）将高度为 H_2-H_1 的水量抽尽。

4.3 淤泥清理

（1）泥浆泵吸排。使用高压水枪抽取海水，使海水与淤泥充分混合，再由泥浆泵把混合的泥浆抽出。

（2）桩基底部覆盖层处理。根据覆盖层的软硬程度，确认清理的厚度，以单桩内原始泥面标高或桩体内壁记号为基准，一般控制在向下 0.3～0.5m、或遇硬质土层即可。管桩内部淤泥清理前后对比如图 3 所示。

（a）清理前

（b）清理后

图 3　管桩内部淤泥清理前后对比

（3）表面固化。桩内淤泥处理完成后，在桩内撒水泥进行固化处理。管桩内部水泥铺设如图 4 所示。

4.4 气体检测

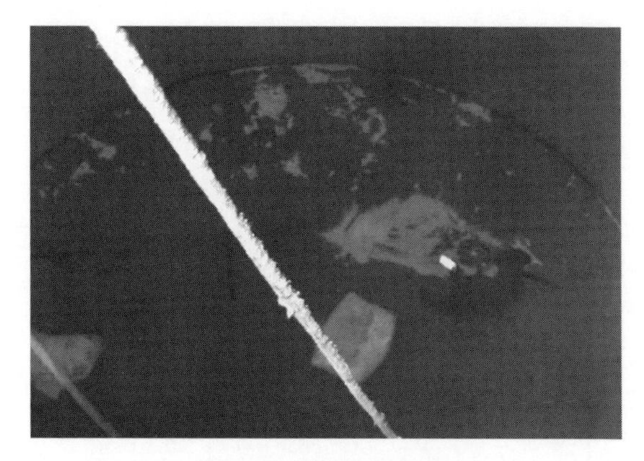

图 4 管桩内部水泥铺设

工作结束后，邀请有资质的检测公司对桩内气体进行检测。检测结果良好（ND 标识未检出，硫化氢限值为 0.001mg/m^3），如图 5 所示。

4.5 盖板密封处理

（1）采用聚氨酯密封胶对塔底平台盖板密封，管桩底部密封位置剖面如图 6 所示。

（2）管桩内气体泄露点有 2 个，在管桩密封盖的接口处，管桩底部密封如图 7 所示。

（3）管桩通风系统与管桩之间的接口处，管桩通风接口密封如图 8 所示。

检 测 报 告

TEST REPORT

（2020）恒安（气）字第（591）号

检测类别： 委托检测

项目名称： 环境空气检测

委托单位： 江苏维蕴新能源科技有限公司

江苏恒安检测技术有限公司

JiangSu HengAn Detection Technology Co., Ltd.

二〇二〇年十一月十一日

表1 环境空气检测结果

检测日期	测点名称	经纬度	检测结果				
			硫化氢 /(mg/m^3)	恶臭（臭气浓度）（无量纲）	氨 /(mg/m^3)	甲烷 /(mg/m^3)	非甲烷总烃 /(mg/m^3)
			吸收液	臭气袋	吸收液	气袋/注射器	气袋/注射器
2020.9.10	1#风电机组	E121.252384000 N33.111132000	ND	<10	0.10	1.03	0.39
	2#风电机组	E121.2548425000 N33.1111268000	ND	<10	0.14	1.02	0.37
	4#风电机组	E121.2637595000 N33.1111161000	ND	<10	0.07	1.02	0.38
	5#风电机组	E121.2702179000 N331111105000	ND	<10	0.08	1.00	0.44
	6#风电机组	E121.2726764000 N3.1111048000	ND	<10	0.12	1.00	0.47
	7#风电机组	E121.2815933000 N33.111090000	ND	<10	0.10	1.05	0.46
	8#风电机组	E121.2840518000 N33.1110869000	ND	<10	0.14	1.00	0.42
	9#风电机组	E1212905102000 N33.1110806000	ND	<10	0.07	1.00	0.44
	10#风电机组	E121.2954271000 N33.1110677000	ND	<10	0.11	1.01	0.47
	11#风电机组	E121.3043439000 N33.1110543000	ND	<10	0.10	1.02	0.40

图 5 检测报告

4.6 部分处理数据

2020 年华能大丰海上风电场管桩内有害气体处理情况记录表见表 1。

表 1 2020 年华能大丰海上风电场管桩内有害气体处理情况记录表

机位号	处理日期	泥面至桩顶法兰高度/m	积水深度/m	淤泥深度/m	水泥铺设量/t	氧气（19.5%～23.5%）	硫化氢（＜10mg/m^3）	一氧化碳（＜20mg/m^3）
1	7 月 21 日	25.5	14	0.5	0.5（P. F32.5）	20.9%VOL	0 PPM	9 PPM
2	7 月 21 日	21.5	12	0.35	0.5（P. F32.5）	20.9%VOL	0 PPM	6 PMM

续表

机位号	处理日期	泥面至桩顶法兰高度/m	积水深度/m	淤泥深度/m	水泥铺设量/t	氧气（19.5%～23.5%）	硫化氢（＜10mg/m³）	一氧化碳（＜20mg/m³）
4	7月26日	23.5	12	0.3	0.5（P.F32.5）	20.9%VOL	0 PPM	9 PPM
5	7月28日	23	14	0.35	0.5（P.F32.5）	20.9%VOL	0 PPM	11 PPM
6	7月28日	22	12.7	0.28	0.5（P.F32.5）	20.9%VOL	0 PPM	10 PPM
7	7月8日	20	12	0.3	0.5（P.O32.5）	21.8%VOL	0 PPM	9 PPM
8	7月29日	21	12	0.25	0.5（P.F32.5）	21.3%VOL	0 PPM	11 PPM
9	7月29日	18.4	6.5	0.28	0.5（P.F32.5）	20.9%VOL	0 PPM	13 PPM
10	8月7日	22.5	11.5	0.35	0.5（P.F32.5）	20.9%VOL	0 PPM	13 PPM
11	8月7日	21	12	0.28	0.5（P.F32.5）	21.4%VOL	0 PPM	15 PPM
12	8月13日	22	11.5	0.35	0.5（P.F32.5）	21.9%VOL	0 PPM	11 PPM
13	8月19日	21	12	0.35	0.5（P.F32.5）	20.9%VOL	0 PPM	10 PPM
14	8月19日	22	8	0.25	0.5（P.F32.5）	20.9%VOL	0 PPM	10 PPM
15	8月21日	21.5	10	0.25	0.5（P.F32.5）	20.3%VOL	0 PPM	11 PPM
16	8月21日	19.5	11.5	0.23	0.5（P.F32.5）	21.5%VOL	0 PPM	11 PPM
17	8月21日	20.5	11	0.3	0.5（P.F32.5）	20.9%VOL	0 PPM	10 PPM
18	10月11日	20	9	0.25	0.5（P.F32.5）	21.5%VOL	0 PPM	11 PPM

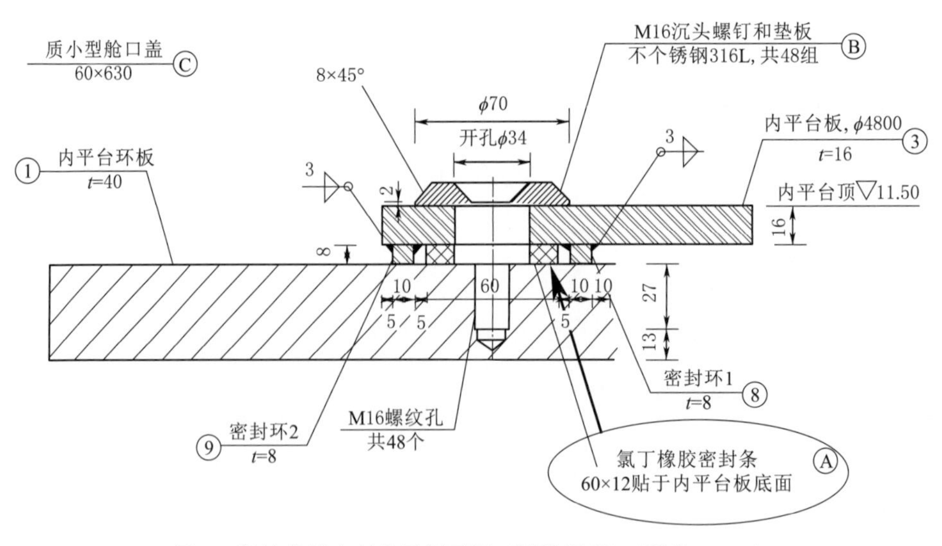

图6　管桩底部密封位置剖面图（设计图纸）（单位：mm）

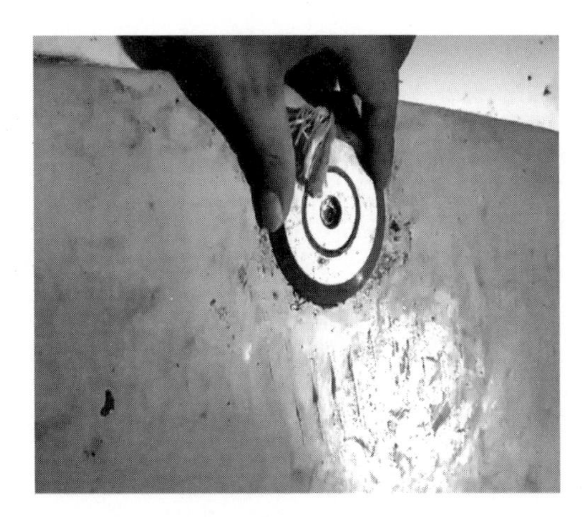

图 7　管桩底部密封

图 8　管桩通风接口密封

5　结语

以一台 4.0MW 的风电机组变频器断路器拉弧烧毁为例，考虑到运输时间、海上连续工作的不确定性，大概需要 4 人处理 20 天左右，加上人工费、物料费等，总体可减少损失约 150 万元。

因此，对单桩风电机组进行这种易操作的防毒防腐处理，从根源上有效地避免了气体地产生，保障了人员安全，提高了风电机组可利用率，提升了发电量，避免了不必要的经济损失。

参　考　文　献

胡苏杭，刘碧燕．海上风电单管桩内防腐蚀防气体中毒研究 [J]．风力发电，2019 (3)：10－15.

海上风电钢结构腐蚀检测方法与实践

陶　伟

（华能国际电力江苏能源开发有限公司清洁能源分公司，江苏　南京　210015）

【摘　要】我国海上风电发展已经超过了10年，整机、勘测、设计、施工、吊装、并网、运维、附属设备等各项技术、产业链也在不断完善成熟，但海上风电远高于陆上风电的风险与技术要求，仍然是我们需要关注与解决的问题。尤其是海山风电设备的腐蚀问题，在这些年的发展后也逐步先显出来，海风设备不仅需要面对海洋中的严酷腐蚀环境，还需要面对浪涌、海风的交变应力冲击，这是陆上风电和其他海上石油平台所不能比拟的，随着风电机组运行时间的延长，腐蚀也已经成为影响其安全运行的重要因素。

【关键词】腐蚀与防护；防腐涂层；牺牲阳极块；可溶性盐；保护电位

1　引言

2020年新冠肺炎疫情对各行各业的影响有目共睹，但2020年下半年风电行业恢复速度很快，风电装机容量更是在相关政策的影响下不断提升。我国在第七十五届联合国大会、二十国集团领导人利雅得峰会和气候雄心峰会上提出的“碳达峰碳中和”目标，也势必会推动新能源行业的进一步发展，对像风电这样的可再生能源行业而言无疑是一个利好的发展方向。

处在这个能源转型变革的时代，新能源替代传统化石能源，电能在能源消费中比例提升是全球能源格局发展的大势所趋，世界各国也都面临着前所未有的机遇与挑战，海上风电的资源丰富、发电利用小时数相对较高等特点，让它成为新能源发展的前沿领域，也是最终的目标之一。于我国而言，长达1.8万km的海岸线，300多万km^2的可利用海域面积，让我国具备了发展海上风电的天然优势，而且随着陆地风电场的不断建设，陆地土地资源的日益减少，尤其在东南经济发达地区更为紧缺，海上风电必将成为我国电力能源安全、清洁、高效转型的重要支撑。

相比于陆上风电，海上风电场所处的环境复杂，除了海洋大气区高湿度、高盐雾、长日照，浪花飞溅区干湿交替，全浸区海水浸泡、海生物附着等腐蚀环境外，还有着浪涌、海风对风电机组塔筒、桩基的交变应力冲击，复杂的腐蚀环境对风电设施运行的安全性有着极大的威胁。也因此海上风电设备对于材料选型、防腐设计相关的要求更加严苛，加之其特殊的地理环境，运行过程中的维护成本极高。

海洋腐蚀不仅增加了风电的建设投资和运行维护成本，同时对海上风电机组带来巨大安全隐患，缩短风电机组运行寿命。防腐蚀设计与理念成为海上风电场建设的重要环节，也是海上风电运行过程中必须考虑的突出问题。

2 海上风电钢结构防腐蚀设计方法

海上风电机组防腐设计主要是根据海上风电机组所处环境的腐蚀特征，采取针对性地防腐蚀措施，不同海域因环境的差异可能会有细微差异。目前，防腐蚀涂层、牺牲阳极阴极保护技术是海上风电设备防腐中应用最为普遍的，另外增加腐蚀余量、选用更耐蚀材料等也是解决部分关键设备设施腐蚀问题的可选方法。

针对一些特殊部位也会有相应的防腐蚀措施。例如对于一些采用钢筋混凝土基础的风电机组，为提高结构耐久性，通常会采用高性能海工混凝土，加大钢筋外保护层厚度、掺入阻锈剂等防止内部钢筋锈蚀。而风电机组机舱及轮毂防腐就是将各部件尽可能与外界环境隔离开，减少与腐蚀介质的接触。基本思路将机舱设计成一个尽可能密闭的空间，通过鼓风机等使内部对外界形成正压，阻止腐蚀性海洋大气直接进入，很大程度上降低了机舱和轮毂内部安装的各类部件的腐蚀防护要求。对一些需要暴露在外面，而且是日常维护过程中很难触及的关键位置，会对其表面进行热镀锌或者涂层加强防腐处理，像主轴、联轴器、齿轮箱、变桨齿轮等。在海上风电中还有很多这种针对性的防腐措施，除了已知的，可能也有还没有考虑周全的措施方法，需要时间去探索改进。

近几年已经开始有海上风电场反馈，钢结构基础的腐蚀问题呈普遍性逐步增多趋势。造成腐蚀的因素较多，诸如防腐方案不合理、涂层失效、阴极保护系统缺陷、防腐材料及施工质量不过关等各种方面，因此，在海上风电的防腐蚀设计、建造及运行维护等过程中应注意设计标准、施工质运行中的监检测等问题，提升我国海上风电防腐作业管理水平。

3 海上风电钢结构腐蚀检测方法

为了更好地分析海上风电设备的腐蚀现状，检测主要内容包括：设备腐蚀状态进行评估、塔筒内外壁涂层厚度检测、钢结构基础保护电位、牺牲阳极的尺寸和使用状态检查评估、部分区域的氯离子沉积量检测。

3.1 钢结构腐蚀状态评估方法

在自然光照射下，检查人员目视检查涂层变色、粉化、开裂、起泡、长霉、生锈和剥落等缺陷，其中涂层粉化采用胶带法进行评估。

3.2 涂层厚度检测方法

依据能源部标准 NB/T 31006—2011《海上风电场钢结构防腐蚀技术标准》要求，对钢管桩干膜厚度的评价标准为：所有测点干膜厚度的平均值应不低于设计干膜厚度，所有测点的干膜厚度应不低于设计干膜厚度的 80％，80％以上测点的干膜厚度应达到设计干膜厚度的要求。

测量采用德国进口的磁性涂层测厚仪，分别在钢管桩、塔筒外壁、塔筒内壁各选择两个测区进行测量，每个测区测试 10 个结果，最终计算 10 个测试结果的算术平均值作为该测区的平均干膜厚度。测区应选择涂层完好，平整光滑处进行测量。

3.3 阴极保护电位检测方法

采用铜/饱和硫酸铜参比电极、高阻抗数字万用表，自水面向下取平均水深约 5m 范围内进行检测。检测共选取 3 个方位，逆时针排序检测，每隔约 120°为一个检测方位，每个检测方位以电极接触水面开始检测，向下放电极每间隔约 1m 记录一个测量值，检测示意图如图 1 所示。

3.4 牺牲阳极使用状态检测方法

由专业潜水检测人员携带摄像设备、清理工具、测量工具，潜水员用钢丝刷、斧头或其他工具清除阳极和焊缝表面的腐蚀产物及其他附着物，露出阳极和焊接部位的本体表面。

对清理干净的牺牲阳极本体和铁脚部位进行录像检测。并随机抽取每台风电机组的 2 个牺牲阳极用软尺对阳极上、中、下 3 个位置的周长及阳极长度进行测定。船上检测人员进行实时监测和录像操作，并测量阳极表面局部蚀坑的深度。船上检测人员记录阳极表面状况，记录检测数值。

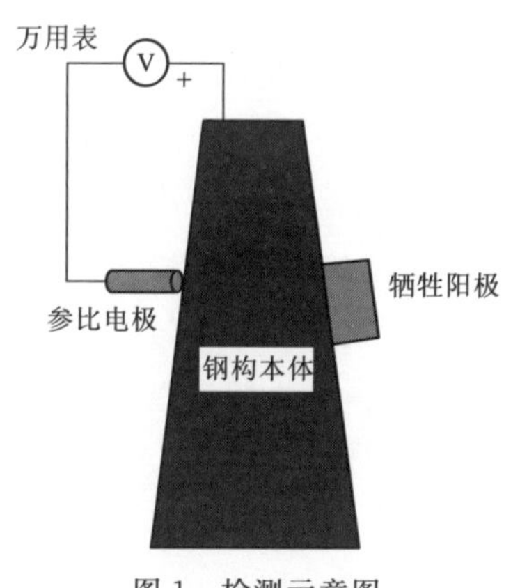

图 1　检测示意图

3.5 可溶性盐分含量检测方法

根据 GB/T 18570.6—2011《涂覆涂料前钢材表面处理　表面清洁度的评定试验

第 6 部分：可溶性杂质的取样　Bresle 法》，采用 Bresel 法测试表面含盐量，其原理为测量所有水溶性盐离子的电导率，并将其换算成单位面积上的 NaCl 含量，单位为 mg/m^2。

4　海上风电钢结腐蚀检测实践

4.1　海上风电场概况

本次腐蚀检测实践对象为如东某风电场。该风电场位于 2017 年正式进入商业运营。经过评估既能够确保风电场风电机组水下不可达关键设施的使用安全，也能够系统了解塔筒内部的腐蚀状态与腐蚀环境，同时也为后续的防腐维修工作提供数据支持。

4.2　钢结构腐蚀状态评估结果

通过对多台风电机组和海上升压站在海洋大气区、海水飞溅区、潮差区的腐蚀状态检查发现，钢管桩水上部分防腐涂层表面状况一般，未发现明显的变色、粉化，但局部存在较多锈点、裂纹、起泡、小面积破损、脱落、锈蚀情况。风电机组和海上升压站附属构件（爬梯、圈梁、船靠、电缆管）局部腐蚀比较严重，尤其船靠多数腐蚀严重。多数钢管桩潮差区被海生物覆盖。部分腐蚀状况如图 2 所示。

图 2　风机钢管桩及附属结构局部腐蚀

4.3　涂层厚度检测结果

检测结果显示，风电机组塔筒内壁涂层干膜厚度小于原设计厚度但不小于原设计厚度的 90％的风电机组有 4 台，风电机组基础钢管桩涂层干膜厚度小于原设计厚度的 90％但不小于原设计厚度的 75％的风电机组有 6 台，没有小于原设计厚度的 75％的风电机组，风电机组塔筒内壁涂层厚度表现较好。

海上升压站方面仅有南海上升压站西北桩①区的测试结果小于原设计厚度的90%但不小于原设计厚度的75%，其他测试区域的测试结果均大于原设计最终干膜厚度。整体厚度表现相对较好，不过局部厚度不均匀。其中升压站涂层测试结果见表1。

表1　风电机组升压站涂层厚度测量结果

钢管桩位置	测试区域	测试结果/μm					平均干膜厚度/μm	平均膜厚/设计膜厚（1080μm）
		①	②	③	④	⑤		
南海上升压站西北桩	①区	952	840	1140	834	722	845	78.2%
		922	522	972	733	808		
	②区	860	1150	1420	1060	803	1090	101.0%
		1150	1100	1220	1020	1120		
南海上升压站西北桩	①区	1440	1510	1410	1420	1300	1367	126.6%
		1390	1290	1150	1380	1380		
	②区	1370	1240	1440	1460	1410	1355	125.5%
		890	1220	1450	1700	1370		

4.4　阴极保护电位检测结果

按照GJB 156A—2008《港工设施牺牲阳极保护设计和安装》的规定，采用牺牲阳极阴极保护法保护时，钢质港工设施最小保护电位应达到－0.85V（相对铜/饱和硫酸铜参比电极，以下同），最大保护电位不超过－1.10V。

本次检测中我们发现有少数几台风电机组钢构基础保护电位处于欠保护状态，阴极保护系统未能达到理想的运行状态，牺牲阳极不溶解、溶解过快或脱落，需要检查牺牲阳极块。表2为＃1～＃15风电机组的阴极保护电位检测数据，图3为＃1～＃15阴极保护电位及云图。

从电位检测结果看，＃1～＃15风电机组钢构基础阴极保护电位分布比较均匀，在－0.861～－0.855V，钢构基础保护电位均满足标准要求，电位相对均匀，不过整体电位还是处于下限，需要注意。

表2　＃1～＃15风电机组阴极保护电位测量结果

潮位/cm	离水面距离/m	牺牲阳极阴极保护电位/V			潮位/cm	离水面距离/m	牺牲阳极阴极保护电位/V		
		0°	120°	240°			0°	120°	240°
600	0	－0.857	－0.857	－0.855	600	3	－0.858	－0.860	－0.858
	1	－0.858	－0.858	－0.860		4	－0.857	－0.861	－0.857
	2	－0.859	－0.859	－0.859		5	－0.858	－0.861	－0.857

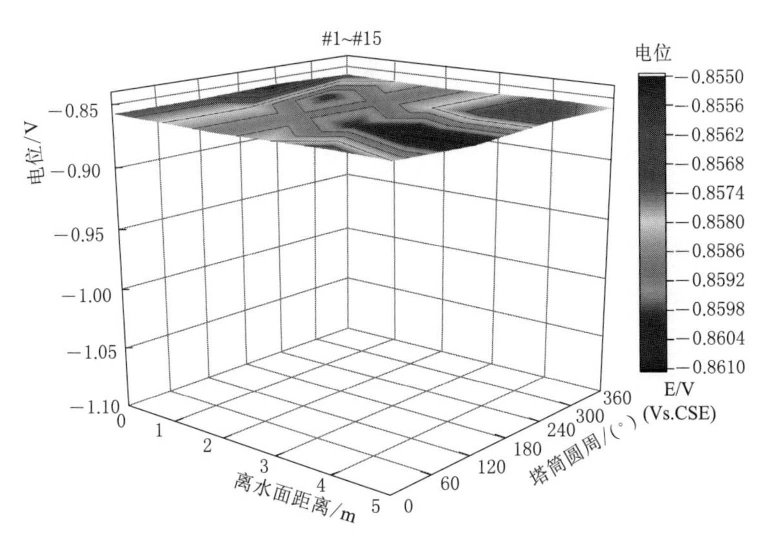

图 3　风电机组钢管桩及附属结构局部腐蚀

4.5　牺牲阳极使用状态检测结果

根据风电场提供的风电机组和海上升压站牺牲阳极结构布置图对牺牲阳极进行水下探摸检查。

本次检查，由于海水过于浑浊，无法检查每台风电机组具体的牺牲阳极的数量、表面状况、阳极焊脚情况，仅能通过探摸的方式进行初步检查。每台风电机组随机抽取其中 2 块牺牲阳极进行探摸检查、测量尺寸。检查发现，所有牺牲阳极表面均被海生物覆盖，需用工具才可清除，牺牲阳极表面溶解较好。阳极焊脚焊接情况良好，抽检暂未发现阳极缺损情况。

得到的检测结果，根据 JTS 304—2019《水运工程水工建筑物检测与评估技术规范》附录 F 规定，牺牲阳极的剩余重量和剩余年限可按式（1）和（2）计算，由于牺牲阳极使用年限较短，消耗较少和测量误差的存在，部分风电机组牺牲阳极测量尺寸略高于牺牲阳极安装前尺寸，无法计算对应的剩余使用寿命年限。部分测量数据及计算结果见表 3。

$$Q_e = \left| \left(\frac{D_1 + D_2 + D_3}{12} \right)^2 L - V \right| \rho \tag{1}$$

式中　Q_e——阳极的剩余重量，kg；

D_1、D_3——剩余阳极两端距端部各 100mm 处的周长，mm；

D_2——剩余阳极中部的周长，mm；

L——剩余阳极的长度，mm；

V——阳极铁芯的体积，mm^3；

ρ——阳极密度，kg/mm^3。

$$t_e = \frac{Q_e}{Q_0 - Q_e} t \tag{2}$$

式中　t_e——阳极剩余年限，年；

Q_e——阳极的剩余重量，kg；

Q_e——阳极的初始重量，kg；

t——阳极已使用年限，年。

表 3　部分风电机组牺牲阳极测量及计算结果

钢管桩	阳极编号	剩余阳极尺寸/mm				阳极重量/kg		阳极保护年限/年	
		L	D_1	D_2	D_3	Q_0	Q_e	t	t_e
#1～#37	1	2250	872	880	875	294	258.67	4	29.3
	2	2280	885	886	890	294	269.61	4	44.2
#1～#39	1	2260	910	923	901	294	282.88	4	—
	2	2250	907	901	905	294	276.99	4	65.1
#1～#41	1	2200	890	892	878	294	259.36	4	29.9
	2	2115	870	880	890	294	244.72	4	19.9
#1～#43	1	2090	898	910	915	294	258.13	4	28.8
	2	2180	915	920	940	294	281.00	4	—
#1～#39	1	2260	910	923	901	294	282.88	4	—
	2	2250	907	901	905	294	276.99	4	65.1

4.6　可溶性盐分含量检测结果

塔筒内壁测试结果中平均可溶性盐分含量超过 100mg/m^{2}有 2 台，可溶性盐分含量超过 75mg/m^{2}但未超过 100mg/m^{2}有 7 台，占比 10%，局部含量超过但平均含量未超过 100mg/m^{2}的有 7 台，占比 10%。可溶性盐分含量较高的风电机组在南区和北区均有分布，无明显差别。塔筒外壁由于测试当天刚下过雨，测试结果较低，为 11.8mg/m^2。

机舱测试结果中没有平均可溶性盐分含量超过 100mg/m^{2}的，可溶性盐分含量超过 75mg/m^{2}但未超过 100mg/m^{2}有 2 台，占比 33%。而且我们发现可溶性盐分含量较高的风电机组主要分布在北区，且全部为同一种型号的风电机组，这是由于该型号风电机组机舱内壁表面比较粗糙，有利于盐分的沉积。

海上升压站选取的 3 个开关室测试结果中没有平均可溶性盐分含量超过 75mg/m^{2}的，最大可溶性盐分含量为 37.8mg/m^2，表明海上升压站开关室密闭效果良好，可溶性盐分的危害较低。升压站详细检测数据见表 4。

表 4　　　　　　　　　　　　不同部位可溶性盐分含量测试结果

结构名称	测试位置	测试结果/（mg/m²）			平均值/（mg/m²）
		①	②	③	
海上升压站	110kVGIS 开关室	33.0	48.8	31.4	37.8
	中控室	33.4	35.5	37.7	35.5
	主变室	14.4	13.7	21.8	16.6
	35kV 开关室	27.0	23.9	27.0	26.0
	中控室	43.9	16.0	51.8	37.2
	主变室	10.2	13.1	12.1	11.8

总体而言，塔筒内壁可溶性盐分含量较高的风电机组在南区和北区均有分布，无明显差别。塔筒内壁可溶性盐分含量明显高于塔筒外壁，说明盐分容易在塔筒内壁的密闭空间内富集，随着时间推移可能会增加环境的腐蚀性，对塔筒内部设备和部件造成危害。机舱和升压站开关时密封效果相对较好，可溶性盐带来的腐蚀危害相对较低。

5　结语

通过对已经运行 4 年的海上风电场进行初步的腐蚀检测分析，发现我国海上风电腐蚀问题相较于陆上风电场确实严重很多，需要注意到的防腐蚀事项也更多。而造成海上风电设备腐蚀问题繁杂的根本原因主要有以下几点：

（1）海上风电设备腐蚀管理缺乏系统的标准文件去支撑。

（2）海上风电设备防腐设计还是不够完善细致，整体防腐思路及相应的措施都有提及，但细节处理上没有到位。

（3）风电机组安装及运行过程中，施工运维人员缺乏防腐管理意识，对海上风电设备的腐蚀问题重视程度不够。

根据本次腐蚀检测结果，对该海上风电场给出以下检测及维修建议：

（1）对风电机组和海上升压站基础的钢管桩、附属结构、一层工作平台进行局部防腐维修，维修需采用适合海上风电所处环境的维修专用涂料进行，并控制好表面处理、油漆涂装的质量。

（2）根据 NB/T 31006—2011 的规定，每年定期检测一次牺牲阳极保护效果，并对保护电位不满足要求的钢管桩的牺牲阳极进行探摸，检查其溶解情况、机械损伤情况等。

（3）根据本次牺牲阳极探摸情况，其中有一种型号的风电机组的牺牲阳极溶解较快的比例较高，建议对该种型号剩余未探摸牺牲阳极的风电机组安排探摸。对其他风电机组根据标准要求抽取一定数量进行探摸。

（4）根据本次可溶性盐分含量测试结果，建议对可溶性盐分含量超过 $100mg/m^2$ 的7台风电机组塔筒内壁进行清洗，并检查风电机组的密封性，及时修复失效的密封。

（5）为提高工作效率，同时更精准掌握所有钢构牺牲阳极的工作状态和风电机组内部的环境腐蚀性变化，可以采取更为高效的手段，如在线牺牲阳极监测系统和环境在线腐蚀检测系统等。

除了本次检测的项目之外，其实还有很多海风设备腐蚀关键点需要注意。诸如飞溅区的钢桩腐蚀，全浸区的海生物附着，塔筒焊缝、法兰、螺栓等关键结构件的疲劳腐蚀，单桩内部淤泥有毒气体等问题都需要尽快建立完整的海上风电设备防腐体系去进行监管维护。

虽然近些年各种新技术不断应用于海上风电设备防腐维修与监测，但是要想真正将这些腐蚀问题控制住还是加强对腐蚀的重视，无论是最初的设计还是后续安装运行过程的维护都要贯彻防腐理念，确保海上风电机组安全长效的运行。

参 考 文 献

[1] 赵茂川．海上风机分区腐蚀及防护措施［J］．科学咨询（科技·管理），2014（2）：33-34.

[2] 邓再芝．海上风力发电系统的腐蚀与防护［J］．中国重型装备，2011（4）：47-49.

[3] 穆山，李军念，王玲．海洋大气环境电子设备腐蚀控制技术［J］．装备环境工程，2012，9（4）：59-63.

[4] 侯保荣，海洋钢结构浪花飞溅区腐蚀控制技术［M］．北京：科学出版社，2011.

[5] 李子运，邓培昌，胡杰珍，等．海上风电机组腐蚀与防护［J］．广州化工，2018，46（24）：45-48.

[6] 胡苏杭，刘碧燕．海上风电防腐技术现状及研究方向［J］．风能，2019（11）：88-91.

[7] 赵如枰. 海上风电基础结构的腐蚀及防护措施［A］. 风能产业，2018.

[8] 崔立川，吴云青，苏萌，姚亮．海上风电钢制基础的防腐质量控制分析［J］. 风能，2014（5）：102-105.

[9] 冯立超，贺毅强，乔斌，等．金属及合金在海洋环境中的腐蚀与防护［J］．热加工工艺，2013（24）：21-25.

风电机组齿轮箱油温高问题分析及应对措施

陆界屹

（华能如东风力发电有限责任公司，江苏　南通　226408）

【摘　要】齿轮箱是风电机组的重要组成部分，对齿轮箱油温高的分析及有效应对，保证油温处在合理区间，是风电场的经济、安全、稳定运行的基础。本文以华能如东陆上48MW风电场为例，通过对海装H102N－2.0MW风电机组的齿轮箱润滑与冷却系统的工作原理，以及运行中齿轮箱油温高的原因和处理方法进行论述分析，为现场维护人员快速锁定问题，有针对性地排查、处理缺陷方面具有重要的指导意义。能够提前预判，合理安排维护工作，最大限度减少风电机组停机时间，保证大风期间不出现风电机组超温故障弃风，保证风电机组可利用率，提高风电场的经济盈利能力。

【关键词】齿轮箱；冷却系统；温控阀；油温

华能如东陆上48MW风电场采用了24台海装风电机组，型号为H102N－2.0MW。齿轮箱厂家为重齿和南车，24台齿轮箱均采用川润的FD2000润滑装置，润滑方式为强制润滑。齿轮箱润滑和冷却系统的性能是否良好，对齿轮箱的使用寿命非常重要。良好的润滑和冷却系统可以给齿轮箱内部的齿轮、轴承在提供“健康”的工作环境，减少摩擦防止齿轮点蚀和齿面胶合。齿轮箱油温的高低对齿轮油的各项化学性能指标影响也较大，因此，齿轮箱油温的高低也是衡量齿轮箱是否正常运行的一个重要条件。

1　齿轮箱润滑与冷却系统的工作原理

1.1　润滑系统工作原理

风电润滑系统主要用于向齿轮箱摩擦部位供送润滑油，达到润滑和散热的作用。润滑装置主要由齿轮泵组、单筒双精度过滤器、冷却器、管道、阀门、仪表等组成。工作介质为黏度等级VG320极压工业齿轮油或相当黏度的其他润滑油。

FD2000润滑装置工作时，工作油泵向系统提供压力润滑油，润滑油经过单筒双精度过滤器后到温控阀，该温控阀根据润滑油的温度控制润滑油的流向。当温度小于

45℃时，润滑油直接进入齿轮箱；当温度不小于45℃时，温控阀开始动作，使得润滑油经冷却器冷却后再进入到齿轮箱。在齿轮箱的入口装有压力传感器（设定值0～0.6bar可调）用于检测润滑油的压力。泵出口设有安全溢流阀，系统压力不小于10bar时，安全溢流阀开启，回油到齿轮箱。过滤器为双级过滤，两只滤芯精度分别为10μm和25μm，正常工作状态时，润滑油经过10μm滤芯过滤，当10μm滤芯堵塞，差压不小于4bar时，单向阀打开，润滑油经过25μm滤芯过滤。过滤器前后差压有差压发讯器监控，当差压不小于3.5bar时发讯，提示更换滤芯。注意：当润滑系统刚启动，润滑油温度未达到正常工作油温（40℃）要求时，油液黏度高，通过过滤器滤芯时可能会形成比较高的压差，此时差压发讯器讯号仅作参考，不作为动作信号。过滤器前有测压接头，可用压力表测系统压力；过滤器顶部有排气阀，用于排除润滑油中的气体。钎焊式冷却器为优质不锈钢板片生产，用于进行水油热交换。润滑与冷却系统原理图如图1所示。

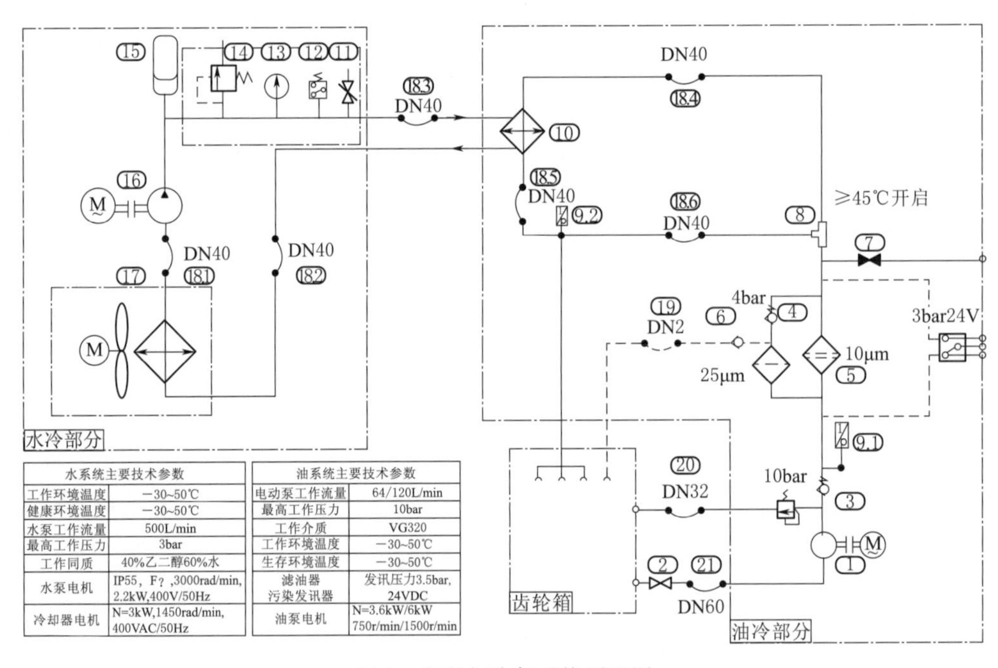

水系统主要技术参数	
工作环境温度	−30~50℃
健康环境温度	−30~50℃
水泵工作流量	500L/min
最高工作压力	3bar
工作同质	40%乙二醇60%水
水泵电机	IP55，F？,3000rad/min, 2.2kW,400V/50Hz
冷却器电机	N=3kW,1450rad/min, 400VAC/50Hz

油系统主要技术参数	
电动泵工作流量	64/120L/min
最高工作压力	10bar
工作介质	VG320
工作环境温度	−30~50℃
生存环境温度	−30~50℃
滤油器 污染发讯器	发讯压力3.5bar, 24VDC
油泵电机	N=3.6kW/6kW 750r/min/1500r/min

图1　润滑与冷却系统原理图

1.2　冷却系统运行原理

海装H102N-2.0MW正常工作油温为0～70℃，当油温低于0℃时，齿轮箱加热器启动，对齿轮箱油进行加热，油温达到15℃时停止；当油温高于75℃时或轴承温度高于85℃，风电机组会进行报警，且自动限制出力。当油温达到80℃时风电机组会报油温高而故障停机。

齿轮箱冷却系统由水泵装置、水/风冷却器、压力罐、压力继电器、铜热电阻等组成。当齿轮箱油温达到40°时，水泵启动（低于35°水泵停止）。水泵工作后，冷却水进入油水冷却器，对油进行冷却，然后进入水/风冷却器，被自然对流的风冷却。当水温达到60°时，水/风冷却器电机启动，对进入冷却器的水进行强制对流风冷却，当水温降到35°时，水/风冷却器电机停止。

2 原因分析及处理方法

根据齿轮箱润滑和冷却系统的工作原理，针对齿轮箱出现油温高进行的原因和处理方法进行以下4个方面分析。

2.1 PT100温度传感器问题

检查PT100温度传感器功能是否正常，用万用表检测PT100的阻值与温度的关系是否与PT铂电阻的温度与阻值表相对应。如有误差，更换PT100。

2.2 风冷却器问题

首先检查风冷却器防护网、风扇叶片是否积灰和污垢，如有则对其进行清洗。其次检查空气冷却器电机转向与实际要求电机转向是否相反，若相反则导致空气冷却器电机反转，风量将远远低于设计风量，需更换U、V、W接线方式中的任意两项线缆接线柱，保证空气冷却器风扇叶片转向与空气冷却器壳体上转向铭牌要求的转向保持一致。空气冷却器壳体转向标识。

2.3 温控阀问题

此项检查结果首先可以由运行人员通过风机监控后台对齿轮箱油温和水温的变化对比得知：当油温不小于45℃时，温控阀开始动作，温控阀动作前如图2所示，温控阀动作后如图3所示，使得润滑油经冷却器冷却后再进入到齿轮箱，此时油温虽继续上升，但上升趋势应变缓，同时水温从常温状态开始升高，直到水温达到60°风冷器启动水温才会开始下降。若油温超过45°且持续上升，而水温未随油温有明显变化，则可以判断温控阀未正常工作，需更换温控阀。

2.4 滤芯、油位、轴承等问题

若在齿轮箱油温高的同时，还报出“齿轮箱油泵出口压力高故障”/“齿轮箱过滤器压力差故障”/“齿轮箱油位低”/“齿轮箱前、后轴承温度高”等故障，则还需对齿轮箱滤芯、油位、油液、轴承进行相应检查，滤芯堵塞、油位过低或过高、油液变质、轴承损坏等均会导致油温变高。

图 2　温控阀动作前

图 3　温控阀动作后

3　日常运行监盘与维护

（1）在大风天增加对齿轮箱前后轴承、油温以及冷却水温度的监控及比较，及时对温度异常进行分析判断，方便检修人员有针对性的处理缺陷。

（2）定期对润滑及冷却系统的元器件和接线进行检查，及时更换有问题的温控阀，清洗散热风扇。

（3）定期检查齿轮箱油位，并加强对油液的分析，确保油液性能满足要求。

（4）加强对齿轮箱振动的监测和分析，及时发现齿轮箱早期故障。

4　结语

油温过高容易引起润滑油化学性能降低，容易造成齿面损伤，影响风电机组的正常运行。当发现齿轮箱油温异常时，通过本方法分析判断能做到提前预判，及时采取相应措施排除故障，合理安排维护工作，保证大风期间不出现风电机组超温故障弃风，确保风电机组安全可靠运行，提高风电场的经济盈利能力。

参　考　文　献

胡郎华．风机齿轮箱油温高原因及标准处理方法［J］．机械工业标准化与质量，2015（9）：16－18.

管 理 篇

规范用海管理对海上风电项目影响与对策初探

邵斌田

（华能国际电力江苏能源开发有限公司清洁能源分公司，江苏　南京　210015）

【摘　要】 本文结合江苏连云港海域某海上风电工程前期可行性研究实例，分析原国家海洋局发布的《国家海洋局关于进一步规范海上风电用海管理的意见》（国海规范〔2016〕6号），规范海上风电项目用海面积，对海上风电项目电量、投资收益率的主要影响，同时提出了一些应对策略方面的思考。

【关键词】 规范用海；海上风电

2016年10月31日，原国家海洋局发布了《关于进一步规范海上风电用海管理的意见》（国海规范〔2016〕6号），明确海上风电的规划、开发和建设，应坚持集约节约的原则，提高海域资源利用效率。充分考虑地区差异，科学论证，单个海上风电场外缘边线包络海域面积原则上每10万kW控制在16km²左右。

在此之前，海上风电项目用海面积按国家能源局批复的各省海上风电规划报告，根据国家或地方海洋局批复的海域使用意见执行。江苏、浙江、福建等省海上风电项目每10万kW装机实际用海面积17～25km²。

本次用海面积的调整，对海上风电项目电量及投资收益等方面影响程度如何？可以在哪些方面采取措施降低项目开发建设成本？本文结合具体项目实例进行了初步的探讨。

1　江苏连云港海域某海上风电工程前期可行性研究实例分析

该海上风电工程位于江苏省东北部连云港海域，场址中心距离岸线约14km，距离连云港港约30km，距离燕尾港约14km，场址东侧距离燕尾港出港航道约2.5km，规划整个场址面积约为62km²，规划装机容量30万kW。根据测风数据推算工程场址区域轮毂高度97m处代表年年平均风速约7.09m/s，风能资源较为丰富。

按照原规划海域使用面积62km²及国海规范〔2016〕6号规定海域使用面积用海面积48km²，通过选择4MW、5MW、6MW三种常规海上风电机组机型分别测算该风电项目平均尾流、理论发电量及年等效满负荷利用小数等指标情况（表1）。

表1　连云港海域某海上风电工程发电量测算情况

指标 单机方案	全场平均尾流/%		理论发电量/(万kW·h)		扣除尾流后发电量/(万kW·h)		年等效利用小时数/h	
	62km²	48km²	62km²	48km²	62km²	48km²	62km²	48km²
4MW	8.91	11.12	103854	103805	94601	92262	2365	2307
5MW	8.37	9.34	104208	104093	95486	94371	2416	2388
6MW	7.53	8.4	98006	97915	90626	89690	2266	2242

主要结果分析如下：

（1）现行用海面积标准48km²与原规划用海面积62km²相比，4MW级海上风电机组平均尾流影响增加2.21%，年等效利用小时降低58h，按照0.85元/（kW·h）电价测算，年发电收入降低1479万元。

（2）现行用海面积标准48km²与原规划用海面积62km²相比，5MW级海上风电发电机组平均尾流影响增加0.97%，按照0.85元/（kW·h）电价测算，年发电收入降低714万元。

（3）现行用海面积标准48km²与原规划用海面积62km²相比，6MW级海上风电发电机组平均尾流影响增加0.87%，按照0.85元/（kW·h）电价测算，年发电收入降低612万元。

（4）根据目前海上风电工程实际投资水平及上网电价0.85元/（kW·h）测算，项目投资收益率情况见表2。

表2　连云港海域某海上风电工程投资收益率测算情况

指标 单机方案	投资收益率/%	
	62km²	48km²
4MW	7.77	6.97
5MW	9.05	8.41
6MW	0	0

国产5MW和在国内生产制造4MW机型投资收益率分别降低0.64%和0.8%。但均在7%左右，基本符合目前多数海上风电开发企业内部控制值要求。因6MW机型选择的是进口GE公司产品，主机造价较高（15000元/kW），投资收益为负值，计为0。

2 应对策略方面的思考

2.1 海上风电项目规划和开发向更深远海域发展

根据相关资料，我国近海 100m 高度 5～25m 水深海域风能资源开发量约为 2 亿 kW，5～50m 水深海域约为 5 亿 kW。目前国内规划编制及开展前期工作的海上风电项目大多位于 25m 水深范围内，深远海域海上风电资源更为丰富。

因此，在宏观政策上应鼓励和扶持海上风电开发企业向更深远海域发展。政府能源主管及海洋管理部门宜从长远考虑，突破 12 海里领海基线，立足 300 海里以内专属经济区开展海上风电规划工作。

2.2 开发建设单机容量和建设规模更大的海上风电项目

年平均风速超过 8m/s 甚至达到 10m/s 以上的福建台湾海峡等海域及深远海域应向单机容量更大、规模更大方向发展。积极运用新成果、新技术，推动海上风电发展规模化，走“大搞风电、搞大风电”道路。

(1) 目前国内各大风电制造商均在开发具有自主知识产权的大容量海上机型，但总体尚处于样机试验阶段，距离投入商业化运行尚有差距。可以先期开展国外 5～6MW 大容量海上机组样机示范项目，同时参与 8～10MW 海上风电机组的技术引进，扶持国内风电制造企业迅速掌握并提升大容量机组控制一体化、荷载优化、整体耦合、基础经济安全等关键技术和制造水平，不断提高海上风电机组可靠性的同时，也有利于引领我国大容量海上风电机组走上跨越式应用和发展的道路。

近期，部分海上风电发展重点区域已经在大容量海上风电机组方面做出了重要的尝试：福建省批准某新能源开发企业大容量海上风电试验风场项目建设，项目装机容量 77.4MW。共计选用七个厂家十三台风机，单机容量 5～6.7MW，其中包括部分国外风电机组。江苏省人民政府办公厅 2017 年 1 月 21 日印发《江苏省“十三五”海洋经济发展规划》(苏政办法〔2017〕16 号)，规划着力发展海洋可再生能源业，提出“优化海上风电发展布局，积极发展离岸风电。重点发展具有世界先进水平的 6MW 以上海上风电机组及关键零部件”。

(2) 海上风电项目“资金密集、技术密集”，后期运维成本难以准确预估，投资风险很大。政府能源主管部门在电价核定、海上风电开发企业总体建设规模安排以及配套工程统筹规划等方面应给予慎重考虑和大力扶持，提高国内海上风电制造企业、施工企业以及项目开发企业的生存和竞争能力。各海上风电开发企业间应注重合作、强调互利，只有互利才能共赢。

沿海各省市海上风电场规划多以百万基地的形式开发，各项目由不同的海上风电开发企业投资建设。如在政府相关主管部门的支持下，进行统筹规划，同区域海上风电开发企业合作，共同建设海上升压站甚至汇流站，合作研究离岸距离较远海上风电项目海缆的安全性、可靠性、经济性，以及直流输电方案的可行性。不仅有利于有限海岸线资源和海洋资源的高效使用、减少施工期对海洋环境的影响。也有利于大幅降低项目开发建设成本，提高项目投资收益率，实现互利共赢。

2.3 风资源条件一般的近海或滩涂海上风电项目

风资源条件一般的近海或滩涂海上风电项目还有比较突出的问题需要我们重点关注和研究。这些项目年平均风速在 7～8m/s，部分项目甚至低于 7m/s。较低的风资源条件对应的是有限的电能产品输出，因此在风电机组选型、工程设计与施工、后期运营维护等任何一个环节控制不好，都会对项目的投资收益率造成较大影响。

（1）并非选择单机容量越大的机组海上风电项目经济性就越好，尤其是对于风资源一般的海上风电项目。选择与风资源不匹配的大容量机组，风电机组基本在功率曲线低效区域运行，并不能获得期望的电量。行业内有专家研究并建议：风资源条件好、极限风速高（五十年一遇最大风速）的海域，如福建沿海台湾海峡，因大直径叶片使用受限，宜重点关注大容量机组的合理选择；建议风资源条件一般、极限风速较低的海域，如江苏、山东、辽宁沿海海域，因风资源条件有限，宜重点关注大直径叶片的合理选择。该研究虽未得到权威机构认可且无量化的数据可供借鉴，但值得我们关注和思考。

（2）对于离岸距离较远、海况复杂、检修与维护抵达性较差的海上风电项目，选择机型宜多关注其技术成熟性和运行可靠性，同时海上升压站的设计应合理考虑检修与维护方面的功能需求。毕竟提高风电机组可用率，获得最大的发电量才是“硬道理”。

（3）风电机组设备选择与风电机组基础结构选型的关系

我们通常是在风电机组设备确定后选择风电机组基础结构型式。事实上风电机组基础结构选型虽然要综合考虑风电机组荷载、波浪、潮流、潮位及腐蚀环境的影响，但风电机组荷载仍然是影响风电机组基础结构设计主要因素，其在风电机组基础所受到荷载中权重也最大。而不同单机容量的风电机组，其风电机组荷载也差别较大，即使是相同单机容量风电机组，由于风电机组转轮直径和控制策略的不同，其风电机组荷载也有一定的差异。另外，施工所需配套船机设备能力和施工组织方案、工程进度也有较大差异。以上因素导致项目总投资也有较大差异。因此，风电机组基础结构选型应与风电机组选型相结合，从项目全局角度，以项目总体经济性和财务收益为主要分析指标，综合权衡风电机组设备选型和风电机组基础结构选型问题。

（4）潜在施工单位施工能力和施工方案对基础结构选型的影响

海上风电项目建设过程中，基础结构材料费在项目总投资中占比并不高，施工船舶调遣和施工台班费用反而占比更高。合理的基础结构设计宜根据潜在施工装备的能力开展相应设计，以达到施工简单、快捷，施工效率最大化，总体工程费用最优的目的。因此，在风电机组机型基本明确后，应对潜在施工单位施工装备能力、性能指标进行充分调研，同时在施工单位招标确定后，在施工图设计阶段调整、优化风电机组基础结构设计方案，以提高施工效率。

风力发电的运维一体化分析

黄宁波

（华能国际电力江苏能源开发有限公司清洁能源分公司，江苏　南京　210015）

【摘　要】 目前，国内风电机组的单机容量已从最初的几十千瓦发展为今天的几百千瓦甚至兆瓦级。风电场也由初期的数百千瓦装机容量发展为数万千瓦甚至几十万千瓦装机容量的大型风电场。随着风电场装机容量的逐渐增大，以及在电力网架中的比例不断提高，对大型风电场的科学运行、维护管理逐步成为一个新的课题。

【关键词】 风电场；运行维护；风场管理；员工培训

随着我国风电装机数量的增加，风电运维市场越来越大，工作也越来越复杂，特别是我国风电机组种类多，未来对风电运维的管理提出了更高的要求。风电机组运维工作如何分类，有什么样的模式、对策值得各方，特别是风电运行方关注。

1　风电场的运行维护

1.1　风电场的运行

1.1.1　风电机组的运行

风电场运行工作的主要内容包括两个部分，分别是风电机组的运行和场区升压变电站及相关输变电设施的运行。

风电机组的日常运行工作主要包括：通过中控室的监控计算机，监视风力发电机组的各项参数变化及运行状态，并按规定认真填写《风电场运行日志》。当发现异常变化趋势时，通过监控程序的单机监控模式对该机组的运行状态连续监视，根据实际情况采取相应的处理措施。遇到常规故障，应及时通知维护人员，根据当时的气象条件检查处理，并在《风电场运行日志》上做好相应的故障处理记录及质量记录；对于非常规故障，应及时通知相关部门，并积极配合处理解决。

风电场应当建立定期巡视制度，运行人员对监控风电场安全稳定运行负有直接责任，应按要求定期到现场通过目视观察等直观方法对风电机组的运行状况进行巡视检查。应当注意的是，所有外出工作（包括巡检、起停风电机组、故障检查处理等）出于安全考虑均需两人或两人以上同行。检查工作主要包括风电机组在运行中有无异常声响、叶片运行的状态、偏航系统动作是否正常、塔架外表有无油迹污染等。巡检过程中要根据设备近期的实际情况有针对性地重点检查故障处理后重新投运的风电机组，重点检查起停频繁的机组，重点检查负荷重、温度偏高的机组，重点检查带“病”运行的风电机组，重点检查新投入运行的风电机组。若发现故障隐患，则应及时报告处理，查明原因，从而避免事故发生，减少经济损失。同时在《风电场运行日志》上做好相应巡视检查记录。

当天气情况变化异常（如风速较高，天气恶劣等）时，若风电机组发生非正常运行，巡视检查的内容及次数由值长根据当时的情况分析确定。当天气条件不适宜户外巡视时，则应在中央监控室加强对机组的运行状况的监控。通过温度、出力、转速等的主要参数的对比，确定应对的措施。

1.1.2 风电场运行工作的主要方式

随着风电场的不断完善和发展，各风电场运行方式也不尽相同。工作中采用的主要形式有以下几种：

（1）开发商自主运维。开发商自主运维是指在风电机组质保期后，风电开发商负责风电机组的运维工作，这里又分两种：一是风电场招聘专业的维护人员负责运维工作；二是开发商成立专业的运维公司负责运维工作。该方式有利于风电开发企业熟悉设备、便于企业的管理和保障设备的运行，同时也提高企业的利润（能够合理控制成本情况下）。问题增加了管理的难度，同时可能因质量和技术原因不利于风电场的运行，质量和成本风险相对较大。

（2）委托制造商运维。委托制造商运维是指开发商与风电机组制造商签订运维合同，由制造商负责风电场的运维工作。制造商技术实力强，能够很好保障设备的运行，但往往成本较高，而且制造商在技术上也不够开放，对开发商而言不利于对技术的掌握和提高（如果需要掌握技术）。

（3）独立第三方运维。独立第三方运维是指开发商与专业的运维公司签订合同，负责运维工作。该种方式的优势是成本相对低，采取专业化的管理，有利于风电场的运行，但由于第三方对风电机组的了解，以及技术实力上比较欠缺，往往不能快速地处理故障，同时一些不合理的运维方式可能对设备造成损害。

1.2 风电场的维护

风电场的维护主要是指风电机组的维护和场区内输变电设施的维护。风电机组的维护主要包括风电机组常规巡检和故障处理、年度例行维护及非常规维护。

1.2.1 风电机组常规巡检

为出现保证风电机组的可靠运行，提高设备可利用率，在日常的运行维护工作中建立日常登机巡检制度。维护人员应当根据风电机组运行维护手册的有关要求并结合风电机组运行的实际状况，有针对地列出巡检标准工作内容并形成表格，工作内容叙述应当简单明了，目的明确，便于指导维护人员的现场工作。通过巡检工作力争及时发现故障隐患，防患于未然，有效地提高设备运行的可靠性。有条件时应当考虑借助专业故障检测设备，加强对风电机组运行状态的监测和分析，进一步提高设备管理水平。

1.2.2 风电机组的日常故障检查处理

（1）当标志风电机组有异常情况的报警信号时，运行人员要根据报警信号所提供的故障信息及故障发生时计算机记录的有关运行状态参数，分析查找故障的原因，并且根据当时的气象条件，采取正确的方法及时进行处理，并在《风电场运行日志》上认真做好故障处理记录。

（2）风电机组事故处理，在日常工作中风电场应当建立事故预想制度，定期组织运行人员做好事故预想工作。根据风电场自身的特点完善基本的突发事件应急措施，对设备的突发事件争取做到指挥科学、措施合理、沉着应对。

（3）发生事故时，值班负责人应当组织运行人员采取有效措施，防止事故扩大并及时上报有关领导。同时应当保护事故现场（特殊情况除外），为事故调查提供便利。事故发生后，运行人员应认真记录事件经过，并及时通过风电机组的监控系统获取反映风电机组运行状态的各项参数记录及动作记录，组织有关人员研究分析事故原因，总结经验教训，提出整改措施，汇报上级领导。

1.2.3 风电机组的年度例行维护

风电场的年度例行维护是风电机组安全可靠运行的主要保证。风电场应坚持“预防为主，计划检修”的原则，根据风电机组制造商提供的年度例行维护内容并结合设备运行的实际情况制定出切实可行的年度维护计划。同时，应当严格按照维护计划工作，不得擅自更改维护周期和内容。切实做到“应修必修，修必修好”，使设备处于正常的运行状态。

正常情况下，除非设备制造商的特殊要求，风电机组的年度例行维护周期是固定的：①新投运机组，500h（一个月试运行期后）例行维护；②已投运机组，2500h（半年）例行维护，5000h（一年）例行维护。

部分机型在运行满3年或5年时，在5000h例行维护的基础上增加了部分检查项目，实际工作中应根据风电机组运行状况参照执行。

风电机组的年度例行维护在风电场的年度工作任务中所占的比例较重，如何科学合理地进行组织和管理，对风电场的经济运行至关重要。

依据风电场装机容量和人员构成的不同，出现较多的主要有以下两种组织形式，即集中平行式作业和分散流水式作业。

(1) 集中平行式作业。集中平行式作业是指在相对集中的时间内，维护作业班组集中人力、物力、分组多工作面平行展开工作。装机数量较少的中小容量风电场多采用这种方式。特点为：工作相对较短，便于生产动员和组织管理。但是，人员投入相对较多，维护工具的需求量较大。

(2) 分散流水式作业。分散流水式作业是指将整个维护工作根据工作性质分为若干阶段，科学合理地分配工作任务，实现专业分工协作，使个性工作之间最大限度的合理搭接，以更好的保证工作质量，提高劳动生产率。适于装机数量较多的大中型风电场。特点为：人员投入及维护工具的使用较为合理，劳动生产率较高，成本较低。但是，工期相对较长，对组织管理和人员素质的要求较高。

年度例行维护工作开始前，维护工作负责人应根据风电场的设备及人员实际情况选择适合自身的工作组织形式，提早制定出周密合理的年度例行维护计划，落实维护工作所需的备品备件和消耗物资，保证维护工作所需的安全装备及有精度要求的工量卡具已按规定程序通过相应登记的坚定，并已确实到位。

1.2.4 风电机组的非常规维护

发生非常规维护时，应当认真分析故障的产生原因，制定出周密细致的维护计划。采取必要的安全措施和技术措施，保证非常规维护工作的顺利进行。重要部件（如风轮、齿轮箱、发电机、主轴）的非常规维护重要技术负责人应在场进行质量把关，对关键工序的质量控制点应按有关标准进行检验，确定合格后方可进行后续工作，一般工序由维护工作负责人进行检验。全部工作结束后，由技术部门组织有关人员进行质量验收，确认合格后进行试运行。由主要负责人编写风电机组非常规维护报告并存档保管，若有重大技术改进或部件改型，还应提供相应的技术资料及图纸。

2 风电场的管理

目前风电场以班组为单位，把员工分成运行班组和检修班组。这种模式是目前国内普遍采用的一种管理方式，这种模式在新建成和 5 万 kW 规模的风电公司还能勉强运行，因为风电机组还在质保期，风电机组的检修和维护工作主要还是由制造厂来承担，风电公司工作人员主要还是负责运行和检修监督方面的工作。表面上运检是分离的，实际上双方分工是模糊不清的。风电场规模扩大以后，传统的分班组管理模式已不能适应风电场正常运行。随着装机容量的不断增加，此种矛盾愈加突出，运行管理和设备维护都需要增加人员，大大超出人员编制，增加成本。近几年，风电的迅猛发展对电力企业的管理提出了新的课题。风电机组是按照无人值守，高度自动化，高可靠性原则设计的发电设备。因此，风电公司走专业化管理的道路已日趋重要。

作为 21 世纪新兴的发电企业，风电场要区别于 20 世纪老火电的模式。既要吸收老火电秉承下来打一些优良传统也要结合新时代的形势，走出一条具有“新风电”特色的管理模式。秉承传统是新风电企业需要向老火电学习的。比如老火电传承下来的“两票三制”“6S 规范化管理”“集中定检”等。这些都是值得风电企业学习借鉴的，可以帮助刚刚起步的风电企业快速专业起来，快速规范化起来。

然而，风电毕竟是成长在新时代的发电企业，成长在一个需要高度自动化的时代。较火电厂相比，风电的结构要简单许多，所以无论是运行还是检修工作量都要少了很多。运行和检修的任务完全可以合二为一，实行风电运维一体化。

对于 5 万 kW 的风电场具有操作简单、设备相对单一等特点，其具备运维一体化工作所需的条件。运维一体化是指按近期、中期、远期分阶段推行运维一体化管理。运维一体化对缩短缺陷响应时间时间及提高检修工作效率意义重大。风电运维一体化主要根据设备状态检修与全寿命管理，以期实现专业化检修与运维一体化管理。结合变电运维一体化的工作特点，风电运维一体化可以采用总体规划与分步实施的策略，始终坚持“确保安全与逐步推进、培训先行与组织提升、合理引导与激励保障、效率提升与精益管理”的原则。

（1）班组运维职能融合的一体化。把运行与维护性检修业务一并归集到运维中心，由此实现管理层面的运维一体化。班组一体化要求把变电站运行，风电机组检修等运行职能与维护职能一并归集到同一班组，此外定期或不定期组织员工进行专业技能培训，由此培训出一批同时掌握变电运行业务及某一特定类的检修技能的复合型人才，同时以考核方式挑选出能够独立承担运行与维护职责的人员。

（2）运维人员技能与业务融合的一体化。运维一体化要求运维人员必须具备较高的综合素质，同时要求对原有职责与业务流程进行重新整合，所以必须结合员工素质与设备装备水平的实际情况，分阶段分步骤推进变电运维一体化。

实行运维一体，解决风电企业机构臃肿，人力资源浪费等情况，满足企业减员增效的要求，提高企业全员劳动生产率。

3 员工培训

随着风电场的不断发展，新技术的广泛使用，人员综合素质的培训提高显得日益重要。风电场的行业特点也决定了员工培训工作应当贯穿生产管理的全过程。培训分为新员工进场实习、岗前实习培训和员工岗位培训。

3.1 进场实习培训

新员工到风电场报到后，必须先经过一个月的理论知识和基础操作培训，对风电机组的基本结构、工作原理、输变电设施概况以及风电场的组织结构、生产过程和各项规章制度进行全面的了解。在进场实习培训期间应由技术部门负责人讲解，根据生产的实际适当地进行一些基本工作技能的培训，并对各个职能部门的基本工作内容进行初步了解，但一定要有监护人陪同，不得影响正常生产程序。培训结束后由技术部门组织进行笔试和实际操作考试，合格后方可进入下一步培训。

3.2 岗前实习培训

岗前实习培训的重要目的是使新员工在对风电场的整个生产概况进行初步了解的基础上，针对生产实际的需要全面系统地掌握风能利用的基础知识、风电机的结构及运行原理、风电机组及变电所运行维护基本技能以及风电场各项规章制度的学习与领会。在此基础上，由值班长根据生产的需要，安排实习员工逐步参与实际工作，进一步培养独立处理问题的能力。在安生部进行三个月的岗前实习后进行考评，考评内容包括理论知识及管理规程笔试、实际操作技能考评和部门考评。考评合格后方可正式上岗工作。岗前实习培训考评不合格者不能上岗，继续进行岗前实习培训。

3.3 员工岗位培训

在职员工应当有计划地进行岗位培训，培训的内容应与生产实际紧密结合，做到学以致用。员工岗位培训应本着为生产服务的目的，采用多种可行的培训方式，全面提高员工素质，促进企业的健康发展。

总之，风电场运行维护管理工作的主要任务是通过科学的运行维护管理，来提高风电机组设备的可利用率及供电的可靠性，从而保证电场输出的电能质量符合国家电能质量的有关标准。风电场的企业性质及生产特点决定了运行维护管理工作必须以安全生产为基础，以科技进步为先导，以设备管理为重点，以全面提高人员素质为保证，努力提高企业的社会效益和经济效益。

参考文献

[1] 中华人民共和国国家经济贸易委员会. 风力发电场运行规程：DL/T 666—1999 [S]. 北京：中国电力出版社，1999.

[2] 中华人民共和国国家经济贸易委员会. 风力发电场检修规程：DL/T 797—2001 [S]. 北京：中国电力出版社，2002.

陆上风电场工程安全文明施工标准化管理

唐　程

（华能国际电力江苏能源开发有限公司清洁能源分公司，江苏　南京　210015）

【摘　要】 为贯彻“安全第一、预防为主、综合治理”的安全工作方针，进一步规范公司陆上风电场工程建设现场安全文明施工管理，全面推行建设工程安全文明施工标准化工作，提高作业环境安全水平，保障从业人员安全与健康，保护环境和倡导绿色施工，依据国家有关安全健康与环境保护的法律、法规和公司电力建设安全健康与环境管理工作有关规定，结合陆上风电场工程建设具体情况，通过贯彻以人为本的理念，推行安全文明施工标准化工作，努力做到：安全管理制度化、安全设施标准化、现场布置条理化、机料摆放定置化、作业行为规范化、环境影响最小化，营造安全文明施工的良好氛围，创造良好的安全施工环境和作业条件。

【关键词】 安全文明施工；标准化管理

1　引言

当前陆上风电场建设突飞猛进，工程建设规模大、发展快，同时整个风电场建设市场的全面放开，使得监督管理模式已经不能适应当前形势的要求，必须将科学发展观和安全发展贯穿在建设工程质量安全生产、文明施工工作中，要狠抓措施落实，主动融入大开发、大建设形势当中去，以创新和完善建设工程质量安全生产、文明施工管理机制为保障，以督促落实工程建设各方工程质量安全生产、文明施工责任为重点，以强化监督机制为手段，切实把工程质量安全生产、文明施工有机结合起来，开创监督管理工作新局面。本文主要介绍如何做到陆上风电场工程安全文明施工标准化管理。

2　现场文明施工管理细则

2.1　现场安全文明设施标准

施工作业现场应按要求配备使用标准化的安全文明施工设施。安全文明设施须专人管理，定期进行性能检查、试验，确保在用设施标准、可靠。

2.1.1　安全围栏和临时提示栏

安全围栏和临时提示栏用于安全通道、重要设备保护、带电区分界、高压试验等危险区域的区划。

（1）门形组装式安全围栏。适用于相对固定的安全通道、设备保护、危险场所等区域的划分和警戒。结构及形状为采用围栏组件与立杆组装方式，钢管红白油漆涂刷、间隔均匀，尺寸标准。

（2）钢管扣件组装式安全围栏。适用于相对固定的施工区域（材料站、加工区等）的划定、临空作业面（包括坠落高度1.5m及以上的基坑）的护栏及直径大于1m无盖板孔洞的围护。结构及形状为采用钢管及扣件组装，其中立杆间距为2.0～2.5m，高度为1.05～1.20m（中间距地0.5～0.6m高处设一道横杆），杆件强度应满足安全要求，临空作业面应设置高180mm的挡脚板。杆件红白油漆涂刷、间隔均匀，尺寸标准。

（3）提示遮栏。适用施工区域的划分与提示（如变电站内施工作业区、吊装作业区、电缆沟道及设备临时堆放区，以及线路施工作业区等的围护）。由立杆（高度1.05～1.20m）和提示绳（带）组成，安全围栏应与警告、提示标志配合使用，固定方式根据现场实际情况采用，应稳定可靠。

（4）安全隔离网。适用施工区与带电设备区域的隔离。结构及形状：采用立杆和隔离网组成，其中立杆跨度为2.0～2.5m，高度为1.05～1.50m，立杆应满足强度要求（场地狭窄地区宜选用绝缘材料），隔离网应采用绝缘材料。安全围栏应与警告、提示标志配合使用，固定方式根据现场实际情况采用，应稳定可靠。与带电区域设备的隔离围栏应留有足够的安全距离。

2.1.2　施工作业安全防护用品

进入施工现场应按照要求穿戴好工作服、安全帽、安全带、安全鞋、手套等劳动防护用品并佩戴表明人员身份的证件（胸卡），证件（胸卡）上需有个人照片以及注明姓名和职务（工种）等。所有施工作业安全防护用品（工作服除外），生产厂家必须选择持有政府有关职能部门颁发生产许可证的专业厂家，且产品检验合格证、使用说明书等技术保证资料应齐全。

（1）安全帽。用于作业人员头部防护。使用要求如下：

1）安全帽必须有出厂检验合格证，并符合《头部防护　安全帽》（GB 2811—2019）的要求。

2）应正确使用安全帽并扣好帽带，不准使用缺衬、缺带及破损的安全帽。

3）各工种工作人员应按要求佩戴相应颜色的安全帽。

（2）安全带。用于坠落高度1.5m及以上的高处作业。使用要求如下：

1）按规定定期进行试验。

2）使用前进行外观检查，做到高挂低用。

3）应存储在干燥、通风的仓库内，不准接触高温、明火、强酸和尖锐的坚硬物体，也不允许长期暴晒。

4）高处作业宜使用全方位防冲击安全带。

（3）攀登自锁器。

1）攀登自锁器（含配套缆绳或轨道）：用于预防高处作业人员在垂直攀登过程发生坠落伤害的安全防护用品。一般分为分绳索式攀登自锁器和轨道式攀登自锁器。线路工程高塔（全高 80m 及以上）作业必须使用攀登自锁器，一般杆塔鼓励使用；220kV 及以上变电工程作业人员上下构架时必须使用攀登自锁器。

2）绳索式攀登自锁器：主绳一般安装在右侧，便于挪移自锁器。

（4）绝缘手套。用于对高压验电、挂拆接地、高压电气试验等作业人员的保护，使其免受触电伤害。使用要求如下：

1）定期检验绝缘性能，泄漏电流须满足规范要求。

2）使用前进行外观检查，作业时须将衣袖口套入手套筒口内。

3）使用后，应将手套内外擦洗干净，充分干燥后，撒滑石粉，在专用支架上倒置存放。

（5）施工接地线。

1）施工接地线由接地端、接地导线和有弹簧的夹板组成。接地线外皮有绝缘层，当与导线相撞时，夹板内的弹簧作用夹体自动夹住导线。

2）使用要求：使用合格证齐全的产品，经验电证实设备或线路业已停电后，先将施工接地线一端用螺栓紧固在接地体上，再把夹体的夹板打开，支好弹簧板，操作人员手提接地线使夹体对准需接地的导线或架空地线，相撞后夹体夹住导线或地线；卸除时，先摘除夹板，最后松卸接地螺栓；在感应电压较高的场所，施工人员还应穿防静电服；施工接地线截面应按用途正确选择。

3）施工接地线用于防止邻近高压线路静电感应触电或误合闸触电的安全接地。其中工作接地用于工作地段两端的接地，保安接地线用于作业点的接地。分工作接地线和保安接地线。

（6）电源配电箱。

1）电源配电箱适用于现场生活、办公、施工临时动力控制电源。

2）固定式配电箱、开关箱中心点与地面的垂直距离应为 1.4～1.6m。移动式配电箱、开关箱中心点与地面的垂直距离宜为 0.8～1.6m。

3）箱体的电器装置隔离开关应设置于电源进线端，漏电保护器应装在箱体靠近负荷的一侧，其中，总配电箱中漏电保护器的额定漏电动作电流应大于 30mA，额定漏电动作时间应大于0.1s，但其两者的乘积不应大于30mA·s；开关箱中漏电保护器的额定动作电流不应大于30mA，额定漏电动作时间不应大于0.1s；使用于潮湿或有腐蚀介质场所的漏电保护器，其额定漏电动作电流不应大于15mA，额定漏电动作时间不应大于0.1s。

4）应有专人管理，并加锁。箱门标注“有电危险”警告标志。

5）配电箱内母线不能有裸露现象。

6）按规定安装合格的漏电保护器，每月至少检验一次，并做好记录。

7）箱体内应配有接线示意图，并标明出线回路名称。

（7）便携式卷线盘。

1）卷线盘选择要求：应配备漏电保护器（30mA，0.1s），电源线必须使用橡皮软线。

2）负荷容量：限220V、2kW以下负荷使用；电源线长度不得超过30m。

3）电源线在拉放时应保持一定的松弛度，避免与尖锐、易破坏电缆绝缘的物体接触。

（8）下线爬梯。施工人员高处上下悬垂瓷瓶串和安装附件时专用的铝合金或软爬梯，一般与速差自控器配套使用。使用要求如下：

1）定期进行承载试验，每次使用前应进行外观检查。

2）使用时梯头必须牢固连接在铁塔横担上，操作人员应使用速差自锁器做二道保护。

3）人员上下爬梯要稳，避免爬梯摆动幅度过大。

（9）孔洞盖板及沟道盖板。

1）主要用于孔洞或沟道的安全防护。

2）孔洞及沟道临时盖板使用4～5mm厚花纹钢板（或其他强度满足要求的材料，盖板强度10kPa），制作并涂以黑黄相间的警告标志和禁止挪用标识，遇车辆通道处的盖板应适当加厚，以增加强度。

3）孔洞及沟道临时盖板下方适当位置（不少于4处）设置限位块，以防止盖板移动。

4）孔洞及沟道临时盖板边缘应大于孔洞（沟道）边缘100mm，并紧贴地面。

5）孔洞及沟道临时盖板因工作需要揭开时，孔洞（沟道）四周应设置安全围栏和警告牌，根据需要增设夜间警告灯，工作结束应立即恢复。

（10）安全通道。安全通道根据施工需要可分为斜型走道、水平通道，要求安全可靠、防护设施齐全，投入使用前应进行验收，并设置必要的标牌、标识。

（11）危险品临时存放库。易燃、易爆危险品必须设置专用存放库房分类存放，下方设置通风口，配齐消防器材，并配置醒目标识，专人严格管理。

2.2 资质要求

2.2.1 企业资质

必须严格审查工程分包商、劳务分包商的资质，重点检查分包商的施工技术能力和安全、质量保障能力。分包商资质必须是各级政府核发的有效资质，且符合住房和城乡建设部颁发的《建筑企业资质管理规定》的有关要求，并满足以下规定：

（1）分包主控楼等建筑工程的工程分包商，必须具备房屋建筑工程施工总承包企业三级及以上资质，或具有相应等级的建筑专业施工承包资质。分包基础工程的工程分包商，必须具备地基与基础工程专业承包企业三级及以上资质。

（2）劳务分包商必须具备相关专业承包企业三级及以上资质或建筑业劳务分包企业资质。

（3）工程分包商和劳务分包商的安全管理体系必须健全，近三年内未发生重大人身伤亡事故，近一年内未发生人身死亡事故。质量管理体系健全，具有一定的质量过程控制能力，所分包的工程在近三年内未发生重大质量事故。

（4）需真实详细地建立施工单位、分包单位以及进场人员的清册，以便建设、监理单位核查。

（5）爆破作业单位应向公安机关申请领取《爆破作业单位许可证》后，方可从事爆破作业活动。

2.2.2 人员安全资质

（1）依据《建筑施工企业安全生产管理机构设置及专职安全生产管理人员配备办法》（建质〔2008〕91号）的规定，建筑施工现场应配备足额的专职安全管理人员。

（2）专职安全生产管理人员是指经建设主管部门或者其他有关部门安全生产考核合格，并取得安全生产考核合格证书在企业从事安全生产管理工作的专职人员，包括企业安全生产管理机构的负责人及其工作人员和施工现场专职安全生产管理人员。

（3）施工现场专职安全生产管理人员负责施工现场安全生产巡视督查，并做好记录。发现现场存在安全隐患时，应及时向企业安全生产管理机构和工程项目经理报告；对违章指挥、违章操作的，应立即制止；施工作业班组应设置兼职安全巡查员，对本班组的作业场所进行安全监督检查。

（4）特殊工种人员资质，根据《建筑施工特种作业人员管理规定》（建质〔2008〕75号），施工现场特种工应持有建设主管部门颁发的建筑电工、建筑焊工、建筑架子工、建筑起重机械司机、起重机械司索工等相关证件方可上岗作业。除建质〔2008〕75号规定范围以内的情况，其他特殊工种按《特种作业人员安全技术培训考核管理规定》（国家安全生产监督管理总局令第80号）执行。另外根据《爆破安全规程》（GB 6722—2011）规定，爆破作业人员的培训发证工作应由公安部门或者公安部门委托的爆破行业协会进行，未经批准，任何单位和个人不得从事爆破作业人员的培训发证工作。

2.3 安全教育、交底

2.3.1 安全教育

工人进场前应进行公司、项目部、班组三级安全教育，经考核合格后方可上岗。

2.3.1.1 公司级安全教育内容

(1) 党和国家的安全生产方针、政策。

(2) 安全生产法规、标准和安全知识。

(3) 企业安全生产规章制度、安全纪律。

(4) 安全生产形势及重大事故案例教训。

(5) 发生事故后如何抢救伤员、排险、保护现场和及时进行报告。

2.3.1.2 项目部级教育内容

(1) 本项目施工特点、可能存在的不安全因素及必须遵守的事项。

(2) 本单位（包括施工、生产现场）安全生产制度、规定和安全注意事项。

(3) 本工种的安全技术操作规程。

(4) 高处作业、机械设备、电气安全基础知识。

(5) 防火、防毒、防尘、防爆知识及紧急情况安全处置和安全疏散知识。

(6) 防护用品发放标准及防护用品、用具使用的基本知识。

2.3.1.3 班组级教育内容

(1) 本班组作业特点及安全操作规程，班组安全活动制度及纪律。

(2) 正确使用安全防护装置（设施）及个人劳动防护用品。

(3) 本岗位易发生事故的不安全因素及其防范对策，本工种事故案例剖析。

(4) 本岗位的作业环境及使用的机械设备、工具的安全要求。

2.3.2 安全交底

安全交底就是一方对另一方对于安全相关的信息进行沟通和交流，并让信息接收方在工作中予以实施，确保安全。

(1) 根据《建设工程安全生产管理条例》（中华人民共和国国务院令第393号）第二十七条规定：建设工程施工前，施工单位负责项目管理的技术人员应当对有关安全施工的技术要求向施工作业班组、作业人员作出详细说明，并由双方签字确认。

(2) 分部（分项）工程在施工前，项目部应按批准的施工组织设计或专项安全技术措施方案，向有关人员进行安全技术交底。

(3) 安全技术交底主要包括两个方面的内容。

1) 在施工方案的基础上按照施工的要求，对施工方案进行细化和补充；将操作者的安全注意事项讲清楚，保证作业人员的人身安全。

2）安全技术交底工作完毕后，所有参加交底的人员必须履行签字手续，班组、交底人、资料保管员三方各留执一份，并记录存档。

2.4 机械设备管理

2.4.1 钢筋加工机

（1）钢筋张拉设备工作区应设置防护，宜采用钢管围挡。

（2）钢管围挡立杆高度为1.2m；围挡间距为2m。

（3）设备开关箱箱体中心距地面垂直高度为1.5m。

（4）设备水平负荷线宜采用PVC管埋地敷设。

（5）设备距开关箱水平距离不得大于3m。

（6）PVC管直径为负荷线直径的1.5倍。

2.4.2 电焊机

（1）交流弧焊机变压器的一次侧电源线长度不应大于5m。

（2）电焊机械的二次线长度不应大于30m。

（3）电焊机外壳应做保护接零。

（4）电焊机应配装防二次侧触电保护器。

（5）露天冒雨严禁从事电焊作业。

（6）电焊机一次侧、二次侧接线处防护罩应齐全。

2.4.3 潜水泵

（1）潜水泵外壳必须做保护接零，开关箱中装设额定漏电动作电流不大于15mA、额定漏电动作时间不大于0.1s的漏电保护器。

（2）潜水泵放入水中或提出水面，应先切断电源，严禁拉拽电缆或出水管。

2.4.4 气瓶

根据相关规定，确保气瓶安全正确使用。

2.4.5 打夯机

（1）蛙式打夯机必须使用单向开关，操作扶手要采取绝缘措施。

（2）蛙式打夯机必须两人操作，操作人员必须戴绝缘手套和穿绝缘鞋。

2.4.6 翻斗车

（1）翻斗车司机必须持证上岗。

（2）方向盘、制动装置（含手制动）应灵敏可靠，料斗翻转机构应灵敏，有保险装置。

（3）不得违章行驶，料斗内不得乘人，严禁超速行驶。

2.4.7 塔吊

（1）依据《建筑起重机械监督管理规定》（中华人民共和国建设部令第166号）：

建筑起重机械应当到本单位工商注册所在地县级以上地方人民政府建设主管部门办理备案。

（2）建筑起重机械安装、拆卸单位应取得相应资质和安全生产许可证。

（3）建筑起重机械安装拆卸工、起重信号司索工、起重司机应当取得特种作业操作资格证书方可上岗作业。

（4）建筑起重机械安装、拆卸前作业单位应当向工程所属安监站办理安装（拆卸）告知手续；编制专项安装拆卸方案，属于危险性较大的应由总包单位组织专家评审。

（5）建筑起重机械安装完毕后，应当由具有相应资质的检验检测机构进行监督检验，合格后总包单位组织进行验收，验收合格后方能使用；验收合格之日起30日内，使用单位应当向工程所属安监站办理使用登记，登记标志置于或者附着于该设备的显著位置。

（6）塔吊基础混凝土的强度必须为C35以上。

（7）塔吊基础混凝土必须做强度试压，待达到90%说明书中强度时，方可进行上部结构安装。

（8）塔吊基础不得积水，要有可靠的排水措施；在塔吊基础附近内不得随意挖坑或开沟；塔吊安拆作业中安、拆单位技术负责人、项目安全主任、专职安全员、项目监理必须旁站监督。

（9）塔吊的重复接地和避雷接地可以采取同一接地装置，接地电阻不大于4Ω。

（10）塔吊荷载试验包括静载、动载、超载试验。

（11）起重机供电电源应设总电源开关，该开关应设置在靠近起重机且地面人员易于操作的地方，开关出线端不得连接与起重机无关的电气设备。

（12）建筑起重机械使用过程中，应当由具有资质的单位进行经常性和定期的检查、维护和保养。

（13）塔吊加节顶升和附着必须编制专项方案，经单位技术负责人和项目总监批准后告知相关主管部门，方可实施。

（14）塔吊附着过程中禁止擅自使用非原制造厂制造的附着装置；附着杆件与建筑物连接处必须确保强度满足要求。

（15）使用单位应当对在用的建筑起重机械及其安全保护装置、吊具、索具等进行经常性和定期的检查、维护和保养，并做好记录。

（16）塔吊安装验收牌由施工单位制作，并符合相关标准。

2.5 脚手架管理

（1）落地式扣件钢管脚手架应符合《建筑施工扣件式钢管脚手架安全技术规范》

(JGJ 130—2011) 的相关要求。

(2) 搭设高度 24m 及以上的落地式钢管脚手架工程属于危险性较大的分部分项工程，须单独编制专项方案，专项方案由施工单位技术部门组织本单位施工技术、安全、质量等部门的专业技术人员进行审核。经审核合格的，由施工单位技术负责人签字。

(3) 搭设高度 50m 及以上落地式钢管脚手架工程属于超过一定规模的危险性较大的分部分项工程，必须组织专家进行论证。

(4) 专项方案主要内容应包括：基础处理、搭设要求、杆件间距、连墙件拉结点设置、设计计算书、施工详图及大样图安全措施等。

(5) 钢管脚手架应选用外径 48mm，壁厚 3.5mm 的钢管；钢管上严禁打孔，扣件、钢管应采用有质量合格证和质量检验报告的产品。扣件使用前进行质量检查，有裂纹、变形的严禁使用，出现滑丝的螺栓必须更换。扣件在螺栓拧紧扭力矩达到 65N·m 时，不得发生破坏。

(6) 脚手架搭设人员必须持省级建设主管部门颁发的建筑架子工特种作业人员操作资格证书，上岗人员应经安全技术交底后方可上岗，并定期进行体检。

(7) 脚手架外侧防护必须使用合格的密目式安全网全封闭。

(8) 对高度在 24m 以下的单、双排脚手架，宜采用刚性连墙件与建筑物可靠连接，也可采用拉筋和顶撑配合使用的附墙连接方式。严禁使用仅有拉筋的柔性连墙件。

(9) 当脚手架下部暂不能设连墙件时可搭设抛撑。抛撑应采用通长杆件与脚手架可靠连接，与地面的倾角应在 45～60 度之间；连接点中心至主节点的距离不应大于 300mm。抛撑应在连墙件搭设后方可拆除。

(10) 连墙件布置最大间距见表 1。

表 1　　连墙件布置最大间距

脚手架高度		竖向间距	水平间距	每根连墙件覆盖面积/m^2
双排	≤50	3	3	≤40
	>50	2	3	≤27
单排	≤24	3	3	≤40

(11) 脚手架外立面应满挂密目安全网全封闭，临街面应采取硬质防护。

(12) 架体内底层、施工层必须采取硬质水平防护，每隔两层且高度不超过 10m 设水平安全网，水平安全网必须兜挂至建筑物结构。

(13) 作业层脚手板应铺满、铺平、铺稳，脚手板与建筑物之间空隙不大于 150mm。

(14) 铺设脚手板时主筋应垂直于纵向水平杆（大横杆）方向。

(15) 可采用对拉平铺或者搭接，四角须用不细于18＃铅丝双股并联绑扎，要求绑扎牢固，交接处平整，无探头板。脚手架外立面每隔二组剪刀撑设置一道180mm高的踢脚板，固定在立杆内侧，表面刷黄黑或者红白油漆。

2.6 临时用电管理

(1) 临时用电设备在5台及5台以上或设备总容量在50kW及50kW以上者，应编制临时用电施工组织设计。临时用电施工组织设计应由工程项目电气专业工程技术人员编制，经企业技术负责审核，并报监理公司项目总监理工程师审批后实施。

(2) 工程现场临时用电必须按照《施工现场临时用电安全技术规范》(JGJ 46—2005) 执行操作，建筑电工必须持省建设主管部门颁发的特种作业资格证方可上岗作业。

(3) 临时用电施工组织设计的内容应包括：

1) 确定电源进线、变电所或配电室、总配电箱、分配电箱、用电设备等的位置及线路走向。

2) 进行负荷计算，选择导线或电缆截面和电器的类型、规格。

3) 设计配电系统、绘制电气平面图、立面图和接线系统图。

4) 设计接地、防雷装置。

5) 制定安全用电技术措施和电气防火措施。

(4) 相线、工作零线、保护零线的颜色标记必须符合以下规定：相线(ABC)的颜色依次为黄、绿、红色，工作零线为淡蓝色，保护零线为绿/黄双色线，任何情况下上述颜色标记严禁混用和互相代用。

(5) 架空线必须采用绝缘导线。临时用电线路架空时不能采用裸线，室外架空电线最大弧垂与施工现场地面最小距离为4m，与机动车道最小距离为6m，与建筑物最小距离为1m。

(6) 开关箱内必须装设隔离开关、漏电保护器，每台用电设备必须有各自专用的开关箱，必须实行“一机一闸”，严禁同一个开关箱直接控制两台及两台以上用电设备(含插座)所有配电箱均应标明其名称、用途、并做出分路标记。所有配电箱应配锁，配电箱和开关箱应由专人负责。每月进行检查和维修一次，检查和维修人员必须是专业电工，检查和维修时必须按规定穿、戴绝缘鞋、手套、必须使用电工绝缘工具。

(7) 箱体的电器装置隔离开关应设置于电源进线端，漏电保护器应装在箱体靠近负荷的一侧，其中总配电箱中漏电保护器的额定漏电动作电流应大于30mA，额定漏电动作时间应大于0.1s，但其两者的乘积不应大于30mA·s。

(8) 开关箱中漏电保护器的额定动作电流不应大于30mA，额定漏电动作时间不应大于0.1s；使用于潮湿或有腐蚀介质场所的漏电保护器，其额定漏电动作电流不应大于15mA，额定漏电动作时间不应大于0.1s。

（9）箱体外壳必须与PE线可靠连接。

（10）严格确保“一机一闸”制，严禁“一闸多机”。

（11）严禁超容量使用开关箱。

（12）严禁保护零线和工作零线混用错接。

（13）每次使用前必须检查漏电断路器是否可靠正常。

（14）严禁带电移动开关箱、带电作业。

（15）电焊机开关箱必须配备二次侧触电保护器。

（16）电缆线路应采用埋地或架空敷设，严禁沿地面明设，并避免机械损伤和介质腐蚀。电缆架空应沿电杆、支架或墙壁敷设，严禁沿树木、脚手架上敷设。

（17）配电室门向外开，并配锁。分别设工作照明和事故照明。

（18）临时用电必须建立安全技术档案，并应包括下列内容：

1）用电组织设计的全部资料，修改用电组织设计的资料。

2）用电技术交底资料，用电工程检查验收表。

3）电气设备的试、检验凭单和调试记录。

4）接地电阻、绝缘电阻和漏电保护器漏电动作参数测定记录表。

5）定期检（复）查表，电工安装、巡检、维修、拆除工作记录。

（19）施工用电应采用三相五线制标准布设，站内配电线路宜采用直埋电缆敷设，埋设深度不得小于0.7m，并在地面设置明显提示标志。如采用架空线，应按沿围墙布线方式，应满足现场临时用电需要和交通安全要求。一、二、三级配电盘柜和便携式电源盘必须满足电气安全及相关技术要求，漏电保护器应定期试验，确保功能完好。各类接地可靠，采用专用接地线。

（20）施工作业区采用集中广式照明，局部照明采用移动立杆式灯架。

1）集中广式照明：适用于施工现场集中广式照明，灯具一般采用防雨式，底部采用焊接或高强度螺栓连接，确保稳固可靠，灯塔应可靠接地。

2）局部照明：移动立杆式灯架可根据需要制作或购置，电缆绝缘良好。

2.7 现场办公及生活区设置标准

（1）现场办公区、生活区布置要求。风电场工程项目办公和生活临建房屋，宜设置在站区围墙外，并与施工区域分开隔离、围护，全站临时建筑设施主色调与现场环境相协调。应做到布置合理、场地整洁，墙体无污物。

（2）办公区和生活区应相对独立，办公区入口应设立项目部铭牌，施工项目部应标安全文明施工岗位责任制、工程施工进度横道图等设置上墙。

(3) 办公室、会议室宜配备取暖设施、空调以及必要的办公、生活设备。

(4) 食堂应配备不锈钢厨具、冰柜、消毒柜、餐桌椅等设施。食堂做到干净整洁，符合卫生防疫及环保要求；炊事人员应按规定体检，并取得健康证，工作时应穿戴工作服、工作帽。

(5) 宿舍实行单人单床，禁止睡通铺。

(6) 宿舍个人物品应摆放整齐，保持宿舍内外卫生整洁。

(7) 洗手间应保持清洁卫生。

(8) “五牌一图”是指施工平面图，工程概况牌、文明施工牌、管理人员名单及监督电话牌、消防保卫牌、安全纪律牌。

(9) 根据《建筑施工安全检查标准》(JGJ 59—2011) 第三条第八项，第一款规定：“施工现场必须设有‘五牌一图’。标牌规格统一、位置合理、字迹端正、线条清晰、表示明确，并固定在现场内主要进出口处，严禁将‘五牌一图’挂在外脚手架上。”

(10) 现场消防。

1) 施工现场应按照《建设工程施工现场消防安全技术规范》(GB 50720—2011)《建筑灭火器配置设计规范》(GB 50140—2005) 根据施工作业条件制定消防制度或消防措施，合理配备灭火器材。

2) 施工现场应建立动火审批制度。

3) 开展全员消防（火场逃生、灭火器材使用等）培训，坚决做到先培训后上岗。

4) 编制专项消防演练方案，定期组织消防演练（每半年至少一次）且形成记录并留下影像资料，其中影像资料必须附带日期。

5) 施工现场应建立吸烟点，严禁在非吸烟点吸烟。

6) 定期组织消防验收，定期对消防器材巡检（每月至少一次）且形成记录。

(11) 安全标牌。

1) 施工区域一般应设置施工岗位责任牌、施工友情提示牌、安全警示牌、主要机械设备操作规程牌等安全标志、标识。林区作业还应配备一定数量的消防器材。施工现场应配置急救箱。

2) 施工岗位责任牌：每个施工作业点应设置施工岗位责任牌，明确主要岗位负责人及应急联络方式。

(12) 道路标志。风电场及办公区的主干道两侧应设置国家标准式样的路标、交通标志、限速标志和减速坎等设施。

(13) 工程现场应配备适量的急救箱、垃圾筒。

1) 配备专职医务人员（500 人以下不少于 1 名，500 人及 500 人以上不少于 2 名)。

2）购置常用药品和氧气瓶、担架等常用应急医疗器械等。

2.8 车辆、驾驶员管理

（1）驾驶员应严格遵照《中华人民共和国道路交通安全法》及有关道路交通安全规章，安全文明驾驶，认真学习交通法规，自觉遵守交通职业道德，并遵守本公司相关规章制度。

（2）驾驶人应当按照驾驶证载明的准驾车型驾驶机动车，驾驶机动车时应当随身携带机动车驾驶证。

（3）驾驶人驾驶机动车上路行驶前，应当对机动车的安全技术性能进行认真检查，不得驾驶安全设施不全或者机件不符合技术标准等具有安全隐患的机动车。

（4）饮酒、服用国家管制的精神药品或者麻醉品，或者患有妨碍安全驾驶机动车的疾病，或者过度疲劳影响安全驾驶的，不得驾驶机动车。

（5）机动车上路行驶，不得超过限速标志标明的最高时速。在没有限速标志的路段，应保持安全车速。

（6）业主项目部每月应定期召开一次交通安全会议，召集施工现场相关参建单位专（兼）职驾驶员及安全管理人员参加，保留会议纪要及签到记录且附相关影像资料。

（7）夜间行驶或者在容易发生危险的路段行驶，以及遇有沙尘、冰雹、雨雪雾、结冰或大风等气象条件时，应当降低行驶速度，必要时禁止出行。

（8）除上述条款外，具体参照国家相关法律法规和公司《交通安全管理制度》。

2.9 安全资料管理

2.9.1 施工现场安全资料

（1）在建工程安全监督及相关证件。

（2）安全生产责任制、目标管理。

（3）安全施工组织设计（方案）。

（4）分部（分项）工程安全技术交底。

（5）安全检查、安全教育、班前安全活动记录。

（6）特种作业持证上岗、工作事故、安全标志。

（7）安全防护用具及机械设备相关证件管理。

（8）机械设备、设施验收检测记录。

（9）施工临时用电资料包括：

①电工职责，临时用电施工组织设计（方案）；②施工临时用电安全技术交底；③临时用电验收表；④漏电保护器运行测试记录；⑤电器绝缘电阻测试记录；⑥电器

接地电阻测试记录；⑦电工日常检查巡视记录；⑧电工维修记录等；⑨验收资料、应急管理资料等。

2.9.2 建立安全资料管理制度

（1）施工现场安全资料应由相关单位、部门及安全责任人具体填写，并对记录的真实性负责。

（2）填写时应随工程进度及时整理，不得提前和迟后填写。

（3）资料填写应做到项目齐全，内容准确真实、字迹工整、手续完备、不得漏项。

（4）各种资料要经工地安全资料人员审查，审查合格后由工地安全资料员签章归档。工地安全资料员对资料的真实性实行监督管理，并对资料的有效性、真实性负监督管理责任。

2.9.3 安全资料员岗位责任制

（1）应熟知国家、部委、省市等管理部门对施工现场安全检查、检测验收的标准、规定和要求。

（2）严格按安全资料管理制度要求进行管理。

（3）按施工进度及时督促有关单位人员整理上报安全资料，内容应准确真实、项目齐全、手续完备、字迹工整清晰，并应认真及时归档分类。不弄虚作假，并对资料的完整性负责。

（4）负责本工地安全资料签章入档，不合格资料严禁入选。

（5）加强资料管理，对已经形成归档的安全资料除了上级检查外，未经领导同意，不得借阅他人，以免遗失或损坏。

2.9.4 施工现场安全资料管理的意义

（1）安全资料的产生是安全建设过程的产物和结晶，由于资料管理工作的科学化、标准化、规范化、可不断地推动现场施工安全管理向更高的层次和水平发展，使施工现场整体管理更加科学化、标准化、规范化。

（2）安全资料有序的管理，是建筑施工实行安全报监制度，贯彻安全监督、分段验收、综合评价全过程管理的重要内容之一。

（3）建立健全正规的资料专业管理，保证了施工现场安全技术资料的原始性和真实性。

（4）真实可靠的安全资料对指导今后的工作以及对领导工作的决策提供了依据。有序的安全建设可以减少不必要的时间浪费和费用损失，可进一步规范安全生产技术，提高劳动生产效率，减少伤亡事故发生频率。

（5）资料的有效保存为施工过程中发生的伤亡事故处理，提供可靠的证据，并为今后的事故预测、预防提供可依据的参考资料。

3 现场文明施工检查措施

（1）业主项目部联合施工、监理单位项目部每周对施工现场作一次全面的文明施工检查；公司安监部每月对项目现场进行一次大检查。

（2）检查施工现场文明施工执行情况。

（3）检查依据前文所述现场文明施工管理细则。

（4）业主项目部和公司安监部除了定期对项目现场进行检查外，还应不定期地进行抽查。每次抽查，应针对上一次检查出的不足之处作重点检查，检查是否认真地作了相应的整改闭环，是否有重复出现的不安全行为。对于屡次整改不合格的，应当进行相应的惩戒。检查采用评分的方法，实行百分制记分。每次检查应认真作好记录，指出其不足之处，采取通报形式并要求限期整改闭环。

（5）奖惩措施。为了鼓励先进，鞭策后进，应当对每次检查中做得好的进行奖励，做得差的应当进行惩罚，并敦促其改进。采用分区、分段包干制度，应当将责任落实到每个责任人身上，明确其责、权、利，实行责、权、利三者挂钩。奖惩措施由业主项目部根据前面所述自行制定。

4 结语

以上一系列举措最终的目的，是为加强现场安全文明施工管理，杜绝重大安全事故的发生，树立陆上风电场工程建设工地的新形象、新面貌，促使陆上风电场工程现场安全文明施工达到国内风电建设行业的领先水平，实现安全标准化建设。

参 考 文 献

[1] 中华人民共和国住房和城乡建设部，中华人民共和国国家质量监督检验检疫总局. 陆上风电场工程施工安全技术规范：NB/T 10208—2019 [S]. 北京：中国水利水电出版社，2019.

[2] 中华人民共和国住房和城乡建设部，中华人民共和国国家质量监督检验检疫总局. 施工企业安全生产管理规范：GB 50656—2011 [S]. 北京：中国计划出版社，2012.

[3] 中华人民共和国建设部. 施工现场临时用电安全技术规范：JGJ 46—2005 [S]. 北京：中国建筑工业出版社，2005.